高

Environmen
Construction Projects

建设工程环境监理
（第二版）

谢武　张郁婷　郑轶荣　主编

化学工业出版社

·北京·

内容简介

本书按照实际环境监理项目的工作程序编写，内容包括建设工程环境监理的认知，建设工程环境监理相关法规，建设工程环境监理组织与环境监理工程师，建设工程环境监理目标制定、目标控制和工作程序，建设工程环境监理的前期准备，建设工程环境监理现场工作，建设工程环境监理文书撰写，建设工程环境监理后期管理，建设工程环境监理典型范例。

本书以项目化、任务工作驱动为导向，具有较高的参考性和实用价值，可作为高等院校环境科学与工程、建筑工程及相关专业教材，也可作为生态环境部门工程环境监理管理人员、工程环境监理咨询人员的参考资料。

图书在版编目（CIP）数据

建设工程环境监理 / 谢武，张郁婷，郑轶荣主编. —— 2版. —— 北京 ： 化学工业出版社，2024. 9. —— ISBN 978-7-122-45976-3

Ⅰ. TU-023

中国国家版本馆CIP数据核字第20240FT979号

责任编辑：刘　婧　刘兴春　　　　　文字编辑：丁海蓉
责任校对：宋　夏　　　　　　　　　装帧设计：孙　沁

出版发行：化学工业出版社
　　　　　（北京市东城区青年湖南街13号　邮政编码100011）
印　　装：北京云浩印刷有限责任公司
787mm×1092mm　1/16　印张17¾　字数373千字
2025年8月北京第2版第1次印刷

购书咨询：010-64518888　　　　　售后服务：010-64518899
网　　址：http://www.cip.com.cn
凡购买本书，如有缺损质量问题，本社销售中心负责调换。

定　　价：58.00元　　　　　　　　版权所有　违者必究

前 言

《建设工程环境监理》教材于2015年1月出版后，受到许多普通高等院校、生态环境管理部门和咨询机构的好评与选用，并被评为2016年度第一批全国环境保护优秀培训教材。

本教材根据中共中央办公厅、国务院办公厅2022年印发的《关于深化现代职业教育体系建设改革的意见》，并参照《高等职业教育环境工程技术专业教学基本要求》编写、修改。

本教材共分为九个教学项目，其中教学项目一、项目二为建设工程环境监理的认知、相关法规；项目三为建设工程环境监理组织与环境监理工程师；项目四为建设工程环境监理目标制定、目标控制和工作程序；项目五为建设工程环境监理的前期准备；项目六为建设工程环境监理现场工作；项目七为建设工程环境监理文书撰写；项目八为建设工程环境监理后期管理；项目九为建设工程环境监理典型范例。为满足学生自学的需要及技术应用能力训练需要，本教材内容结合了最新的法律法规、标准规范，附有大量思考题与习题，并可通过扫描每章开头的二维码获取动画、视频及综合性实例等知识链接。

本教材力求体现高等职业教育的特点，从培养技术技能型人才出发，教材内容体现针对性、实用性和先进性。实现教材内容理论与工程实际相结合，有利于学生知识的积累、技术能力的提高和基本技能的培养。可作为政府部门从事工程环境监理管理的工作人员、从事工程环境监理咨询的工作人员以及从事工程环境监理教学和培训的大专院校、咨询机构等培训教师及学员的参考用书。教材思政凸显"激浊扬清"，强调新时代青年的使命与担当，以习近平生态文明思想坚定服务社会。

本教材由谢武、张郁婷、郑轶荣任主编，苏少林任副主编，具体编写分工如下：项目一由河北工业职业技术学院郑轶荣编写；项目二由河北外国语学院李冰赫编写；项目三由安徽职业技术学院蒯圣龙编写；项目四由广东环境保护工程职业学院夏志新编写；项目五由长沙环境保护职业技术学院刘维平编写；项目六由长沙环境保护职业技术学院张郁婷编写；项目七由长沙环境保护职业技术学院谢武、汤桂容编写；项目八由杨凌职业技术学院苏少林、长沙环境保护职业技术学院龙夏亿编写；项目九由湖南省环境保护科学研究院陈亮、长沙环境保护职业技术学院曹群及朱邦辉编写。全书最后由长沙环境保护职业技术学院钟琼主审，谢武统稿并定稿。

本教材在编写过程中得到湖南省职业教育教学改革研究项目《"课程思政"视域下高职环境类专业"教材思政"设计路径研究》（ZJGB202232）的大力支持，在此表示感谢！

限于编者水平及编写时间，书中难免有疏漏和不足之处，敬请读者批评指正。

编者
2023年9月于长沙市

目 录

项目一

建设工程环境监理的认知

● **项目导航**

　　水利、交通、电力、化工、矿产资源开发等建设项目建设周期长、占地面积大，对当地生态环境的影响巨大，在施工阶段易造成环境污染和生态破坏问题，以项目环境影响评价和"三同时"制度为主的现行环境管理模式不能及时有效地反映这些问题，而建设项目的环境监理可以有效解决这些问题。

● **技能目标**

（1）识别开展环境监理的建设项目类型；

（2）把握环境监理单位与各参建方的工作关系；

（3）确定建设工程环境监理的工作范围和内容；

（4）选择恰当的建设工程环境监理工作方法。

● **知识目标**

（1）熟悉建设工程环境监理的背景与概念；

（2）明确建设工程环境监理的任务、目标和性质；

（3）知道建设工程环境监理与各参建方的权利、义务及工作关系；

（4）掌握建设工程环境监理的内容及工作方法。

● **本章配套素材请扫描此处二维码查阅**

任务一 建设项目的环境监理的背景与概念

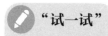 **情景导入**

什么类型的建设项目需要开展建设项目环境监理工作呢？我们来看环保工程"三同时"监理应用案例：某地区拟建设一座钨矿采选工程项目，规模为 5×10^4 t/a。采矿地址位于杨林镇豆垅村的塘江源工区柳树塘矿段；选矿厂位于塘江源工区主井口西面约 30m 处，即位于南湾乡塘江村；尾矿库位于选矿厂东南面 50m 处，属南湾乡塘江村管辖。请完成以下任务：

（1）该项目是否需要开展建设项目环境监理工作？

（2）开展环境监理工作的项目类型有哪些？

请认真学习本任务的基础知识，完成相应工作任务。

"试一试"

扫码观看视频《开展环境监理的建设项目类型》，根据情景导入中的某钨矿采选工程项目建设的介绍，明确开展建设项目环境监理工作的类型。

任务知识

一、建设项目的环境监理的发展背景

目前国家对建设项目的环境管理主要实行的是建设项目环境影响评价制度和"三同时"制度。建设项目环境管理模式主要是针对项目环境影响报告的审批及工程竣工环境保护验收阶段的管理，即"事前"和"事后"的管理，而对环境影响报告批复之后、竣工环境保护验收之前的"事中"阶段产生的环境问题，没有行之有效的环境管理手段。

一些大型建设项目，例如水利、交通、电力、化工、矿产资源开发等项目建设周期长、占地面积大，影响范围广，在建设阶段对当地生态环境的影响巨大，如处置不当则容易造成当地环境污染、景观环境破坏、生态环境功能恶化、配套的环保工程缺失等问题。随着这些问题逐步受到重视，体现"事中"阶段环境管理的建设项目环境监理应运而生。

将环境监理作为协调工程项目建设与生态环境保护的有效手段之一是从20世纪90年代开始的。当时国家为了减缓经济发展给生态环境带来的压力，相继在一些生态环境影响突出的重点工程中开展了施工期工程环境监理试点，其中包括黄河小浪底工程、三峡工程、新建铁路青藏线、西气东输管道工程、上海国际航运中心洋山深水港区一期工程、四川岷江紫坪铺水利枢纽工程等。

二、建设项目的环境监理的概念

建设项目的环境监理是指建设项目环境监理单位受建设单位委托，依据有关环保法律法规、建设项目环境影响评价（简称"环评"）及其批复文件、环境监理合同等，对建设项目实施专业化的环境保护咨询和技术服务，协助和指导建设单位全面落实建设项目各项环保措施。

建设项目的环境监理作为一种第三方的咨询服务活动，具有服务性、科学性、公正性、独立性等特性，环境监理借助其在环保专业及环境管理等业务领域的技术优势，引导和帮助建设单位有效落实环评文件与设计文件提出的各项要求，在建设单位授权范围内，协助建设单位强化对施工方的指导和监督，有效落实建设项目"三同时"制度。

三、建设项目的环境监理的主要功能

建设项目环境监理的主要功能（或主要任务）包括以下几个方面。

① 建设项目的环境监理单位受建设单位委托，承担全面核实设计文件与环评及其批复文件相符性的任务。

② 依据环评及其批复文件，督查项目施工过程中各项环保措施的落实情况。

③ 组织建设期环保宣传和培训，指导施工单位落实好施工期各项环保措施，确保环保"三同时"（同时设计、同时施工、同时投产）的有效执行，以驻场、旁站或巡查方式实行监理。

④ 发挥环境监理单位在环保技术及环境管理方面的业务优势，搭建环保信息交流平台，建立环保沟通、协调、会商机制。

⑤ 协助建设单位配合好环保部门的"三同时"监督检查、建设项目环保试生产审查和竣工环保验收工作。

四、开展环境监理的建设项目类型

开展环境监理的建设项目类型包括以下几种。

① 涉及自然保护区、饮用水水源保护区、风景名胜区等环境敏感区的建设项目。

② 环境风险高或污染较重的建设项目，包括石化、化工、火电、农药、医药、危险废物（含医疗废物）集中处置、生活垃圾集中处置、水泥、造纸、电镀、印染、钢铁、有色及其他涉及重金属污染物排放的建设项目。

③ 施工期环境影响较大的建设项目，包括水利水电、煤矿、矿山开发、石油天然气开采及集输管网、铁路、公路、城市轨道交通、码头、港口、500kV及以上高压输变电等建设

项目。

④ 环境影响评价文件批复中要求开展环境监理的其他建设项目。

五、开展环境监理的意义

随着我国国民经济的快速发展,建设项目的数量明显上升,环境监管任务繁重。建设项目在建设过程中环保措施和设施"三同时"落实不到位、未经批准建设内容擅自发生重大变动等违法违规现象仍比较突出,由此引发的环境污染和生态破坏事件时有发生,有些环境影响不可逆转,有些环保措施难以补救。各级环境保护主管部门现有监管力量难以对所有建设项目进行全面的"三同时"监督检查和日常检查,使得项目建设过程中产生的环境问题存在投产后集中体现的隐患,给环保验收管理带来很大压力。通过推行建设项目环境监理,便于实现建设项目环境管理由事后管理向全过程管理的转变,由单一环保行政监管向行政监管与建设单位内部监管相结合的转变,对于促进建设项目全面、同步落实环评提出的各项环保措施具有重要意义。

环境监理是提高环境影响评价有效性,落实"三同时"制度,实现建设项目全生命周期环境监管的重要手段。

为了加强建设项目的环境保护管理,严格控制新的污染,加快治理原有的污染,保护和改善环境,国家先后颁布了《中华人民共和国环境保护法》《中华人民共和国环境影响评价法》《建设项目环境保护管理办法》《建设项目环境保护管理条例》和《建设项目竣工环境保护验收管理办法》等法律法规。确立了以环境影响评价和"三同时"制度为核心的建设项目环境管理的法律地位与管理体系,明确了建设项目管理程序和要求,从而使我国建设项目环境保护管理步入法制化管理轨道。

在落实环保"三同时"制度过程中,"同时设计"可依靠环境影响评价和相关设计规范加以保障和制约,"同时投入使用"也有竣工验收的相关法规和规范加以保障落实,唯独"同时施工"缺乏相应监督管理手段,如何加强项目建设期的环境管理成为提高建设项目环境管理水平的关键问题。如果在项目实施阶段不切实落实各项环保措施,不对施工活动加以规范,在建设项目竣工时,工程建设可能对环境造成不可逆转的破坏,公众环境利益得不到保护,也可能会加深社会公众对工程建设的误解,甚至引发抵制行为。

环境监理是一条将事后管理转变为全过程跟踪管理、将政府强制性管理转变为政府监督管理和建设单位自律的有效途径,在减免施工对环境的不利影响,保证工程建设与环境保护相协调,预防和通过早期干预避免环境污染事故等方面都有重要的作用。

环境监理是强化建设单位环境保护自律行为的有效措施。多数建设项目的环境保护具有点多面广、专业性、技术性和政策性强等特点,建设单位需要借助、利用社会监理机构的人力资源、技术和经验、信息及测试手段,委托监理单位作为"第三方"开展环境监理与环境管理。环境监理单位按照"公正、独立、自主"的原则为建设单位提供技术和管理服务，也是工程环境管理最经济、有效的手段。

环境监理是实现工程环境保护目标的重要保证。工程建设期，将结合工程地质条件、场地条件，对工程施工布置、施工时序、部分辅助设施规模等进行优化调整，决定施工期环境保护要求也应是动态变化的并应及时优化调整，以符合实际需要。而基于前期设计成果形成的环评文件，其环境保护措施设计的深度难以较好地适应工程建设优化调整的需要，诸多环保问题需要环境监理进行专业的现场协调和解决，以保证工程环境保护措施符合相关环保要求，不受主、客观因素影响。工程参建单位环境保护意识及主动性可能存在不足或偏差，需要通过环境监理强化环保监督、宣传及环境管理。

工程有关环境保护的大量过程记录和信息，需要系统化和规范化管理，以便于环境保护竣工验收的开展。

 "想一想"

针对情景导入中的某钨矿采选工程项目的建设，请试着说说开展环境监理工作的意义。

六、相关名词解释

① 建设项目环境影响评价：是指对规划和建设项目实施后可能造成的环境影响进行分析、预测与评估，提出预防或者减轻不良环境影响的对策和措施，进行跟踪监测的方法与制度。

② 调试期：调试期是指项目刚开始生产，项目的机器设备还没有达到设计的最优阶段，处于调试阶段，调试阶段一般为3个月左右（特殊项目除外）。

③ 环境保护阶段验收：指工程建设达到一定关键时段的环境保护专项验收。阶段验收时，按建设项目环境保护验收程序，由建设单位组织或委托组织开展验收工作，各相关责任单位准备相应的验收材料。

④ 建设项目环境保护竣工验收：指建设项目竣工阶段，工况稳定，负荷达75%以上（特殊项目除外），由建设单位根据《建设项目竣工环境保护验收暂行办法》的规定，依据环境保护验收监测或调查结果，并通过现场检查等手段，考核建设项目是否达到环境保护要求的活动。

⑤ "三同时"制度：指对环境有影响的一切建设项目，必须依法执行环境保护设施与主体工程同时设计、同时施工和同时投产使用的制度。

⑥ 环境质量标准：国家为保护人群健康和生存环境，对污染物（或有害因素）容许含量（或要求）所做的规定。环境质量标准体现国家的环境保护政策和要求，是衡量环境是否受到污染的尺度，是环境规划、环境管理和制定污染物排放标准的依据。

⑦ 污染物排放标准：是国家对人为污染源排入环境的污染物的浓度或总量所作的限量规定。其目的是通过控制污染源排污量的途径来实现环境质量标准或环境目标，污染物排放标准按污染物形态分为气态污染物排放标准、液态污染物排放标准、固态污染物排放标准以及物理性污染物（如噪声）排放标准。

⑧ 环保税：也称环保关税（environmental tariff）、绿色关税（green tariff）或生态关税（eco-tariff），是为保护本国环境，对有污染行为的国际贸易收取的一项税款。环保税的纳税人是在中华人民共和国领域和中华人民共和国管辖的其他海域，直接向环境排放应税污染物的企业事业单位和其他生产经营者。应税污染物为大气污染物、水污染物、固体废物和噪声。环境保护费改税后，征收部门由环保部门改为税务部门。

🔍 **"查一查"**

在了解了建设项目环境监理的背景与概念等内容后，请大家查查有没有最新发布的与环境监理相关的建设项目信息?

📝 **任务小结**

本次通过学习环境监理的发展背景与概念、环境监理的主要功能、开展环境监理的建设项目类型及开展环境监理的意义，使大家对建设项目环境监理工作有了初步的认识。

🏗 **应用案例拓展**

请扫码观看视频《环保"三同时"环境监理》并阅读《环保工程"三同时"监理应用案例》。

⚙ **项目技能测试**

一、单选题

1.环境监理作为一种第三方的咨询服务活动，具有服务性、科学性、公正性、（   ）等特性。

A.独立性　　　　　　　B.相关性　　　　　　　C.公益性　　　　　　　D.周期性

2."三同时"制度：指对环境有影响的一切建设项目，必须依法执行环境保护设施与主体工程同时设计、同时施工和（   ）的制度。

A.同时运行　　　　　　B.同时投产使用　　　　C.同时验收　　　　　　D.同时建设

3.环境监理是将事后管理转变为全过程跟踪管理、将政府（   ）转变为政府监督管理和建设单位自律的有效途径。

A.建议性管理　　　　　B.规范性管理　　　　　C.强制性管理　　　　　D.制度性管理

二、多选题

开展环境监理的建设项目类型包括（   ）。

A.涉及环境敏感区的建设项目　　　B.环境风险高的建设项目　　　C.污染较重的建设项目

D.施工期环境影响较大的建设项目　　E.投资大的建设项目

三、判断题

1.建设项目的环境影响评价制度是针对建设项目的事前管理。（   ）

2.建设项目"三同时"制度是针对建设项目的事前管理。（   ）

四、以小组为单位课下讨论以下问题，课堂上进行陈述。

1.建设项目环境监理是在什么背景下产生的？

2.建设项目环境监理有哪些功能？

任务二　建设工程环境监理的任务、目标和性质

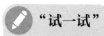 情景导入

　　开展建设工程环境监理工作需要完成什么任务、达到什么目的呢？我们来看一个案例《企业技改工程"三同时"环境监理－应用案例》：某地区拟对某阀门厂进行技术改造，达到年产6000t阀门铸件产量。技改后企业生产工序主要有制壳、制芯、浇铸、落砂、混砂、电炉熔化、清砂等，对应的污染治理设施有布袋除尘器、二级活性炭吸附装置等。在项目建设过程中进行的环境监理工作要完成什么任务？工作目标是什么？具有怎样的工作性质？

　　请认真学习本任务的基础知识，完成相应工作任务。

✎ "试一试"

　　扫码观看视频《施工前环保审核的主要内容》，根据情景导入中的某阀门厂项目建设的介绍，明确开展建设工程环境监理工作的任务。

📖 任务知识

一、建设工程环境监理的目的、原则和任务

　　随着公众环保意识的增强和公众参与程度的提高，以及日臻完善的环保法规、标准的颁布，做好建设项目施工期的建设工程环境监理绝非易事。建设工程环境监理单位及其环境监理工程师必须把握建设工程环境监理的关键，明确建设工程环境监理的中心任务、目的及其应承担的责任。

　　1. 建设工程环境监理的目的

　　建设工程环境监理的主要目的是保护建设工程所在地的环境质量，切实将环境影响评价文件、设计文件提出的各项环境保护措施落到实处，有效控制工程项目施工期对周围环境产生的影响，从而实现工程建设过程中环境保护的总体目标。

　　① 落实环境影响评价文件中所确认的各项环境保护措施和设施。

　　② 落实与环境保护有关的合同条款。

　　③ 实现项目建设的环境效益、社会效益与经济效益的统一。

　　④ 监督环境保护投资的有效利用。

环境监理可以在工程项目施工建设过程中指导、监督工程建设单位的环境保护行为，保证项目环境影响评价工作中提出的环境保护措施和"三同时"制度的有效实施，防范和降低工程项目在建设过程中的环境风险。

2. 建设工程环境监理的原则

环境监理单位受项目法人委托对工程项目施工过程实施环境监理时应遵守以下原则。

（1）公正、独立、自主的原则

在建设工程环境监理过程中，环境监理工程师必须尊重科学，尊重事实，组织各方协同配合，维护有关各方的合法权利，为使这一职能顺利实施，必须坚持公正、独立、自主的原则。项目法人和承包商虽然是独立运行的经济主体，但他们追求的经济目标有差异，各自的行为也有差别，监理工程师应在按照合同约定的权利和义务的关系的基础上，协调各方的一致性，即只有按合同的约定建成项目，项目法人才能实现投资的目的，承包商才能实现盈利，项目所在地的环境质量才能得到保护，才能体现出建设项目的环境效益。

（2）权利和义务一致的原则

环境监理工作是根据建设项目环境监理法规和项目法人的委托与授权而进行的。环境监理工程师之所以能够行使监理权利，是受项目法人的委托。这种权利的授予，除体现在业主与监理单位之间签订的环境监理委托合同中外，还应作为项目法人与承包商之间工程承包合同的条件。因此，环境监理工程师在明确建立目标与监理工作内容后，应与项目法人协商，明确相应的授权，达成共识，反映在环境监理委托合同中，据此环境监理工程师开展环境监理工作。

环境监理工程师代表监理单位全面履行环境监理合同，承担合同中确定的环境监理向项目法人承担的义务和责任。在环境监理合同中，环境监理单位应授予环境监理总工程师充分的权利，体现权利和义务的一致原则。

（3）严格监理、热情服务的原则

环境监理工程师处理项目法人与承包商之间的关系，一方面要坚持严格按合同办事、严格监理的要求；另一方面又应立场公正，为业主提供热情的服务。

（4）综合效益的原则

环境监理单位在进行建设工程环境监理工作时，既要考虑项目法人的经济效益，也必须考虑项目社会效益和环境效益的有机统一，符合公众的利益。环境监理虽受项目法人委托和授权才得以进行，但环境监理工程师应严格遵守国家的环境保护法律、法规、标准等，以高度的责任感，既要对项目法人负责，谋求更大的经济效益，又要对国家和社会负责，严格监理，实现项目经济效益、社会效益、环境效益的统一。

（5）实事求是的原则

环境监理工程师应尊重事实，以理服人。环境监理工程师的任何判断、指令、意见、建议都应有科学、充分的依据。考虑到经济利益或认识上的关系，环境监理工程师不能以权压人，要做到以理服人。

（6）促进环保事业发展的原则

环境监理工作是环境保护事业发展的一部分，应起到宣传环境保护的作用，提高项目法人、承包商等相关单位的环境保护意识，不仅减少工程建设过程对周围环境的影响和破坏，保护环境，还从思想上使人们认识到环境保护的重要性和可行性，从而促进环保事业的发展，提高全民的环境保护意识。

3. 建设工程环境监理的任务

环境监理是针对项目建设过程环境保护的全方位、全过程的监理，其主要任务：

① 根据《中华人民共和国环境保护法》及相关法律法规，对建设项目环境保护目标实施有效的协调控制，对项目建设过程中污染环境、破坏生态的行为进行监督管理，如施工噪声、机械废气、污水等污染物排放应达标，减少水土流失和生态环境破坏，也称为"施工期环保达标监理"；

② 对建设项目配套的环保设施进行监理，确保"三同时"的实施，如对污水处理设施、废气处理设施、噪声污染防治设施、固体废物处理处置设施、危险废物处理处置设施、绿化工程等进行与主体工程同步建设的监理，也称为"项目配套环保设施监理"。

环境监理是对施工监理工作的重要补充，由于工作内容不仅仅限于工程本身，还涉及环保技术，因此具有其特殊性。"施工期环保达标监理"是以环保法律法规、监理合同中有关条款尤其是建设项目环境影响评价的内容和相关批复作为工作的主要依据，主要是对工程建设过程的环境污染、生态破坏的防治及恢复措施进行监督管理，涉及的工程质量、投资、工期等方面较少，但"项目配套环保设施监理"对工期要求严格。

在项目法人委托环境监理单位进行环保设施施工监理时，环境监理的任务还包括环保设施建设的资金、进度、质量和安全控制。

二、建设工程环境监理的范围

建设工程环境监理的范围包括建设工程施工区域和工程环境影响涉及区域，一般主要有各标段承包人及其分包人的施工现场、办公场地、生活营地、施工道路、附属设施等，以及在上述范围内的生产活动可能造成周边环境污染和生态破坏的区域；对涉及移民拆迁与安置和专项设施防护与拆迁等的建设工程，一般还包括移民安置区和专项设施建设区。

项目法人也可以将某些专业性较强的环境保护专项设施的施工监理任务委托给环境监理单位。

三、建设工程环境监理的时段

为落实建设项目环境保护"三同时"制度，应对项目建设过程实行全过程环境监理。建设工程环境监理工作应与项目的"三通一平"同时开始，随项目的竣工环保验收通过或效果评估通过而结束。

为了保证环境监理工作的质量，需进行环境监理的建设项目（包括临时工程）在招标前，项目法人就应提前完成环境监理单位的委托工作。这样，在项目招标中，环境监理单位可以向法人提供施工环境保护方面的专业化服务，同时保证环境监理单位在承包人进场前有充足的时间做好环境监理准备工作。

建设工程环境监理与建设项目环境影响评价制度和"三同时"制度一样，同为目前我国建设项目环境管理模式中的内容，并且是建设项目环境影响评价制度和"三同时"制度的重要补充。

建设工程环境监理在我国环境管理体系中的位置如图1-1所示。

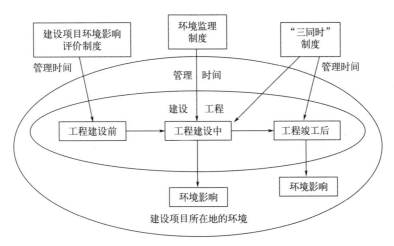

图1-1　建设工程环境监理在环境管理体系中的位置

由图1-1可知，建设工程环境监理工作开展于工程建设过程中，监督工程建设单位施工过程中的环境行为，保证建设项目环境影响评价报告书中提出的环境保护措施的有效实施，监督"三同时"制度的按时、按质落实，及时发现突发环境问题，并提出合理的解决方案，保证当地自然环境质量健康发展。建设工程环境监理制度的制定涵盖了建设项目环境影响评价制度和"三同时"制度在环境管理中的盲点，能够实现对工程建设阶段产生的环境问题进行行之有效的环境管理的目的。

四、建设工程环境监理的性质

建设工程环境监理是一种工程建设环保咨询服务活动，与其他工程建设活动有着明显的区别，具有自身特性。

建设工程环境监理的基本性质即服务性、独立性、公正性和科学性。

1. 服务性

在工程项目建设过程中，建设工程环境监理人员利用自身的环保知识、技能和经验、信息以及必要的检测手段，为项目业主对项目建设管理提供服务。建设工程环境监理单位不能完全取代项目业主对项目建设的管理活动，不具有工程建设项目重大问题的决策权，只能在委托工程环境监理合同授权内代表项目业主进行管理。其服务对象是项目业主，是委托方，这种服务活动是按照委托监理合同的规定来进行的，是受法律保护的。

2. 独立性

独立性的含义是按照工程监理国际惯例和我国有关法规，建设工程环境监理单位是直接参与工程建设项目的"三方当事人"之一，与项目业主、工程承包商之间的关系是平等的、横向的，建设工程环境监理单位是除项目业主（甲方）、工程承包商（乙方）之外独立的第三方。国际咨询工程师联合会认为，建设工程环境监理企业是"作为一个独立的专业公司受聘于项目业主去履行服务的一方"，应当"根据合同进行工作"，环境监理工程师应当"作为一名独立的专业人员进行工作"。建设工程环境监理单位"相对于承包商、制造商、供应商，必须保持其行为的绝对独立性，不得从他们那里接受任何形式的好处，而使他的决定的公正性受到影响或不利于他行使委托人赋予他的职责"，环境监理工程师"不得与任何可能妨碍他作为一个独立的咨询工程师工作的商业行为有关""咨询工程师仅为委托人的合法利益行使其职责，他必须以绝对的忠诚履行自己的义务，并且忠诚于社会的最高利益以及维护职业荣誉和名声"。因此，建设工程环境监理单位及其环境监理工程师在履行建设工程环境监理义务和开展建设工程环境监理活动中，必须建立自己的组织，按照自己的工作计划、程序、流程、方法、手段，根据自己的判断独立地开展工作。

3. 公正性

公正性是社会公认的职业道德准则，是建设工程环境监理行业存在和发展的基础。在开展建设工程环境监理过程中，建设工程环境监理单位应当排除各种干扰，客观、公正地对待环境监理的委托单位和承建单位。特别是在这两方发生利益冲突和矛盾时，建设工程环境监理单位应以事实为依据，以法律和有关合同为准绳，在维护建设单位的合法权益时，不损害承建单位的合法权益，不以牺牲环境为代价。

4. 科学性

科学性就是建设工程环境监理单位及其环境监理工程师，在进行建设工程环境监理过程中，必须不断提高自己解决建设工程环境监理中所出现的各种新情况、新问题、新工艺、新材料的技能和水平。

🔍 "查一查"

在了解了建设项目环境监理的任务、目标和性质后，请大家查查有没有工程项目监理案例？在案例中是如何体现该项目进行环境监理的任务和目的的？

任务小结

本次通过学习建设工程环境监理的任务、目标和性质，使大家对建设项目环境监理工作有了进一步的认识，在实际工作中应该以环境监理工作的任务、目的为主线，开展环境监理工作，并结合环境监理范围明确监理的性质等。

项目技能测试

一、单选题

1.环境监理的目的之一是实现项目建设的（　　　）、社会效益与经济效益的统一。

A.投资　　　　　　　　B.环境效益　　　　　　　C.公益　　　　　　　D.工期

2.建设工程环境监理的基本性质即服务性、独立性、公正性和（　　　）。

A.周期性　　　　　　　B.广泛性　　　　　　　C.科学性　　　　　　　D.咨询性

二、多选题

1.开展环境监理工作要遵循的原则有（　　　）。

A.公正、独立、自主的原则　　　　　　　　B.权利和义务一致的原则

C.促进环保事业发展的原则　　　　　　　　D.综合效益的原则

E.实事求是的原则

2.建设项目环境监理的范围包括（　　　）。

A.施工现场　　　B.办公场地　　　C.生活营地　　　D.施工道路　　　E.附属设施

三、判断题

1.为落实建设项目环境保护"三同时"制度，应对项目建设过程实行全过程环境监理。（　　　）

2.建设工程环境监理单位具有工程建设项目重大问题的决策权。（　　　）

3.建设工程环境监理单位的服务对象是项目业主。（　　　）

四、以小组为单位课下讨论以下问题，课堂上进行陈述。

建设项目环境监理的原则是什么？

任务三 环境监理单位与各参建方的权利、义务及工作关系

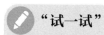 **情景导入**

在了解开展建设项目环境监理工作需要完成的任务、达到的目标的基础上，我们继续查看案例《企业技改工程"三同时"环境监理-应用案例》，项目建设过程中涉及哪些参建方？环境监理与各参建方的权利、义务及工作关系是怎样的？

"试一试"

扫码观看视频《协调施工单位与建设单位之间的关系》，根据情景导入中的某阀门厂项目建设的介绍，明确开展建设项目过程中环境监理与各参建方的权利、义务及工作关系。

任务知识

一、环境监理单位与各参建方的权利和义务

参与环境监理工作的单位主要有项目法人、承包商、环境监理单位、工程监理单位、环境监测单位。其中环境监理单位、项目法人、承包商三者之间关系密切，三者的合作程度直接决定了环境监理工作执行的质量。在环境监理单位实施环境监理工作的过程中，三者都有着一定的权利和义务，只有三者之间的权利和义务得到保证与落实，环境监理工作才能有效地进行，进而实现工程建设过程中环境管理的目的。

1. 项目法人的职责与权利

① 遵守国家有关环境保护的方针、政策、法令。

② 负责工程施工期环境保护工作。

③ 组织、支持并协助建设工程环境监理单位开展环境监理工作，组织落实审批的环境影响报告书、水土保持方案以及后续设计文件中提出的有关环境保护的对策措施。

④ 负责或组织制定有关环境保护规章制度、规划、计划、招投标合同等，并实施。

2. 环境监理单位的职责与权利

① 执行国家和地方的有关环境保护法律法规。

② 受项目法人委托，监督、检查工程及影响区域的环境保护工作；定期向项目法人报

告环境监理的工作情况。

③ 填写监理巡视记录，记录巡视情况、存在的环境问题和解决情况，必要时要以问题通知单的形式将检查中发现的环境问题书面通知承包商，要求限期处理。对超出合同的重大问题及时报项目法人决定。

④ 审查承包商提出的各类环境报告。

⑤ 定期组织由施工单位、环境监理单位、专家、工程附近居民四方组成的例会，讨论工程建设面临的环境问题，提出解决方案。

⑥ 向项目法人提交月报告、半年进度评估报告，整理归档有关资料。

⑦ 参加由实施单位组织的初步验收和由业主或有关主管部门主持的竣工验收活动。

3. 承包商的职责与权利

① 遵守国家和地方的有关环境保护法规、标准以及合同规定的有关环保条款。

② 按照与项目法人签订的工程建设合同的规定接受工程建设期环境监理。

③ 进行建设区内的环境管理，并明确一名合格的环境管理工作人员，负责本辖区的环境保护工作。

④ 根据工程总体施工计划和施工方案，按照设计文件中的环境保护要求，在工程开工时编制《环境管理计划》，并提交环境监理审查。

⑤ 随时接受项目法人、监理工程师关于环境保护工作的监督、检查，并主动为其提供有关情况和资料。

⑥ 主动向项目法人或监理工程师汇报本辖区可能出现或已经出现的环境问题以及解决的情况。

⑦ 对预期或已经对环境造成破坏或污染的施工活动，承包商有权提出该施工活动变更的申请，报环境监理单位审查，由项目法人批准。

二、环境监理单位与各参建方的工作关系

环境监理单位受项目法人的委托，在工程施工建设过程中开展环境监理工作。环境监理单位开展环境监理工作时与项目法人、承包商、工程监理单位、环境监测单位等其他环境保护参建单位之间的工作关系如图1-2所示。

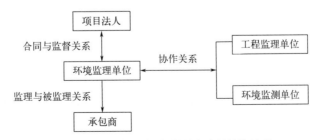

图1-2 环境监理单位与其他参建单位的关系

1. 环境监理单位与项目法人的关系

环境监理单位与项目法人之间是委托与被委托的合同关系。环境监理单位受项目法人委托，对工程项目施工过程进行环境监理工作，同时环境监理单位有监督项目法人履行环境保护义务的职责。

在环境监理实施过程中，环境监理单位应按照环境监理合同约定行使合同权利并履行合同义务，应接受项目法人对其履行合同的监督管理，定期向法人提交环境监理报告，对现场发生的异常环境事件或重大环境影响事件应及时向项目法人报告，并上报环境保护行政主管部门，最后环境监理单位应向项目法人提交环境监理档案资料。

2. 环境监理单位与承包商的关系

环境监理单位与承包商是监理与被监理的关系。在工程建设中，环境监理单位有权对承包商的环境保护措施、设施计划进行审核，并对存在的问题予以纠正，检查承包商对环境保护措施、设施的落实情况，检查施工现场的环境影响与保护情况，并对存在的问题要求承包商及时采取纠正措施。承包商应自觉接受环境监理单位的监督、检查，定期向环境监理单位提交环境保护报告，并对现场发生的突发性异常环境影响事件、重大环境影响事件及时向环境监理单位报告。

尽管环境监理单位以独立主体参与建设活动，但为了保证其与工程监理单位向承包商签发通知、指示等的协调一致，避免指令冲突造成承包商工作安排的无所适从，环境监理单位在向承包商发出正式文函之前，应与工程监理单位协商。

3. 环境监理单位与工程监理单位的关系

环境监理单位与工程监理单位在项目监理工作中各有侧重，相互协助、互相依存，是项目监理工作中平等的两个主体，同为第三方，二者的不同之处有以下几方面。

（1）对监理人员素质要求不同

环境监理人员不仅要熟悉工程施工工艺、方法及施工组织安排和设计文件，还必须熟悉环境保护各方面的法律法规，必须具有多年的环境保护工作经验，其所属单位必须具备建设工程环境监理资质，这样才能对项目区域的环境特点、主要环境问题和工程的主要环境影响因素有清楚的了解，妥善处理工程施工中遇到的各种问题，确保环评文件、设计文件中各项环保措施、设施落实到位，达到环境保护的总体目标。而工程环境监理人员则主要需熟悉工程施工组织计划、进度安排及施工工艺和设计图纸等，需具备相应专业的技术知识和工作经验，具备建设工程环境监理资质。

（2）监理对象不同

环境监理单位不仅要监理主体工程施工区域，还要侧重取土场、砂石料场、施工营地、施工便道、排水去向和项目施工可能影响的环境敏感点，其工作中心是工程和施工人员活动区域的环境。而工程监理单位则主要侧重工程施工区域，其工作中心是工程本身。

（3）侧重面不同

环境监理单位在监理过程中侧重于环境保护问题，工程监理单位侧重于工程的质量、进度、投资和安全控制。

（4）监理依据不同

环境监理单位的监理依据主要是环境保护法律法规和环评文件、设计文件，工程监理单位的监理依据则主要是设计文件和各项设计及施工规范。

（5）监理手段方式不同

由于工作特点的不同，环境监理单位的监理手段主要为巡视检查和文件审查，根据巡视检查和文件审查中发现的具体情况及环境监测单位提供的监测报告制订下一步工作计划。工程监理单位的监理手段主要为旁站监督、看摸敲照、工程质量检测以及审查各种资质和证书等，根据现场监理情况制订下一步工作计划。

上述不同之处决定了环境监理单位和工程监理单位互相独立、不可替代的特点，同时环境监理单位离不开工程监理单位的协助，必须借助于工程监理单位的现场工作，才能切实规范各种工程行为，将环评文件及设计文件中的各项环保措施落到实处，只有引进环境监理才能切实做好工程的环境保护。

4. 环境监理单位与环境监测单位的关系

环境监测能够得到工程项目所在地的环境基础资料，是确定环境质量状况最重要的手段，其监测结果是环境监理单位开展环境监理工作的重要依据之一。环境监理人员根据环境监测所得的数据，对工程建设项目对自然环境的影响程度、影响范围、主要影响因素和环境质量状况的变化情况做出明确判断，以便指导下一步的环境监理工作科学有效地进行。

环境监测工作应在环境监理单位要求和认可的监测计划下进行，环境监理应根据现场实际情况制订环境监测计划，确定监测点位、监测项目及监测频次，指导环境监测工作的开展。

"查一查"

通过以上学习，我们了解了一个建设项目的各参建方，各参建方在项目建设过程中需要各行其责、相互配合才能完成。请大家查找这方面的案例，案例中是如何体现建设项目各参建方在项目建设中的权利、义务及工作关系的？

任务小结

本次学习了环境监理与各参建方的权利、义务及工作关系，在实际工作中环境监理单位应充分行使自己的权利与义务，处理好与建设项目各参建方的关系，使环境监理工作顺利开展。

一、单选题

1.负责工程施工期环境保护工作的是（　　　）。

A.项目法人　　　　　B.承包商　　　　　　　C.环境监理单位　　　　D.工程监理单位

2.审查承包商提出的各类环境报告的是（　　　）。

A.项目法人　　　　　B.承包商　　　　　　　C.环境监理单位　　　　D.工程监理单位

3.负责建设区内的环境保护工作的是（　　　）。

A.项目法人　　　　　B.承包商　　　　　　　C.环境监理单位　　　　D.工程监理单位

4.在工程开工时编制《环境管理计划》的是（　　　）。

A.项目法人　　　　　B.承包商　　　　　　　C.环境监理单位　　　　D.工程监理单位

二、多选题

参与环境监理工作的单位主要有（　　　）。

A.项目法人　　　　　B.承包商　　　　　　　C.环境监理单位　　　D.工程监理单位
E.环境监测单位

三、判断题

1.环境监理与工程监理的监理对象不同。（　　　）

2.建设方应审查承包商提出的各类环境报告。（　　　）

3.环境监理单位有监督项目法人履行环境保护义务的职责。（　　　）

任务四 建设工程环境监理的内容及工作方法

▶ **情景导入**

建设工程环境监理在不同的项目建设阶段有不同的工作内容，具体有哪些呢？在环境监理工作中可以采取的工作方法很多，这些工作方法是如何运用的？我们来看一个案例：环境监理工作内容－应用案例。请完成以下任务：

（1）施工准备阶段环境监理工作的主要内容是什么？

（2）施工阶段环境监理工作的主要内容是什么？

（3）交竣工阶段及缺陷责任期的环境保护环境监理工作是什么？

请认真学习本任务的基础知识，完成相应工作任务。

✏ **"试一试"**

扫码观看视频《工程设计阶段的环境监理的主要工作内容》，根据视频及情景导入中的内容，明确不同阶段建设工程环境监理的内容。

📖 **任务知识**

环境保护部（现生态环境部）《关于进一步推进建设项目环境监理试点工作的通知》（环办〔2012〕5号）明确了建设项目环境监理工作内涵和环境监理工作内容。建设项目环境监理除按相关技术规范和规定要求开展外，还应对如下内容予以高度关注。

① 建设项目设计和施工过程中，项目的性质、规模、选址、平面布置、工艺及环保措施是否发生重大变动。

② 主要环保设施与主体工程建设的同步性。

③ 环境风险防范与事故应急设施、措施的落实，如事故池。

④ 与环保相关的重要隐蔽工程，如防腐防渗工程。

⑤ 项目建成后难以补救或不可补救的环保措施和设施，如过鱼通道。

⑥ 项目建设和运行过程中可能产生的不可逆转的环境影响的防范措施及要求，如施工作业对野生动植物的保护措施。

⑦ 项目建设和运行过程中与公众环境权益密切相关、社会关注度高的环保措施及要求，如防护距离内居民搬迁。

⑧ "以新带老"、落后产能淘汰等环保措施和要求。

围绕以上要求，以下按项目建设各阶段的不同工作内容和侧重点，针对环境管理、环境达标监理和环境保护工程、设施监理，分别进行阐述。

一、设计阶段环境监理工作内容

设计阶段环境监理工作内容包括收集环境保护相关文件如环评、环评批复，并以此为基础，对初步设计、施工图设计的工程内容进行复核。主要关注的内容包括：工程变化，尤其是涉及环境敏感区的工程内容变化情况；项目初步设计、施工图设计中落实环境保护要求的情况；项目的施工组织设计、环保工程工艺路线选择、设计方案及环保设施的设计内容等。

根据《中华人民共和国环境保护法》第二十六条"建设项目中防治污染的设施，必须与主体工程同时设计、同时施工、同时投产使用"。在项目施工前期，设计工作已基本完成，环境监理单位主要复核如下内容：项目设计文件中主体工程是否较环境保护相关文件发生调整，是否包含了有关文件所要求的环保配套治理措施，同时针对其中存在的问题提出专业化的修改建议，针对产排污节点或生态影响过程，复核设计中的治理技术、工艺流程、处理效率、稳定达标情况；施工方案；绿化和水土保持等生态恢复措施；采用的清洁生产、风险防范措施等。

此处的环保配套治理措施应作为广义的概念理解，除了狭义上的废水防治措施、废气防治措施、噪声防治措施及固废防治措施外，还包括项目雨污排水管网设置、雨水污水排放口设置及事故应急系统等。工作实践证明，建设项目设计中对于污染防治措施可能存在遗漏或变更调整，如遗漏固废防治措施设计、变更环评中废水（气）治理工艺要求等；同时由于专业性差异，设计单位对于环保主管部门较新的管理要求一般难以落实在项目设计中，如在设计中未包含规范化排污口、初期雨水收集系统或事故应急系统，如不及时修改，在项目建成后可能会造成建设单位较大的整改投入，甚至造成无法进行整改的被动局面。由于在施工前期，项目工程尚未开始建设，设计单位设计合同尚未履行完毕，此时环境监理单位对设计中存在的问题提出专业性修改建议，整改成本最低，也易被建设单位及设计单位接受。设计文件的修改过程一般需要建设单位、设计单位和环境监理单位的共同讨论与磋商，经过修改后的设计文件既要满足环保法规和项目环评及批复的要求，同时也应贴近实际及投资经济性的需要，为之后的项目实际建设提供良好开端。

1. 主体工程设计文件复核

根据建设项目环评报告及批复中的有关要求，对主体工程设计与环评报告及其批复的相符性进行审查，主要包括工程选址和路线走向、工程规模、总平面布置、生产工艺、生产设备、产排污点等内容。

2. 配套环保工程或设施设计文件复核

根据建设项目环评报告及批复中的有关要求，检查主体工程配套的环保设施设计是否按照环评报告及批复的要求进行了落实,未落实的要及时提醒建设单位增加相应设计内容,已落实的要对其与环评报告及批复的相符性进行审查。此外,环境监理还应关注环保工程工艺路线选择、设计方案比选等环节,提供环保咨询服务,主要关注采用的治理技术是否成熟先进,治理措施是否可行,污染物的最终处置方法和去向等,并提出合理建议。

3. 涉及环境敏感区设计内容审核

重点审核工程与环境敏感区位置关系是否发生重大变化,变化带来的环境影响是否可以接受;涉及环境敏感区的施工方案、环境保护措施是否合理。

二、施工阶段环境监理工作内容

1. 施工准备阶段环境监理

① 参加合同阶段的技术条款审核。

② 参加工程设计交底,了解具体工序或标段的环境保护目标。

③ 参加承包商施工组织计划的技术审核。

审核施工承包合同和施工单位编报的《工程施工组织计划》,重点审核施工承包合同中的环境保护专项条款和施工污染防治方案。如有必要,可根据各标段《施工组织设计》编制《环境保护工作重点》,并向施工单位进行环境保护工作交底。

审核环境保护管理措施,督促建立环保责任体系。在施工承包合同中应以专项条款的方式体现环境保护有关要求,在施工过程中据此加强监督管理、检查、监测,减免对环境的不利影响,同时应检查施工单位在施工准备期所建立和落实的环境保护体系,对施工单位的文明施工素质及施工环境管理水平进行审核或培训。针对环境敏感区,尤其是涉及珍稀保护动物迁徙、产卵、洄游等特殊时期,环评报告及批复中会明确要求施工期应避开敏感时段,在施工组织计划审核中应重点关注。

环境监理单位应督促建设单位协调施工单位建立完整有效的环保责任体系,该体系需明确分工,责任到人,以提高建设单位和施工单位的环保管理能力及环境事故应急响应能力。

生态保护和污染防治方案的审核。审核生态保护以及施工工序污染防治措施、生态保护措施等是否适当和充分;根据具体工程的施工工艺设计,审核施工工艺中的污染物排放环节、排放的主要污染物,以及设计中采用的治理技术是否成熟先进,治理措施是否可行,污染物的最终处置方法和去向等,并提出合理建议。

④ 建设单位应支持和协助环境监理单位建立环境监理会议制度,用于协调解决项目建设过程中产生的环保问题。参加第一次工地会议或召开专项环境监理会议,由环境监理单位向建设单位、施工单位进行环境保护工作交底,阐述建设项目的环境保护目标,明确环境监理的重点与监理要求,并建立沟通网络;将各标段《环境保护工作重点》下发施工单位。

⑤ 协助建设单位建立环保管理制度及环保领导小组，建设单位应针对项目产生的废水、废气、噪声、固废等污染物建立相应的环保管理制度和污染防治措施操作规程。协助建设单位落实各类环保相关协议、手续的办理工作。

⑥ 协助建设单位及时按照国家《突发环境污染事故应急预案编制导则》，结合项目本身特点编制环境污染事故应急预案及演练计划，并报环保部门备案。检查事故应急池、罐区围堰、雨水排放口应急闸门及事故废水收集管道等事故应急措施的落实情况。

⑦ 参与总承包项目设计方案的技术审核。

⑧ 承包商进场后，第一次环境监理会议宜及时召开，由环境监理单位向建设单位、承包商进行环境保护工作交底，就建设期环境监理的关注点与监理要求进行明确，并建立沟通网络；将《环境保护工作重点》下发承包商。针对新进场承包商，开展其他相关宣贯工作。

⑨ 本阶段环境监理单位应结合工程实际情况的需要编制《环境监理实施细则》。

2. 施工阶段环境监理

施工阶段环境监理是环境监理单位对项目施工过程进行的全程环境保护监督检查，是环境监理最重要的环节。环境监理单位应及时与建设单位沟通，了解工程建设情况，掌握工程进度安排，开展环境监理现场工作。本阶段环境监理主要针对项目批建符合性、环保"三同时"、施工行为环保达标措施、环境保护工程和设施监理、事故应急措施、环保管理制度、"以新带老"整改措施等开展工作。

具体内容如下。

① 项目实施过程中，环境监理人员应审查土建（或机电）承包商报送的分项施工组织设计、施工工艺等涉及环境保护的内容，协助、指导土建（或机电）工程建设监理，要求承包商落实环境保护"三同时"制度，严格按设计要求实施各项环境保护措施；在项目出现批建不符、环保"三同时"落实不到位或其他重大环保问题时，环境监理单位向建设单位提交《环境监理工作联系单》并提出整改建议。

② 环境监理人员对施工工地进行环境保护日常巡查，对施工单位的环境保护措施落实情况、施工区及周边地区的环境状况、工程建设监理的现场监管情况等进行检查，就检查中发现的问题及时通知相关单位，并提出改进措施及要求，跟踪直至问题解决。并对承包商予以定期考核和评定。在检查中如发现重大环境问题，应向施工承包商下达《环境监理通知书》或《环境监理工程暂停令》；整改完成后由相关单位检查认可。

③ 环境监理人员参加各项验收工作。环境监理人员就各项环境保护措施的功能等能否满足合同和设计要求签署监理意见。

④ 根据具体情况，主持或授权召开现场环境保护会议；按要求编写环境监理日志、周报、月报、季报、年报和环境监理总结报告，并定期向建设单位报送环境监理报告。

⑤ 发生环境污染事件时，参与处理项目环境保护事故，及时向建设单位报告，提出限期治理意见，并监督实施。

⑥ 资料管理工作。收集各项环境保护及水土保持措施实施过程中的设计文件、工程进度、验收签证等相关资料，并建立统计台账，为工程环境保护竣工验收打下基础。

（1）建设符合性环境监理

项目主体工程批建符合性及污染防治措施实际落实情况直接决定着项目（试）生产期实际污染产生及削减情况是否能达到环评预计效果。建设单位往往因为市场和技术条件的变化，或对环保法规的不了解和经济效益最大化的驱动，在设计及实际建设中环境保护内容会出现调整变化，如总平面布置的调整可能涉及项目卫生防护距离内环境敏感点的变化，主体工程规模、生产工艺和生产装备的调整可能涉及实际产生的污染源及污染源强变化，配套环保治理设施的调整可能导致实际污染源强削减量的变化等。根据《中华人民共和国环境影响评价法》第二十四条"建设项目的环境影响评价文件经批准后，建设项目的性质、规模、地点、采用的生产工艺或者防治污染、防止生态破坏的措施发生重大变动的，建设单位应当重新报批建设项目的环境影响评价文件"及第二十七条"在项目建设、运行过程中产生不符合经审批的环境影响评价文件的情形的，建设单位应当组织环境影响的后评价，采取改进措施，并报原环境影响评价文件审批部门和建设项目审批部门备案；原环境影响评价文件审批部门也可以责成建设单位进行环境影响的后评价，采取改进措施"，在未引入环境监理的工业项目中，出现的上述调整变化往往只有在项目申请试生产或环保竣工验收时才被发现，造成了管理的被动和整改带来的经济代价。因此，环境监理工作必须要对项目批建符合性展开全过程的持续调查和监督，包括在设计阶段、施工阶段和调试阶段，对项目批建符合性的调查都是环境监理的重点工作内容。

在施工阶段，环境监理根据工程建设进度，应结合项目设计资料，及时检查已施工完成的工程内容及安装的主要生产设备，核查工程选线、产品生产工艺及规模、各类环保设施的工艺规模，了解是否出现变更调整。对项目建设的关键工程内容和设备进行核实，防止批小建大、使用落后生产设备等情况的发生。

对未按建设项目环评及批复要求施工的或项目建设过程中存在调整变更的，环境监理单位及时告知建设单位，属重大变更的，环境监理单位应告知建设单位及时办理相关手续；属非重大变更的，可视情况组织设计单位、环评单位、专家等对变更方案召开论证会，形成会议纪要及专家意见后必要时以专题报告形式报送建设单位。

（2）环保"三同时"环境监理

根据《中华人民共和国环境保护法》第二十六条"建设项目中防治污染的设施，必须与主体工程同时设计、同时施工、同时投产使用"。在施工前期，经过环境监理单位和设计单位对设计文件的检查与修改，项目配套环保治理设施已基本可实现与主体工程的"同时设计"；在施工期，环境监理单位对环保配套治理设施"同时施工"的监督工作也同样重要。

环境监理人员通过现场巡检工作监督各类配套环保设施与主体工程建设进度保持一致，符合环评及设计要求，以确保"三同时"制度有效落实。对于"三同时"落实存在问题的，环境监理单位应及时告知建设单位，提出相关建议。

（3）施工行为的环保达标监理

环保达标监理是使主体工程的施工符合环境保护的要求，如噪声、废气、污水等排放应达到有关的标准等，主要内容包括：

① 对施工人员做好环境保护方面的宣传培训工作，培养和提升其爱护环境、防止污染的意识。

② 检查项目"以新带老"落实情况。督促建设单位及时落实环评中对原有项目提出的淘汰落后设备、改进生产工艺、完善"三废"治理措施等整改要求。

③ 监督检查施工布置是否严格按照施工平面图展开。

④ 监督检查生态环境敏感区，包括自然保护区、风景名胜区、水源保护区、基本农田、林地、湿地等保护措施的落实情况。

⑤ 监督检查各类临时用地的占地规模、动植物和土壤保护措施的落实情况与恢复情况。

⑥ 监督检查各施工工艺污染物排放环节是否按环保对策执行环境保护措施、措施落实情况及效果。

⑦ 监督检查各类机械设备是否依据有关法规控制噪声污染，并在规定时间施工作业。

⑧ 监督检查机械设备含油废水是否经过了隔油池处理达标后排放或回用。

⑨ 监督检查施工工地生活污水和生活垃圾是否按规定进行妥善处理处置。

⑩ 监督检查各类施工建筑垃圾、弃方、弃渣是否及时收集，在规定地点堆放，落实水土保持措施。

⑪ 监督检查施工现场道路是否畅通，排水系统是否处于良好的使用状态，施工现场是否积水。

⑫ 对照建设项目环境污染事故应急预案及演练计划，检查事故应急池、罐区围堰、雨水排放口应急闸门及事故废水收集管道等事故应急措施的落实情况。

⑬ 关注噪声、大气环境保护等防护距离内居民点的拆迁进展情况。对防护距离内出现的新增环境敏感点，应及时向建设单位报告。

⑭ 及时向环保行政主管部门报告施工期的环境污染事故和环境污染纠纷，同时参与调查处理。

（4）环境保护工程、设施和措施的环境监理

环保工程、设施监理包括废气治理设施、污水处理设施、噪声控制工程、固体废物处置等环保工程和设施、设备建设的监理，同时包含环境风险防范措施等内容。

生态保护措施包括生态保护（包括动物保护和动物通道建设）、生态恢复与优化、边坡生态防护等相关工程和措施。

（5）施工阶段总结

在项目交工、准备申请试生产前，协助建设单位对施工单位退场和生态恢复措施进行

监督管理，对已完成的工作进行回顾梳理，整理施工期环境监理实施所形成的相关材料，编制环境监理阶段报告提交建设单位。

三、调试阶段环境监理工作内容

在建设项目进入调试期后，环境监理单位应针对项目主体工程和环保设施的调试情况，各类环保管理制度、事故应急预案的执行情况等，继续开展工作，具体工作内容如下。

① 对主体工程及配套环保设施运行、施工方撤场后场地清理、生态恢复、耕地补偿等情况进行调查汇总。

② 对新发现或遗留的问题根据性质向建设单位提交《环境监理工作联系单》或向施工承包商下达《环境监理通知书》，提出整改建议。整改闭环程序与施工阶段相同。

③ 调试结束后，汇总各项内容，编制项目环境监理总结报告。

④ 根据监理情况，对于验收会提出的问题，督促建设单位进行整改。

⑤ 验收通过后，向建设单位移交工程环境监理竣工资料。移交的资料应包括以下内容：环境监理总结报告、环境监理工作方案、环境监理实施细则、环境监理工作联系单、环境监理通知单及回执、环境监理报表、环境保护验收资料、环境敏感地区开工前及完工后的评估报告、相关影像资料等。

1. 主体工程调试

由于项目主体工程在投入试生产（运行）后的一段时间内仍处于调试过程，各生产设备及系统仍需要磨合，因此，开停车较为频繁，经常出现非正常工况，污染物排放情况变化较大。由于项目环评一般不将非正常工况的排污情况计入项目排污总量，同时设计文件也一般不考虑非正常工况的排污情况，因此，环境监理单位应在项目主体工程投入试生产（运行）后，密切关注其非正常工况的排污情况，如出现较为严重的排污现象，应及时提醒建设单位委托设计单位针对非正常工况的排污增加设计污染治理设施。

由于生产中实际的原辅材料消耗直接影响项目的污染源强，环境监理单位还应关注项目主体工程在实际试生产（运行）时的原材料消耗情况。实践表明，由于项目环评阶段的原辅材料消耗为理论数据，在实际试生产（运行）时的原辅材料消耗情况一般都较环评中存在差异。通过深入分析存在的差异，可以发现生产系统中存在的问题，从而寻找到项目节约原辅材料消耗的方法，以达到清洁生产的目的。

因此，环境监理人员应在调试期及时掌握建设项目主体工程调试进展情况、各主要原辅材料消耗情况，同时在试生产期间应密切关注生产工艺或原辅材料是否发生调整，如有调整，应建议建设单位补充各项相关环保手续。

2. 配套环保设施调试情况

监督和检查建设项目各类环保设施调试情况，协助建设单位解决项目建设过程中出现的环保问题，提供咨询服务，如通过组织专家对项目产品生产工艺、环保设施工艺提出优化建议，以减少污染物排放和治理稳定达标。同时，进一步检查生态保护措施实施效果。

3. 环境管理制度和环境风险（事故）应急体系

督促企业严格执行各类环境管理制度、事故应急预案等要求。包括试生产期间废水、废气等各类环保治理设施的运行记录和管理台账执行情况，协助建设单位开展环境风险事故应急预案的演习工作，并总结相关经验。

4. 查漏补缺

监督和检查建设单位试生产期间需完善与落实的环保要求，以及试生产时环保主管部门提出整改措施的落实情况。

5. 参加竣工环境保护验收

环境监理人员应配合建设项目竣工环境保护验收监测人员对相关环境保护设施进行现场测试，发现问题时及时提出整改咨询建议，协助建设单位进行补充落实。试生产结束后，环境监理人员编写《环境监理总结报告》。报告书内容应包括建设项目的内容、时段、环境影响因素、具体的减缓措施、措施的实施情况、建设项目遵守"三同时"的情况及最后的结论。找出存在的主要问题，进行总结，提出解决方案，为以后的工作积累经验。环境监理报告书应提交环境保护行政主管部门备案。

在召开建设项目竣工环境保护验收现场检查会议时，环境监理人员应参加，着重汇报工程建设内容及环保措施落实情况。汇报内容应如实反映建设项目环境保护措施的落实情况，提出改进建议。

四、环境监理工作方法

在环境监理工作实际开展中，采取的工作方法有多种形式，主要包括核查、监督、报告、咨询、宣传与培训、参与验收等。

（一）核查

依照环评及批复内容，在项目建设各阶段核对项目建设内容、选线选址、污染防治措施、生态恢复措施的符合情况。

1. 对设计文件的核查

在项目设计阶段，项目设计中建设内容、选线选址、污染防治措施、生态恢复措施等较环评中的内容会出现调整变化。环境监理单位参与设计会审是为了体现事前预防的作用，环境监理单位在参与设计会审中，根据产业政策及环评相关法规仔细核对项目环评与设计文件的符合性，对调整的内容及其可能产生的环境影响进行初步判断，并及时反馈给建设单位，建议建设单位完善相关环保手续或要求设计单位对设计进行补充完善。

（1）主体工程设计核查

实例1：某石化项目在设计阶段时，环境监理人员在核对设计总平面布置图时发现，由于项目厂区东南侧新购入一块土地，厂区范围增大，因此项目厂区各主生产单元及辅助生产设施的位置均重新布局，较环评中的总平面布置有较大调整。同时，由于厂区范围增大，通过核实项目设计文件，实际的储罐区总罐容为$59.3 \times 10^4 m^3$，超过项目环评中批准的总罐容$36.19 \times 10^4 m^3$，储罐数量较环评中有所变化。

针对上述调整，环境监理人员以《环境监理工作联系单》的形式建议建设单位尽快办理相关环保手续。

（2）配套环保设施设计核查

实例2：某电镀项目在设计阶段时，环境监理人员核对项目污水处理设施设计文件时，发现污水站设计方案中废水排放执行《污水综合排放标准》（GB 8978—1996），无法满足新发布的《电镀污染物排放标准》（GB 21900—2008）的要求。同时，发现设计方案中废水分质收集、预处理不到位，不能满足环评及批复要求。据此环境监理人员及时要求建设单位对设计方案进行总体调整，以符合新标准和环评及批复要求。

建设单位及时组织了设计单位对环境监理单位提出的意见进行讨论。污水处理站设计单位按照《电镀污染物排放标准》（GB 21900—2008）中污染物排放要求，对设计方案进行修正优化，同时完善废水分质收集、预处理流程；厂区给排水系统设计单位根据废水分质收集的要求，对车间废水收集管网进行完善，增加相应废水收集槽及管道。建设单位按照重新修正后的设计方案开展相关内容的建设。

2. 对施工方案的核查

项目实施过程中，环境监理单位应审查各承包商报送的分项施工组织设计、施工工艺等涉及环境保护的内容，特别是部分分项施工工序涉及自然保护区、饮用水水源保护区等环境敏感区域时，环境监理单位必须要做好对施工方案的审核，在环境监理审核通过后方可进行相关施工工序。

实例3：金丽温高速公路路线涉及国家三级保护动物鼋（读音yuán）自然保护区，在施工过程中，环境监理单位要求施工单位制定鼋保护区防治方案，该方案提出将施工区和鼋保护区用水中围网的方式隔离分开，以防止鼋进入施工区，经环境监理审查通过后执行。在涉及鼋保护区的路段施工中，环境监理单位在施工现场安排专人进行监督观察，防止鼋误入施工区。

实例4：某引水工程取水口江段属集中式生活饮用水水源二级保护区，水质保护目标为《地表水环境质量标准》中的Ⅱ类标准，并且其下游离某水厂取水口约500m，因此，工程在岸边的灌注桩及围堰施工时，若措施不当或遇高潮位，将对下游取水口产生不利影响。环境监理单位对该处的施工方案高度重视，要求施工单位必须在施工前编制专项施工环保措施方案，并上报环境监理单位，待批准后方可实施。同时，由于该区域的敏感性，环境监理单位在与建设单位充分沟通后，提出在正常审核施工方案流程的基础上增加专家论证环节。施工单位编制了《工程Ⅰ标取水口灌注桩及围堰施工环保措施方案》后上报环境监理单位，由环境监理单位牵头召开该方案的专家论证会，形成专家意见后报环保部门审查备案，并作为监理工作实施依据。

3. 对实际建设内容的核查

在项目施工及调试阶段，也会出现由于市场原因调整建设内容的情况。在项目的施工及调试阶段，环境监理人员通过资料核对及现场调查的方式，全程持续调查项目实际建设的工程内容、污染防治措施、生态恢复措施等是否按照设计文件实施，是否较环评文件内容发生调整，是否有效落实了环保"三同时"制度。

实例5：某印染建设项目施工过程中，环境监理人员在日常巡检中发现，该项目实际安装的溢流染色机由设计的25台增加至62台、筒子纱染色机由27台增加至42台、绞纱染色机由22台增加至38台。环境监理人员经初步分析，认为生产设备大量增加的情况下，项目的污水产生量必然随之增加。环境监理人员及时以书面形式提醒建设单位应及时就上述工艺变更办理相关环保手续。建设单位在向环保管理部门汇报后，在管理部门的要求下及时组织进行了环境影响后评价，委托设计单位对设备变更后的排污量进行了分析，采取控制染色浴比、增加污水回用量等补充措施，对污染物排放量进行了有效控制。

实例6：在环境监理人员进场时，某项目锅炉烟囱正在施工。环境监理人员审核前期设计文件时发现，设计文件中未按环评要求设置锅炉烟气在线监测平台，无法正常安装废气在线监测装置。因此，环境监理人员提出应对烟囱增加建设锅炉烟气在线监测平台。建设单位认为变更设计麻烦，未听取环境监理人员的建议。申请试生产时，建设单位在环保主管部门的要求下补充安装烟气在线监测装置，重新对烟囱搭设施工脚手架以增加建设锅炉烟气在线监测平台。

估算锅炉烟气在线监测平台建设费用，若在烟囱建设期间建设烟气在线监测平台，建设资金约为10万元；若在烟囱建成后再行设置在线监测平台，建设资金为20万元左右。因此，环境监理单位的建议实际上可以为建设单位节省投资成本。

4. 核查重点

综合以上内容，环境监理单位在采取核查工作方法时，应重点核查的内容包括：

① 重点对照核查设计文件（含施工图、施工组织）与环评时的工程方案变化情况，如发生重大变化，应尽快提醒建设单位履行相关手续；

② 重点关注项目与相关环境敏感区位置关系的变化、施工方案的变化可能带来的对环境敏感区影响的变化；

③ 重点关注针对环境敏感区采取的环保措施和生态恢复措施是否落实到设计文件中。

（二）监督

在实际工作开展中，环境监理单位一般采用以下工作方式对工程建设项目开展环保监督工作。

1. 现场工作

（1）巡视检查

环境监理单位在及时与建设单位沟通的前提下，按照一定频次对项目的建设现场开展巡视检查，巡视检查的主要工作内容是掌握项目工程的实际建设情况和进度，根据建设情况和进度在建设项目的批建符合性、环保"三同时"、施工环保达标、生态保护措施等方面现场查找问题、提出建议，并做好现场巡视记录。巡视检查是环境监理单位的主要工作方式之一。

（2）旁站

旁站是指在某些施工工序涉及环境敏感区域，可能对周围环境、生态造成较大影响，或隐蔽工程等关键工程进行时，环境监理单位应对该施工工序和关键工程采取全过程现场跟班监督活动，如防腐防渗工程、环保治理设施安装过程及现场环境监测等，环境监理单位应采取旁站形式。在施工工序和关键工程开始前到场旁站，重点检查要求的污染防治措施和生态保护措施是否落实到位，关键工程和环保设备是否按照环评及设计的要求进行施工及安装等；在关键施工工序、关键工程建设和环保设备安装结束后方可离开，离开前应检查并评估施工造成的污染和生态破坏是否控制在既定目标内，隐蔽工程、防腐防渗工程是否符合环评及设计等内容。在旁站过程中，环境监理人员应做好定时记录，并将评估结果整理上报建设单位。

（3）跟踪检查

在环境监理巡视检查、旁站过程中发现的环保问题，以《环境监理联系单》的形式建议建设单位（以通知单形式要求施工单位）进行整改，在完成相关环保问题的整改闭合后，环境监理单位应对相应问题的整改情况进行跟踪检查。

（4）环境监测

在环境监理巡视检查、旁站过程中，为了掌握日常施工造成的环境污染情况，环境监测单位通过便携式环境监测仪器进行简单的现场环境监测，辅助环境监理工作；涉及较复杂的环境监测内容可自行建立工地实验室或建议建设单位另行委托有资质的单位开展施工期环境监测工作。

2. 环境监理会议

为加强与建设单位、施工单位的沟通交流，环境监理单位应在项目建设过程中根据工作进度和实际情况通过环境监理会议的工作方式通报项目建设中存在的环保问题，提出解决建议，听取与会各方反馈意见，确定整改计划及实施主体。环境监理会议的目的在于通过对工程环境保护措施执行情况、环保工程的建设情况和工程存在的环境问题进行全面梳理，为建设单位正确决策提供依据，促进落实环境保护措施、减免不利环境影响，确保工程环境得以有效控制和保障工程的顺利进行。

环境监理会议主要包括第一次环境监理工作会议、环境监理例会、环境监理专题会议等形式；其中环境监理例会应在开工后的施工期内定期举行，一般每月召开一次，其具体时间间隔可根据工程实际情况由环境监理总监理工程师确定，在会议上承包商需提交环保工作月报，定期汇报当月环保工作情况。

3. 记录

环境监理人员应采用记录的方式对现场工作进行记录，包括现场记录和事后总结记录。现场记录包括环境监理人员日常填写的监理日志、现场巡视检查和旁站记录等；事后总结记录包括环境监理会议记录、主体工程建设大事记录、环保污染事故记录等。

4. 信息反馈

环境监理人员现场巡视检查发现施工引起的环境污染问题时，应立即通知施工单位的现场负责人员纠正和整改。一般性或操作性的问题，采取口头通知形式；口头通知无效或有污染隐患时，环境监理工程师发出《环境监理整改通知单》，要求施工单位限期整改。通知单同时抄送建设单位。在整改完成后，施工单位应向环境监理单位递交整改检查申请，由环境监理单位会同建设单位、工程监理单位对整改结果是否满足要求进行检查。

环境监理人员通过核查设计文件、现场巡视发现工程建设内容与环评及批复存在调整、环保"三同时"落实不到位、存在环保问题及其他重要情况时，应立即向建设单位递交《环境监理工作联系单》，反映存在的问题并提出相关建议，配合建设单位组织、督促相关单位尽快落实整改要求。建设单位应就《环境监理工作联系单》向环境监理单位反馈处理意见。

（三）报告

1. 定期报告

环境监理开展各时段时限内必须根据现场工作记录按照规定格式编写整理汇报总结材料，如环境监理联系单、月报、季报、年报、专题报告、工程污染事故报告、监理阶段报告、监理总结报告等，并及时报送建设单位，便于建设单位及时掌握工程环境保护工作状态和环境状态，针对性地组织实施环境保护措施。

2. 专题报告

在项目出现批建不符、环保"三同时"落实不到位或其他重大环保问题时，需形成环境监理专题报告上报建设单位。工程施工如涉及环境敏感区段，如自然保护区、饮用水水源保护区、风景名胜区等环境敏感目标，应编制环境监理专题报告。

（四）咨询

环境监理应注重为建设单位提供全过程的专业环保咨询服务，在项目建设期就建设单位在污染防治措施、环保政策法规、环保管理制度等方面遇到的问题，通过自身及环保专家库等技术储备提供解决方案，协助建设单位进行落实，提高建设单位环保技术和管理水平。

1. 设计阶段环保咨询

参与项目设计会审，复核项目设计文件中是否包含了环评及批复中要求的环保措施，即检查环保措施是否与主体工程进行了"同时设计"。环境监理应全面、准确地掌握工程的环境保护要求，以便在图纸设计阶段及时发现问题，发挥事前监督作用，从技术上为建设单位把关。针对设计文件中存在的遗漏或需修改的内容，以《环境监理工作联系单》形式提交建设单位，以便建设单位及时要求设计单位修改完善。

实例7：某危险废物处置中心建设内容包括危险废物收运和贮存系统、综合利用车间、危险废物焚烧系统、固化车间、安全填埋场、污水处理车间及配套生产生活设施。环境监理进场开展工作，在参与设计会审时发现项目设计文件中危险废物暂存库未按环评要求对废气进行收集后作为焚烧系统新鲜空气补充，实际通过抽风机抽吸至室外直接排放；溶剂回收车间真空泵尾气实际未经任何处理而直接排放。通过查询项目环评，上述废气在环评中预计的产生量均较大，直接排放将可能造成较大污染。因此，环境监理单位对建设单位提出：对危险废物暂存库废气按环评要求进行收集后送焚烧系统作为新鲜空气补充；对溶剂回收车间真空泵尾气增加二级冷凝处理后，不凝气体收集送焚烧系统焚烧处理。建设单位采纳了环境监理单位的工作建议，及时委托设计单位按照环境监理单位的建议增加了上述废气治理措施的设计方案，并在之后的建设中进行了落实。

建设单位在进行环保工程招标过程中，受其环保专业技术力量限制，难以在各投标文件中选择最合适的技术方案，环境监理人员利用自身的环保专业知识，通过查询先进环保技术资料库和咨询专家进行服务，对投标文件中的工艺路线、工程造价、设备选型提出专业性建议，供其决策。

实例8：在某印染项目实施过程中，为了发挥专业、技术能力的优势，环境监理单位协助建设单位对其污水处理工程进行了设计招标，并对标书进行了技术评估，协助建设单位确定中标单位，并对中标方案提出优化建议，如补充事故应急池、污泥暂存场所设计，按要求对污泥浓缩池、生化池进行加盖，安装除臭设施等，为该项目顺利验收创造了条件。

2. 施工阶段环保咨询

施工阶段的环保咨询工作，主要是对工程建设过程的"三同时"执行情况，以及环境污染、生态破坏的防治与恢复措施进行技术监督，协助企业做好施工期环境污染控制。通过现场工作的方式对项目整体进度进行把握，对项目施工过程的工程措施分析其合理性，同时从环保专业知识角度出发，对工程措施提出规避环保风险的合理化建议。

实例9：某高铁工程的某个标段施工组织方案关于表土处理的设计如下。在区间路基和站场路基配备2台挖掘机，清除地表腐殖土和淤泥，每台挖掘机配备10台自卸车，腐殖土和淤泥由汽车运至25km外的荒坡遗弃。环境监理单位经调查分析认为，工程后期站场、路基边坡等绿化工程需大量表土，施工前期剥离的表土应设置表土堆存场，并做防护设施。经与设计单位沟通，增加了表土堆存场的设计内容。

对于工程建设方案发生较大调整的项目，通常存在污染防治原设计方案无法满足实际需要的情况。环境监理单位应就此向建设单位提供专业咨询服务，针对变化情况提出主体工程生产工艺和环境保护措施优化改进建议，以满足项目环境保护要求。

实例10：某维生素厂某建设项目在施工过程中需对环评报告中采用的溶剂进行调整，导致原设计的废气收集治理方案也需做相应调整。环境监理单位参考了其他同类项目治理方案并咨询了相关专家意见，向建设单位提出了根据废气性质对各类废气分别收集，并采取不同的吸收液进行处置的建议，其中对非水溶性废气采取增加冷凝回流级数，降低冷凝温度，终端近期采用石蜡油吸收处理，远期计划考虑采用焚烧处理技术的方法。建设单位采纳了环境监理单位的建议，并委托设计单位进行了设计修改，较好地解决了溶剂改变所产生的环境影响问题。

3. 调试阶段环保咨询

环境监理单位在调试阶段进行的环保咨询，包括协助建设单位完善各类环境管理制度、突发环境污染事故应急预案、环保设施运行台账、操作规程等，协助建设单位申报危险废物转移计划，落实联单制度，制订日常环境监测计划。其中环境事故应急体系是项目环境管理制度中的重要环节，包括事故应急设施、突发环境污染事故应急预案和事故应急演练，新建企业往往在确保事故应急体系正常运转方面缺乏经验。在试生产（运行）期，环境监理单位协助企业完善事故应急体系，落实事故应急物资，明确应急人员职责，加强事故应急设施日常维护，使项目在事故情况下尽可能减少对外环境的影响。

实例11：某化工企业其原料及产品均属于易燃物品。环境监理人员进场后，将事故应急体系的建立作为工作重点，根据实际情况对环评中提出的事故应急措施进行了细化。建设单位按照环境监理人员的意见及时调整设计，增加了事故应急池容量，完善了厂区事故废水收集管网。之后该企业由于操作不当发生了火灾，在火灾处理过程中产生的消防废水通过厂区事故废水收集管网收集进入了事故应急池，并得到妥善处理，减轻了对外环境的影响。

在项目投入试生产（运行）后，环境监理人员运用专业知识，对建设项目实际污染源及源强进行分析，在项目环评及设计文件存在遗漏的情况下寻找对外排污染物的资源综合利用途径，通过增加建设环保配套治理设施"变废为宝"，减少"三废"的产生量，同时提高了资源的循环利用率，为企业创造经济价值。

实例12：某化工厂技改项目投入试生产后，其中一股排入污水处理站的废水主要含有醇醚、甲苯、氯化钠和氢氧化钠等成分。环境监理人员经过初步经济效益分析，在类比同类企业经验并咨询相关专家的基础上，建议企业对该股废水采用升降膜蒸发器，蒸馏出醇醚或甲苯，回收塔回收溶剂，蒸发器内剩余物质通过结晶离心后得到的液碱，经调节浓度后可重复使用。建设单位对该方案进行了认真的研究并最终实施，此后环境监理单位与建设单位又对该项目其他产品废水的成分和化学性质也进行了不同程度的研究，先后在项目建成后共增加了5座类似的废水预处理装置，均获得了成功。

原辅材料消耗直接影响项目排放的污染源强，环境监理人员在试生产（运行）期间关注项目主体工程的原辅材料消耗情况。实践表明，由于项目环评中的原辅材料消耗为理论数据，实际原辅材料消耗情况一般较环评中存在差异。经分析并查找原因，环境监理单位可协助建设单位寻求节约原辅材料的方法，促进清洁生产。

实例13：某制药有限公司建设项目投入试生产后，发现某产品的二氯甲烷单耗量远超环评报告中的指标，经济成本明显增加。环境监理人员通过对生产线各主生产设备和辅助生产设备的排查，发现项目在进行溶剂负压蒸馏回收及物料转移时使用了大量的水冲泵。环境监理人员根据工作经验，认为水冲泵的大量使用造成了水资源的浪费，同时无组织废气排放量也较大，二氯甲烷溶剂损失在水及无组织废气中，增加了物料单耗。因此，环境监理单位建议建设单位采用无油机械式离心泵替代水冲泵，既可降低水资源利用量，又可减少废气的无组织排放量，同时在无油机械泵后加装冷凝装置，回收易挥发溶剂。建设单位根据环境监理单位的意见，将项目部分工艺环节水冲泵更换为WLW系列的无油立式真空泵，并在其后加装了二级冷凝回流装置（常温水冷＋冷冻盐水冷）。改造后，单位产品二氯甲烷单耗量由0.32t降至0.21t，降低了对环境造成的不利影响，也为建设单位创造了经济效益。

（五）宣传与培训

1. 宣传

工程建设人员的生态环境意识直接影响施工过程的环境保护工作效果，因而提高工程建设人员的环境保护意识十分重要，需要通过岗位培训和宣传教育以提高并统一工程参建单位及人员的生态环境认识，在工程建设中主动落实环境保护要求。

环境监理单位在开展宣传培训工作时应重点关注两个宣传对象，一是工程监理单位，通过宣传培训，使工程监理单位认同工程环境单位的保护理念和要求，配合和支持环境监理工作，强化工程建设监理工作中的环境管理工作，在实现工程环境保护目标过程中发挥其应有的作用；二是承包商，使承包商树立工程建设的综合效益观，深刻认识环境保护是工程建设的重要内容，从而规范施工行为，支持环境监理工作，认真执行环境保护要求。

宣传的内容要包括施工期环保知识和环境保护法规、政策等。宣传的途径有通过环境监理召开工地会议发放书面宣传材料、制作宣传标语和环境保护警示牌、组织开展环境保护知识问答和竞赛等多种形式。

实例14：四川岷江紫坪铺水利枢纽工程环境监理单位在工作中重视环境保护宣传工作，不定期出版《环保动态》，进行环境保护法律法规的宣传，通报环境保护相关信息，将动态送至建设单位、监理单位和承包商，收到了较好的宣传效果，促进了工程的环境保护工作。

实例15：银古公路项目通过组织专题会议推动宣传教育工作。在银古公路过境线十标段项目部召开各标段项目经理或专职环保人员参加的专题会议时，安排宣传教育的会议议题，就环保宣传工作进行经验交流。

2. 培训

环境监理单位应协助建设单位对各参建单位有关人员开展环境保护培训，培训形式可采取授课、讲座、考试等形式，在工作制度中明确提出培训要求，规定工程监理单位应协助建设单位组织工程施工、设计、管理人员进行环境保护培训，培训内容可根据项目实际内容选择。

实例16：西气东输管道项目将培训职责分解到建设单位各个职能部门，规定计划财务处负责HSE（H为健康，S为安全，E为环境）管理、培训、监测和有关项目的资金筹措与审批；人事处负责对职工进行岗位HSE技能培训，参与组织HSE应急演习；工程处对作业人员的HSE培训进行指导。同时对施工单位的环境保护知识培训提出明确要求，如规定承包商有责任培训所有工作人员并使其了解有关野生动物保护方面的知识。工作人员不可骚扰、喂养和猎杀野生动物。

（六）参与验收

环境监理人员参加合同项目完工验收，检查合同项目内规定的环境保护措施的落实情况。通过单项合同项目验收的环境保护检查，为工程整体验收打下良好基础。

环境监理单位配合建设单位组织开展建设项目竣工环境保护专项验收准备工作。环境监理单位参加建设项目竣工环境保护验收现场检查会议，并着重介绍环境监理工作情况。对于验收检查组提出的需整改的问题，协助建设单位落实整改措施。

"查一查"

在了解了建设项目的环境监理的内容及工作方法后，请大家查一查有没有环境监理相关案例，对照案例进一步了解环境监理的工作内容，以及该案例可采取的适当的工作方法。

任务小结

本次通过学习环境监理的内容及工作方法，使大家对建设项目的环境监理工作有了更加深入的认识，为开展环境监理工作打下基础。

应用案例拓展

扫码观看《咨询》《核查》《巡视》《旁站》4个视频。

项目技能测试

一、单选题

1. 环境保护的"三同时"指的是防治污染的设施必须与主体工程（　　）。

A. 同时设计、同时施工、同时投产使用　　　　B. 同时设计、同时施工、同时验收

C. 同时批复、同时施工、同时投产使用　　　　D. 同时设计、同时落实、同时投产使用

2. 施工单位编报的《工程施工组织计划》一般在（　　）进行审核。

A. 设计阶段　　　　B. 咨询阶段　　　　C. 调试阶段　　　　D. 施工准备阶段

3.环境污染事故应急预案及演练计划应由（   ）主持编制。

A.环境监理单位　　B.施工单位　　　　C.建设单位　　　　D.承包单位

4.《环境监理实施细则》应在（   ）编制。

A.设计阶段　　　　B.咨询阶段　　　　C.调试阶段　　　　D.施工准备阶段

5.环境监理最重要的阶段是（   ）。

A.设计阶段　　　　B.咨询阶段　　　　C.施工阶段　　　　D.调试阶段

6.环境监理例会一般（   ）召开一次。

A.每日　　　　　　B.每周　　　　　　C.每月　　　　　　D.每季度

二、多选题

1.设计阶段环境监理工作中主要是对以下设计文件进行复核（   ）。

A.主体工程　　　　　　　B.配套环保工程　　　　　C.涉及环境敏感区

D.施工组织设计　　　　　E.设计投资

2.项目建设一般分为（   ）几个阶段进行环境监理工作。

A.设计阶段　　　　　　　B.咨询阶段　　　　　　　C.投产阶段

D.施工阶段　　　　　　　E.调试阶段

3.在环境监理工作实际开展中，采取的工作方法主要包括（   ）等。

A.核查　　　　B.监督　　　　C.报告　　　　D.咨询　　　　E.宣传培训

4.环境监理的现场工作形式主要有（   ）。

A.跟踪检查　　　B.监督　　　　C.环境监测　　　D.巡视　　　　E.旁站

三、判断题

1.环境监理单位应参加合同阶段的商务条款审核。（   ）

2.环境监理单位应督促建设单位建立环境保护体系。（   ）

3.建设单位应支持和协助环境监理单位建立环境监理会议制度。（   ）

4.监理单位应协助建设单位建立环保管理制度及环保领导小组。（   ）

四、以小组为单位课下讨论以下问题，课堂上进行陈述。

1.环境监理核查的主要内容有哪些？核查重点是什么？

2.调试阶段环保咨询主要包括哪些内容？

项目二

建设工程环境监理相关法规

- **项目导航**

  开展建设工程环境监理要依据与建设项目环境保护相关的法律、法规、技术规范和标准、工程及环境质量标准、环境影响评价报告书（表）、设计文件、工程监理合同和建设工程承包合同等，通过收集及认读这些资料，为环境监理工作的开展打下坚实的基础。

- **技能目标**

  （1）熟悉建设工程环境监理相关法律、法规、标准等；

  （2）了解委托环境监理合同基本内容；

  （3）知道签订环境监理合同的注意事项。

- **知识目标**

  （1）能够对建设工程环境监理相关法律、法规、标准等进行收集及认读；

  （2）会根据建设项目内容和要求签订环境监理合同。

- **本章配套素材请扫描此处二维码查阅**

任务一　建设项目的环境监理的依据

▶ 情景导入

　　建设项目的环境监理工作是依据什么开展的呢？我们来扫码阅读一个案例：《环境监理依据应用案例》。采选钨矿$5 \times 10^4 t/a$的钨矿采选工程项目的环境监理工作开展的依据主要有：

　　（1）标书、图纸、政府批文、资料；

　　（2）国家和地方现行的工程建设规范、技术标准、规程、法律、政策及规定；

　　（3）施工合同、环境监理合同、设备供货合同等与本项目有关的建设合同；

　　（4）环境监理单位的质量管理体系文件。

　　通过案例学习了解这些依据的具体内容。

📖 任务知识

　　建设工程环境监理的主要依据是与建设项目环境保护相关的法律、法规、技术规范和标准、工程及环境质量标准、环境影响评价报告书（表）、设计文件、工程监理合同和建设工程承包合同等。建设工程环境监理合同、建设工程环境监理过程各种文件以及建设工程环境监理总结报告是工程竣工环境保护验收的重要依据。

一、法律法规依据

　　《中华人民共和国宪法》中已经明确了每个公民的环保义务，如第九条第二款"保障自然资源的合理利用，保护珍贵的动物和植物，禁止任何组织或个人用任何手段侵占或者破坏自然资源"。第二十六条"保护和改善生活环境和生态环境，防治污染和其他公害"。其他还有《中华人民共和国环境保护法》《中华人民共和国环境影响评价法》《中华人民共和国水法》《中华人民共和国土地管理法》《中华人民共和国渔业法》《中华人民共和国水土保持法》《中华人民共和国文物保护法》《中华人民共和国水污染防治法》《中华人民共和国大气污染防治法》《中华人民共和国噪声污染防治法》《中华人民共和国固体废物污染环境防治法》《中华人民共和国野生动物保护法》《中华人民共和国野生植物保护条例》《中华人民共和国草原法》《中华人民共和国防沙治沙法》《中华人民共和国公路法》《中华人民共和国铁路法》等，都有保护环境的明确条款。

二、国家有关的条例、办法、规定

《建设项目环境保护管理条例》《建设项目竣工环境保护验收管理办法》《关于开展交通工程环境监理工作的通知》《关于加强自然资源开发建设项目的生态环境管理的通知》《关于在重点建设项目中开展工程环境监理试点的通知》《关于涉及自然保护区的开发建设项目环境管理工作有关问题的通知》等，对建设项目在建设过程中保护环境都有明确要求。

三、地方性法规、文件

根据国家规定，可以立法的地方人民代表大会及其常务委员会可以颁布地方性环境保护法规。迄今为止有十几个省（自治区、直辖市）颁布了与环境监理有关的地方环境保护法规，这些法规同样是建设项目环境监理的依据。

四、国家标准

国家强制执行的环境标准很多，与环境监理有关的标准主要如下。

① 水环境标准，如《地面水环境质量标准》《地下水环境质量标准》《农田灌溉水质标准》《渔业水质标准》《景观娱乐用水水质标准》等。

② 环境空气标准，如《环境空气质量标准》等。

③ 噪声标准，如《城市区域噪声标准》等。

④ 振动标准，如《城市区域环境振动标准》等。

⑤ 排放标准，如《污水综合排放标准》《大气污染物综合排放标准》《锅炉大气污染物排放标准》《建筑施工场界噪声限值》《工业企业厂界环境噪声排放标准》等。

五、建设项目的环境影响评价文件和水土保持文件

建设项目的环境影响评价报告和水土保持报告及其行政主管部门的批复，是建设项目环境监理最重要的依据之一，其中针对建设项目提出的环境敏感点、污染防治设施和措施、水土保持措施等，是项目环境监理工作关注的重点，也是必须达到的底线。

六、建设项目工程设计文件及其审查意见

建设项目的设计阶段，往往已经考虑到了一些重大的环境保护问题，并在设计文件中有所反映，例如污染防治设施措施、水土保持措施、绿化等，可以作为环境监理工作的依据。

七、建设项目各承包人的施工组织设计

各承包人的施工组织设计中考虑了施工过程可能发生的扬尘污染、施工废水排放、取

土弃土生态环境破坏、施工噪声扰民等环境问题的预防和减缓措施，可以作为环境监理工作的依据。

八、环境监理合同、施工合同及有关补充协议

建设单位委托开展环境监理的合同，以及有关的补充协议，都明确规定了环境监理单位的权利、责任和义务，是监理单位开展工作的直接依据。

作为建设项目环保措施具体执行者的施工单位，责任和义务在施工合同中有明确的表述，也是监理单位开展工作的重要依据。

九、施工过程的会议纪要、文件等

在施工过程中根据实际情况形成的有关环保问题的会议纪要、文件，可以作为环境监理的依据。

🔍 "查一查"

在中华人民共和国生态环境部官网政策法规栏目中查询建设项目环境保护相关的法律、法规、技术规范和标准、工程及环境质量标准等，浏览和了解主要内容。

📝 任务小结

通过本次学习了解了开展建设工程环境监理的主要依据，在实际工作中应学会收集及认读相关资料。

⚙️ 项目技能测试

一、多选题

以下可以作为建设项目环境监理依据的是（　　　　）。

A.环境影响评价文件　　　B.水土保持文件　　　　　C.施工组织设计

D.环境监理合同　　　　　E.会议纪要

二、判断题

1.在施工过程中根据实际情况形成的有关环保问题的会议纪要可以作为环境监理的依据。（　　　）

2.建设工程承包合同是建设项目环境监理的依据。（　　　　）

3.建设工程环境监理总结报告是建设项目环境监理的依据。（　　　）

三、以小组为单位课下讨论以下问题，课堂上进行陈述。

建设工程环境监理的主要依据是什么?

任务二　环境监理合同

▶ 情景导入

建设项目环境监理合同的内容和主要条款是什么？让我们来扫码阅读案例《建设工程委托监理合同应用案例》，完成以下工作任务。

（1）本案例建设工程委托监理合同由几部分组成？

（2）合同中涉及的工程概况主要是哪几项？

（3）本合同的组成部分还包含哪些？

（4）本合同的第三部分专用条件主要涉及哪些内容？

任务知识

建设单位委托开展施工过程环境保护监理合同及相关补充协议，都明确规定了环境保护监理单位的权利、责任和义务，是监理单位开展工作的直接依据。

作为工程环保措施具体执行者的施工单位，其责任和义务在《标准施工招标文件》（2017年版）中都做了明确的规定。

环境监理合同一般应采用标准文本。环境监理单位及其环境监理人员在环境监理过程中要涉及项目业主和承包商的合同管理，所以对委托环境监理合同的内容和签订环境监理合同时的注意事项应该清楚，对实际从事工程环境监理是非常有益的。

一、委托环境监理合同基本内容

1. 签约各方的认定

主要说明建设单位和环境监理单位的名称、地址、实体性质等；委托方的意图是否遵守国家法律，是否符合国家政策和规划、计划要求，确保签订合同在法律上的有效性。

2. 合同的一般说明

当合同各方关系得以确定后通常进行必要的说明，进一步叙述"标的"（即委托环境监理）的内容等。

3. 环境监理单位履行的义务

应包含两个方面：一是受委托环境监理单位应尽的义务；二是对委托项目概况的描述。在合同中均以法律语言来叙述承担的义务。对项目概况的描述目的是确定项目的内容，便于规定出服务的一般范围（其内容主要包括项目性质、投资来源、工程地点、工期要求，以及项目规模或生产能力等)。

4. 环境监理工程师提供的服务内容

条款中对环境监理工程师提供的服务内容进行详细说明。如果项目业主只需环境监理工程师提供阶段性的环境监理服务则较简单，若包括全过程环境监理，则叙述应更详细。为避免发生合同纠纷，除对合同中规定的服务内容进行详细说明外，对有些不属于环境监理工程师服务的内容，也有必要在合同中列出来。

5. 业主的义务

业主应该偿付环境监理酬金，同时还有责任为环境监理工程师更有效地工作创造一定的条件。

① 提供项目建设所需的法律、资金、保险等服务；

② 提供合同中规定的工作数据和资料；

③ 提供环境监理人员的现场办公用房；

④ 提供环境监理人员必要的交通工具，通信、检测、试验等有关设备；

⑤ 国际性项目协助办理海关或签证手续；

⑥ 承诺可提供超出环境监理单位控制的、紧急情况下的费用补偿或其他帮助；

⑦ 在限定的时间内，审查和批复环境监理单位提出的任何与项目有关的报告书、计划书和技术说明书，以及其他信函文件；

⑧ 如一个项目委托多个环境监理单位时，关于业主与几家监理单位的关系以及有关义务等，在每个环境监理单位的委托合同中均应明确。

6. 环境监理费用的支付

环境监理合同中必须明确环境监理费用额度及其支付时间和方式，在国际合同中，还需要规定支付的币种。不论合同中采用哪一种环境监理费计算方法，都应明确支付的时间、支付次数、支付方式和条件等。常见的支付方式有按实际发生额每月支付、按月或规定天数支付、按实际完成的某项工作的比例支付、按双方约定的计划明细表支付、按工程进度支付等。

7. 业主的权利

环境监理单位是受业主委托进行项目管理，在合同中要有保障业主实现意图的条款。一般有以下几项要求。

① 进度要求。说明各部分工作完成的日期，或附有工作进度计划方案等。

② 保险要求。要求环境监理单位有某种类型的保险，或者向业主提供类似的保障。

③ 承包分配权、指定分包权。未经业主许可或批准的情况下，环境监理工程师不得把环境监理合同或合同的一部分进行分包。

④ 授权限制。环境监理工程师行使权利不得超过环境监理合同规定的范围。

⑤ 终止合同。当业主认为环境监理单位的工作不能令人满意或项目合同遭受任意破坏

时，业主有权终止合同。

⑥ 有权换人。环境监理单位必须提供足够胜任工作的人员，如工作人员失职或不能令人满意时，业主有权要求换人。

⑦ 提供资料。在环境监理工程师整个工作期间，必须做好完整的记录并建立技术档案资料，方便随时可以提供清楚、详细的记录资料。

⑧ 报告业主。在工程建设各个阶段，环境监理单位要定期向业主报告各阶段情况和月度、季度、年度报告。

8. 环境监理单位的权利

环境监理单位除取得应有的酬金和补偿外，在合同中应有明确保护环境监理单位利益的条款，一般有以下几项。

① 附加工作的补偿。凡因改变工作范围而委托的附加工作，应确定支付的附加费用标准。

② 明确不包含的服务内容。合同中有时必须明确服务范围、不包含的服务内容等。

③ 工作延期。合同中要明确规定，由于非人为的意外原因（即非环境监理工程师所能控制）或由于业主的行为工作延期，环境监理工程师应受到保护，根据情况予以工作延期等。

④ 主张业主承担由自己造成的过失。合同中应明确规定，由于业主未能按合同及时提供资料信息或其他服务而造成了损失，应由业主负责。

⑤ 业主的批复。由于业主工作拖拉，对环境监理工程师的报告、信函等要求批复的书面材料造成延期，由业主负责。

⑥ 终止和结束。合同中任何授予业主终止合同的权利的条款，都应当同时包括由环境监理工程师所投入的费用和终止合同所造成的损失，并应给予合理补偿的条款。

9. 其他条款

一般合同中都有其他条款，以进一步确定双方权利和义务，如发生修改合同、终止合同或紧急情况的处理程序等。在国际性的合同中，常常包括不可抗拒力条款，如发生地震、动乱、战争等情况下不能履行合同的条款。

10. 签字

业主与环境监理单位都在合同中签了字，便证明双方达成协议，合同才具有法律效力，由法人代表或经授权的代表签字，同时注明签字日期。

尽管建设项目委托监理合同的内容各有差异，但其基本含义没有什么区别。完善的合同其基本内容均相似。上述内容在环境监理单位进行环境监理实际工作时可作参考。

二、签订环境监理合同的注意事项

1. 要坚持按法定程序签署合同

业主和环境监理单位在签订委托环境监理合同时（一般应为法人代表或有授权委托的代表）签字应合法。环境监理单位应将拟派往该项目工作的环境监理总工程师及其助手的情况告知建设单位。合同签署后，建设单位应将合同中给环境监理工程师的权限写入与承包商签订的合同中，至少在承包商动工前要将环境监理工程师的有关权限书面通知承包单位，为环境监理工程师的工作创造条件。

2. 要重视替代性的信函

对一些小项目或另增加的内容，一般认为没有必要正式签订一份合同，这时环境监理单位一般应采用信函来确认，以代替繁杂的合同文件。它可以帮助确认双方的关系以及双方对项目的有关理解和意图，既包括建设单位提出的要求和承诺，也是环境监理单位承担责任、履行义务的书面证据。所以对替代性的信函要予以充分重视。

3. 合同的变更

在工程建设中难免出现许多不可预见的事项，经常会出现要求修改或变更合同条件的情况，尤其是需要改变服务范围和费用问题时，环境监理单位应坚持要求修改合同，口头或拟临时性交换函件是不可取的。可以采用正式文件、信件式协议或委托单等几种方式对合同进行修改，如变动内容过大，应重新制定一个新合同。不论采取什么方式，修改之处一定要便于执行，这是避免纠纷、节约时间和资金的需要。如果忽视这一点，仅仅是表面上通过的修改，可能缺乏合法性和可行性，会造成某一方的损失。

4. 其他注意事项

① 注意合同文字的简洁、清晰，每处措辞都应该经过双方充分讨论，以保证对工作范围、采取的工作方法，以及双方对相互间的权利和义务能确切理解。

② 对于时间要求特别紧迫的环境监理项目，业主有明显的委托环境监理意向且签订正式委托环境监理合同之前，双方在使用意图性信件交流时，环境监理单位对发往业主的信件和函电、传真要认真审查，尽可能避免"忙中出乱"使合同谈判失败或遭受其他意外损失。

环境监理单位在合同事务中要注意充分利用有效的法律服务。委托环境监理合同的法律性很强，环境监理单位应配备有关方面的专家，这样在准备合同格式、检查其他人提供的合同文件及研究意图性信件时才不至于出现失误。

🔍 "查一查"

在了解了建设项目委托环境监理合同基本内容和签订环境监理合同的注意事项后，请大家查查有没有环境监理合同案例？对照案例中环境监理合同的主要内容。

📝 任务小结

本次通过学习大家熟悉了委托环境监理合同基本内容以及签订环境监理合同的注意事项，学习者应能根据建设项目内容和要求签订环境监理合同。

⚙ 项目技能测试

一、单选题

1.以下不属于业主权利的是（　　　）。

A.进度要求　　　　　B.保险要求　　　　　C.终止合同　　　　　D.附加工作补偿

2.以下不属于环境监理单位权利的是（　　　）。

A.取得酬金　　　　　B.工作延期　　　　　C.报告业主　　　　　D.业主的批复

二、判断题

环境监理合同的补充协议，不能直接作为监理单位开展工作的依据。（　　　）

三、以小组为单位课下讨论以下问题，课堂上进行陈述。

环境监理单位应履行的义务有哪些?

项目三

建设工程环境监理组织与环境监理工程师

- **项目导航**

  建设项目环境监理要根据建设项目行业类别、规模、环境影响的程度和施工标段的数量选择适宜的环境监理模式，合理配备环境监理人员。环境监理单位在从事建设项目环境监理时应当遵循基本准则，环境监理人员应具备所要求的素质要求、职业道德和岗位职责等。

- **技能目标**

  （1）能根据项目特点，选择适宜的环境监理管理模式；

  （2）能拟定监理人员，组建符合本项目特点及需要的一个环境监理组织；

  （3）能具备监理机构监理员的岗位能力。

- **知识目标**

  （1）了解建设工程环境监理单位经营基本准则；

  （2）熟悉环境管理模式；

  （3）熟悉建设项目环境管理模式，培养监理人员的基本素养和应遵守的职业道德；

  （4）掌握监理人员的配备与岗位职责。

- **本章配套素材请扫描此处二维码查阅**

任务一　建设工程环境监理组织

▶ 情景导入

　　要确保环境监理工作能顺利、高质量地完成，先要对环境监理组织和环境监理人员的相关知识有系统的认知。某公路建设项目的环境监理主要内容有：①在工程施工前对区域原始形象记录；②对项目建设前期环境保护评价报告及批复文件、初步设计、水土保持方案等技术资料及其他相关资料进行收集分析；③施工期的水、气、固废、噪声防治措施环境监理和水土保持及生态环境监理；④落实施工期环境监理过程所需的环境监测；⑤对项目环保"三同时"进行调查；⑥协助业主组织环保竣工验收，编制环境监理总结报告，整理环境监理相关资料并提交业主。

　　请完成如下任务：

　　（1）制定本工程环境监理工作目标，确定环境监理工作范围；

　　（2）该建设工程环境监理模式怎么选取？

　　请认真学习本任务的基础知识，完成工作任务。

📖 任务知识

一、建设工程环境监理单位经营基本准则

　　建设项目环境监理单位一般指以承担建设项目环境监理工作为主业，具有环境监理相关等级资质和法人资格的企业或组织。建设项目环境监理单位可以是专门从事建设项目环境监理工作的独立的企业单位，如建设项目环境监理公司、工程环境监理事务所等，也可以是具有环境监理资质的和法人资格的企业单位下设的专门从事环境监理工作的二级部门，如科研单位的工程环境监理办公室、环境监理部等。

　　环境监理单位是承担环境监理工作的主体，环境监理单位从事建设项目环境监理活动，应当遵循"守法、诚信、公正、科学"的基本准则。

　　1. 守法

　　守法是监理单位必须遵守的起码的行为准则。对于建设工程环境监理单位来说，守法就是要依法开展监理工作。主要体现在以下几个方面：

　　① 环境监理单位只能在核定的监理业务范围和核定资质等级内开展经营活动。

　　② 环境监理单位不得伪造、涂改、出租、出借、转让、出卖环境监理资质。

　　③ 环境监理单位应认真履行监理合同和有关的义务，不损害建设单位和施工单位的合

法利益，不得无故或故意违背自己的承诺。

④ 环境监理单位应遵守国家关于企业法人的其他法律、法规，包括行政的、经济的和技术的规定。

⑤ 环境监理单位在从事建设项目环境监理活动中，应自觉接受政府主管部门的监督。

⑥ 环境监理单位不得从事或变相地从事工程承建活动，也不得开展建筑材料等经销业务。

2. 诚信

诚信是道德规范在市场经济中的体现。加强企业信用管理，是提升企业信用水平，提高企业竞争力的重要保障。环境监理单位应当建立健全以下信用管理制度：

① 建立健全合同管理制度。

② 建立健全与建设单位的合作制度，及时进行信息沟通，增强相互的信任度。

③ 建立健全监理服务需求调查制度。

④ 建立健全环境监理单位内部信用管理责任制度。

⑤ 建立健全信用信息报告制度，向资质许可机关提供真实、准确、完整的企业信用档案信息。

3. 公正

公正是社会公认的职业准则，也是从事建设项目环境监理活动应当遵循的重要准则。公正是指环境监理单位在监理活动中既要维护建设单位的利益，又不能损害施工单位的合法权益，并依据合同公平合理地处理建设单位与施工单位之间的矛盾和纠纷。环境监理单位要做到公正，必须做到以下几点：

① 培养环境监理人员良好的职业道德。

② 坚持实事求是的原则，不唯上级或建设单位的意见是从，不偏袒任何一方。

③ 提高监理工程师综合分析和判断问题的能力，不为局部问题或表面现象所迷惑。

④ 不断提高环境监理人员的专业技术能力和合同意识，尤其要提高综合理解、熟练运用工程项目合同条款的能力，以便以合同为依据，恰当地协调、处理问题。

4. 科学

环境监理单位要依据科学的方案，运用科学的手段，采取科学的方法开展环境监理工作。监理工作结束后，还要进行科学的总结。实施科学化的管理主要体现在以下几个方面：

① 科学的行为是反映环境监理单位水平、树立环境监理单位形象的重要方面。科学的方案主要体现在要具有预控功能的规划和计划。

② 科学的手段体现在借助先进的检测、试验、化验仪器、摄像录像、计算机等科学仪器和设备实施监理工作。

③ 科学的方法主要体现在监理人员在掌握大量确凿的有关监理对象及其外部环境信息的基础上，适时、妥当、高效地处理实际问题，解决问题要用事实说话、用书面文字说话、

用数据说话；充分开发和利用计算机软件辅助环境监理。

二、建设项目的环境监理模式

建设项目的环境监理模式的选择与建设项目工程组织管理模式密切相关，监理模式对建设工程的规划、控制、协调起着重要作用。建设工程不同的组织管理模式有不同的合同体系和管理特点，要根据建设项目的特点选择适宜的环境监理模式。目前，我国开展的环境监理中，从环境监理的目标、功能及其与工程监理协作的角度考虑，环境监理的模式主要有以下3种类型。

1. 包容式环境监理

包容式环境监理模式是工程监理单位接受业主委托，在依法完成工程施工监理任务的同时，承担其业务范围内的环境监督管理工作，对承包人在施工活动中污染防治和生态保护与恢复等情况进行监督管理，同步实现工程质量、环境质量及"三同时"控制，或者说各工程监理单位完全负责各自标段内的环境监理工作。这种模式一般需要在项目监理部设置一个环境保护职能部门或环境保护负责人，负责工程项目环境监理的规划和组织落实，环境监理工作由各专业监理工程师共同承担，全体监理人员参加环境监理工作。有的省市结合施工期环境监测，使环境监理更加科学、更有针对性。

交通运输部门在各省（区、市）的大型交通建设项目大多采用这种模式。该模式的优点是与工程监理结合紧密，便于开展工作，环境保护工作与工程质量、进度、费用直接挂钩，有利于环境监理各项工作有效实施。但就目前我国工程监理人员和管理体系的实际情况，还需要全面对工程监理人员进行环境保护教育，健全环境监理的各项管理制度，完善环境监理的工作程序，明确工程监理与环境监理的业务分工，才能发挥包容式环境监理在建设施工环境监理中的优势。但该模式的缺点也较突出，如监理人员环保专业知识不足，对环评及其批复要求理解不到位，对环境政策法规把握不准确，监理措施针对性不强等，导致保护措施实施状况及效果很难满足环评及其批复的要求。

2. 结合式环境监理

项目监理部设置环保职能部门，由环境监测、环境工程等专业监理工程师承担环境监理工作，在总监的领导下，编制有关环境监理方案和计划，对承包人在施工活动中污染防治和生态保护与恢复等情况进行监督管理。为了增强环境监理同工程监理的协作，环保职能部门和项目监理部其他职能部门之间实现资源共享，以弥补环境监理力度不足的弊端，增强环境监理实施效果。

结合式环境监理组织机构模式吸取了独立式环境监理组织模式中监理人员比较集中、专业化程度高的优点，能将环境监理同工程监理有机地结合起来，加强环境监理同工程监理的协作关系。但仍然需要全面对工程监理人员进行环境保护教育，健全环境监理的各项管理制度，并明确工程监理与环境监理的业务分工和合作，否则就会退变成"独立式环境监理"，自行其是、独尽其职。

3. 独立式环境监理

独立式环境监理模式是由专业环境监理单位接受业主委托，依法承担其建设项目施工期间的环境监督管理工作，独立对承包人在施工活动中污染防治和生态保护与恢复等情况进行监督管理，落实项目各项环保措施的专业化服务活动。环境监理机构独立于工程监理，直接受业主领导，与工程监理呈并列关系。环境监理由具有环境保护相关资质的单位承担，环境监理人员由生态、环境工程、水污染、大气等专业人员担任。

采用独立式环境监理的行业有水利水电行业，省份有辽宁、浙江、陕西等。该模式的优点是环境监理人员的政策法规知识水平较高，环保知识专业化，与生态环境保护主管部门协调能力强，对工程环境问题和环境保护要求把握准确；缺点是环境监理人员对主体工程内容、工艺等专业知识理解不足，对某些容易破坏环境或造成环境污染的施工过程监理力度不够，降低环境监理的实施效果，与工程监理的协调性较差，并且同工程监理的某些工作重复。

"想一想"

针对情景导入中的某公路建设项目工程，请试着选择适宜的环境监理模式说说看吧。

任务小结

本次主要介绍了建设工程环境监理单位"守法、诚信、公正、科学"的经营基本准则，以及建设项目环境监理的三种模式。

应用案例拓展

请扫码阅读《三种环境监理管理模式应用》。

任务二　环境监理工程师

情景导入

根据任务一中某公路建设项目的环境监理主要内容，完成如下任务：

（1）根据本项目特点及需要组建一个环境监理组织；

（2）拟定项目监理人员；

（3）该建设工程环境监理措施怎么选取？

请认真学习本任务的基础知识，完成工作任务。

任务知识

建设项目的环境监理要根据建设项目行业类别、规模、环境影响的程度和施工标段的数量合理配备环境监理人员数量。环境监理人员一般包括环境监理总工程师、环境监理总工程代表、专业环境监理工程师和环境监理员，必要时可配备环境监理总工程师代表。更换环境监理总工程师时，环境监理单位应征得建设单位同意并书面通知建设单位，调整环境监理工程师时，环境监理总工程师应书面通知建设单位和施工单位。

一、环境监理工程师的素质要求

① 熟悉工程建设项目环境污染和生态破坏的特点，掌握必要的环境保护专业知识，能对建设项目施工活动的环境影响、环保措施实施效果、环境监测成果等进行准确的分析和判断，从而保证全面实现工程环境预防保护目标、污染治理目标和恢复建设目标。

② 必须具备一定的行业专业技术知识，熟悉工作对象；熟悉工程建设项目的技术要求、施工程序及特点和可能产生的生态环境问题。

③ 具备一定的管理工作经验和相应的工作能力（如表达能力、组织协调能力等），应当熟悉行业标准和环境保护法律法规，能够运用合同解决问题，能够很好地处理多方关系，有效地处理污染事故和有针对性地进行必需的社会调查研究等。

二、环境监理工程师的职业道德

① 按照"守法、诚信、公正、科学"的准则执业。

② 执行有关建设项目环境保护的法律、法规、规范、标准和制度，履行环境监理合同规定的义务和责任。

③ 加强培训学习，不断提高业务能力和专业水平。

④ 不为所监理项目指定承建商、建筑构配件、设备、材料和施工方法。

⑤ 不收受被监理单位的任何礼品。

⑥ 不泄露所监理工程各方认为需要保密的事项。

⑦ 坚持独立自主地开展工作。

⑧ 严格监理，平等待人，虚心听取各方面意见，处理问题有理、有力、有节。

三、环境监理人员的职责

1. 环境监理总工程师的职责

环境监理总工程师又称环境监理总监，是指取得国家环境监理资质，由环境监理单位法定代表人书面授权，全面负责建设项目环境监理的专业环境监理工程技术人员。一般具有以下职责：

① 全面负责并保证按合同要求规范地开展环境监理工作。

② 确定项目环境监理机构的组织形式、人员配备、工作分工及岗位职责。

③ 主持制订项目环境监理规划，制定环境监理机构规章制度，审批环境监理细则，签发环境监理机构内部文件。

④ 组织、检查、考核环境监理人员的工作，对不称职的监理人员及时进行调换；根据工程项目建设进展情况，调整环境监理人员，保证监理机构有序、高效地开展工作。

⑤ 主持环境监理例会，签发建设项目环境监理机构的文件和指令。

⑥ 审核施工单位提交的环境保护措施的开工报告、施工组织设计、技术方案、进度计划。

⑦ 审核签署施工单位环境保护工作的有关申请。

⑧ 建议和处理环保工程变更。

⑨ 主持或参与环保工程质量缺陷与污染事故调查。

⑩ 检查环境监理日志；组织编写并签发环境监理月报、环境监理年报、环境监理总报告；组织整理环境监理档案资料。

2. 环境监理总工程师代表

环境监理总工程师代表是指在环境监理总工程师领导及授权下，可以行使环境监理总工程师部分职责的环境监理工程技术人员。一般具有以下职责：

① 负责环境监理总工程师指定或交办的环境监理工作。

② 按环境监理总工程师的授权，行使环境监理总工程师的部分职责和权利。

③ 环境监理总工程师不得将下列工作委托环境监理总工程师代表：a.主持编写项目环境监理规划、审批项目环境监理实施细则；b.根据工程项目的进展情况进行环境监理人员的调配，调换不称职的环境监理人员。

3. 专业环境监理工程师的职责

专业环境监理工程师指取得国家环境监理专业资质，并根据环境监理项目岗位职责和环境监理总监的指令，负责实施某一专业或某一方面的环境监理工作，具有相应环境监理文件签发权的环境监理工程技术人员。一般具有以下职责：

① 在环境总监的领导下制订环境监理实施细则，并组织实施。

② 具体组织实施分管工程的环境监理工作，使监理工作有序开展。

③ 组织、检查和指导监理员工作；当人员需要调整时，向环境监理总工程师提出建议。

④ 审查施工单位提交的与环境监理有关的计划、方案、申请、变更，并向环境监理总工程师提出报告。

⑤ 负责项目环境保护工程分项工程及隐蔽工程验收。

⑥ 定期向环境监理总工程师提交项目环境监理工作实施情况报告，对重大问题及时向环境监理总工程师汇报和请示。

⑦ 根据项目环境监理工作实施情况做好环境监理日志。

⑧ 负责项目环境监理资料的收集、汇编，参与编写环境监理月报。

⑨ 完成环境总监安排的其他工作。

4. 环境监理员的职责

环境监理员是指经过环境监理业务培训，具有环境监理专业资质，从事具体项目现场监督管理的环境监理技术人员。一般具有以下职责：

① 在环境监理工程师的指导下开展现场环境监理工作。

② 巡视施工现场环境保护措施、环保"三同时"建设情况及生态环保情况，并做好检查记录工作。

③ 担任旁站工作，发现问题及时指出并向环境监理工程师报告。

④ 做好环境监理日志和相关的环境监理记录。

任务小结

本任务主要介绍了环境监理人员的构成，监理人员素质要求、职业道德和人员岗位职责等内容。通过学习，初步培养监理人员的基本素养，熟悉所从事的岗位职责。

项目技能测试

一、单选题

1.环境监理单位在进行建设项目环境监理时需要配备相应的仪器和设备，这体现了环境监理单位的（   ）。

A.守法   B.诚信   C.公正   D.科学

2.大型交通建设项目大多采用的环境监理管理模式是（   ）。

A.独立式   B.结合式   C.包容式   D.直线式

3.下列（   ）属于监理员的职责。

A.确定项目监理机构人员的分工和岗位职责   B.编写本专业的环境监理实施细则

C.环境监理日志记录   D.处理环保工程变更

4.按照环境监理人员的岗位职责，（   ）应定期主持召开环境监理例会。

A.环境监理总工程师   B.环境监理总工程师代表

C.专业监理工程师   D.环境监理员

二、以小组为单位课下讨论以下问题，课堂上进行陈述。

1.环境监理管理模式有哪几种？它们的优缺点分别是什么？

2.简述环境监理总工程师、环境监理工程师、环境监理员的岗位职责。

项目四

建设工程环境监理目标制定、目标控制和工作程序

- **项目导航**

  建设工程环境监理是对各类建设工程在建设过程中与工程相关的对环境可能造成不利影响的对象实施监督和控制的建设监理，主要包括工程前期环境监理、施工行为环境监理、环保工程环境监理等。建设工程环境监理目标和各阶段目标控制措施的制定，直接关系到建设工程环境监理的质量，也是建设工程环境监理人员经验的凝结。建设工程环境监理人员应该在各类建设工程环境监理中总结和提升自己制定环境监理目标控制措施的水平。

- **技能目标**

  （1）能制定建设工程环境监理目标；
  （2）能撰写建设工程环境监理各阶段目标控制措施；
  （3）能绘制环境监理各阶段工作流程。

- **知识目标**

  （1）掌握建设工程环境监理目标内涵；
  （2）掌握环境监理目标控制内容；
  （3）熟悉环境监理各阶段工作流程。

- **本章配套素材请扫描此处二维码查阅**

任务一　建设工程环境监理目标制定

▶ **情景导入**

若要合理制定建设工程环境监理目标，首先要对建设工程环境监理目标的相关知识有一个系统的认知。某钨矿 5×10^4t/a采选改扩建工程主要内容有：①采矿。在柳树塘矿段，新建采矿工业广场，新建矿山井下开拓系统和+320m水平柳树塘–塘江源运矿巷道；在塘江源矿段，扩建矿山地下开采系统荒垅工区，扩建采矿工业广场（包括储矿场），扩建矿山开拓系统。②选矿。对现有选矿厂工艺流程进行改造，新增浮选分离收铜工艺；对选矿厂厂房进行维修加固，对地面进行硬化。③尾矿库。对现有尾矿设施进行完善，完善尾矿库溢流水回用系统。④辅助工程。供电，对柳树塘矿段和荒垅工区的外部供电线路进行改造，保证工程的用电；进矿公路建设，新建公路长约1200m；完善现有炸药存放点；供水，柳树塘矿段和荒垅工区新建采矿供水系统，选矿除继续利用少量井下废水作生产用水外，大部分回用尾矿库的溢流水；尾矿库下游居民搬迁；办公及生活设施，柳树塘矿段和荒垅工区将扩建办公及生活设施。

现请你以环境监理工作人员的身份，完成如下任务：

（1）梳理该项目环境保护目标；

（2）确定该项目环境监理目标。

请认真学习本任务的基础知识，完成工作任务。

 "试一试"

根据情景导入中的某钨矿采选改扩建工程介绍，尝试编制该项目环境监理目标。

📖 **任务知识**

建设工程环境监理是对各类建设工程在建设过程中与工程相关的对环境可能造成不利影响的对象实施监督和控制的建设监理，主要包括工程前期环境监理、施工行为环境监理、环保工程环境监理等。

建设工程环境监理的目的是通过环境监理专业人员的介入，规范工程建设各参与方的环保行为，落实环保"三同时"措施，实现工程建设中对环境最低程度的破坏、最大限度的保护、最强力度的恢复，实现工程经济效益、社会效益和环境效益的统一，完善建设项目环境管理体系，促进人与自然和谐发展。建设工程环境监理的目的决定了建设工程环境监理的目标。建设工程环境监理目标分为总目标和分项目标，具体如下。

（1）总目标

保证环境保护设计中各项环境保护措施能够顺利实施，保证施工合同中有关环境保护的合同条款切实得到落实，有效控制工程对周围环境的影响，达到国家对建设项目环境保护的总体要求。

（2）分项目标

① 可行性研究和设计阶段（工程前期）的环境监理目标：通过收集环评及批复、初步设计、施工设计、施工组织方案等基础资料，审核项目主体工程和配套环保设施设计文件，对比项目主体工程总平面布置、规模、工艺、设备、项目设计中环保治理设施规模、工艺、设备与环评及批复是否一致，结合多年积累的环境监理经验，对项目选址选线和工程污染物收集优化、环保工程工艺路线选择、设计方案比选等环节，提供环保咨询服务，从而在项目施工前降低项目对环境的可能影响。

② 施工阶段（施工行为及环保工程）的环境监理目标：通过环境监理人员的督促作用，促进施工方降低施工行为对项目周围自然环境、生态环境、人文环境和社会环境造成的不利影响或干扰，使施工行为对周围环境的影响降到最低程度；督促施工方及时修整和恢复在工程建设过程中受到破坏的环境要素；督促建设方和施工方按质、按量、按进度完成环评提出的"三同时"污染防治和生态恢复措施。

③ 调试和竣工环保验收阶段的环境监理目标：规范项目调试，降低项目调试阶段对环境的污染，督促生产企业严格执行各类环境管理制度、事故应急预案，规范环保设施运行记录和管理台账填写，顺利完成调试，环保设施排放污染物能稳定达标，按照建设项目竣工环境保护验收要求，完成项目竣工环保验收。

任务小结

本次通过学习建设工程环境监理目的、目标和分类，主要内容有建设工程环境监理目的、建设工程环境监理总目标和分项目标，使大家了解到建设工程环境监理目标制定所需要的知识。

应用案例拓展

请扫码阅读《某建设工程环境监理工作范围和目标》。

一、单选题

1.建设工程环境监理分项目标包括可行性研究和设计阶段环境监理目标、（   ）、调试和竣工环保验收阶段环境监理目标。

A.施工阶段环境监理目标

B.项目回溯性监理目标

C项目正式投产后监理目标

D.项目运行规范监理目标

2.下面哪项内容不是施工阶段的环境监理目标？（   ）

A.使施工方施工行为对周围环境的影响降到最低程度

B.督促建设方和施工方按质、按量、按进度完成环评提出的"三同时"污染防治和生态恢复措施

C.通过收集环评及批复、初步设计、施工设计、施工组织方案等基础资料，审核项目主体工程和配套环保设施设计文件，对比项目主体工程总平面布置、规模、工艺、设备、项目设计中环保治理设施规模、工艺、设备与环评及批复是否一致

D.督促施工方及时修整和恢复在工程建设过程中受到破坏的环境要素

二、判断题

1.建设工程环境监理目标分为总目标和分项目标。（   ）

2.调试阶段环境监理，应督促生产企业严格执行各类环境管理制度、事故应急预案。（   ）

三、以小组为单位课下讨论以下问题，课堂上进行陈述。

1.在制定环境监理目标时应考虑哪些方面的内容？

2.如何落实环境监理目标？

任务二　建设工程环境监理目标控制

根据任务一的某钨矿5×10^4t/a采选改扩建工程内容，请以环境监理工作人员的身份，完成如下任务：

（1）列出本项目环境监理控制流程图并分析每个环节的控制要点；

（2）分析该项目各阶段的目标控制类型；

（3）列出该项目工程设计阶段环境监理目标控制措施；

（4）列出该项目施工阶段环境监理目标控制措施；

（5）列出该项目环保工程环境监理目标控制措施。

请认真学习本任务的基础知识，完成工作任务。

✎ **"试一试"**

请扫码观看视频《控制流程基本环节》和《工程环境监理目标控制类型》，根据情景导入中的某钨矿5×10^4t/a采选改扩建工程介绍，尝试编制该工程环境监理目标控制措施。

📖 **任务知识**

一、建设工程环境监理目标控制概述

建设工程环境监理目标的实现，是各方人员共同努力的结果。在工程实施过程中，会存在偏离目标的现象，这就需要环境监理人员对目标实施控制。

控制是环境监理的一项重要管理活动，即环境监理人员按计划标准来衡量所取得的成果，纠正实际过程中发生的偏差，以保证预定的计划目标得以实现。环境监理有两项重要任务，即计划和控制。环境监理的起始点是编制环境监理计划（大纲、方案及实施细则），一旦环境监理计划开始付诸实施，环境监理就进入控制环节，包括：进行组织和人员配备，实施有效的领导与协调，检查计划实施效果，找出偏离计划的误差，确定应采取的纠正措施，并采取纠正行动等。

（一）环境监理目标控制流程

环境监理目标控制可用流程图表示，见图4-1。

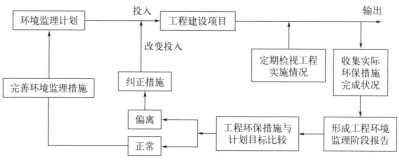

图4-1 环境监理目标控制流程

环境监理是工程环境影响目标控制的关键管理环节。当工程建设项目进入可行性研究和设计阶段时，首先要将设想的、准备建设的项目从脑中观念变为设计方案和图纸，在此过程中，环境监理人员应审核建设项目设计方案与图纸是否符合国家环保法律法规、标准政策要求，如若偏离，即提出纠正措施，优化设计内容，使之符合环保要求。当项目进入施工阶段时，项目要按建设计划目标（预定计划）投入所需的人力、材料、设备、机具、方法等资源和信息，预定计划付诸实施，工程项目建设活动得以展开，并不断输出实际工程项目建设状况，同时产生环保措施完成情况等信息。环境监理人员将这些信息整理成工程环境监理阶段报告，并将其与环境监理计划中的目标比较，看是否存在偏离，若存在偏离，则应采取纠正措施，使之按照既定的目标前进（或调整目标）。具体执行过程中会存在这样的情形，在环境监理计划阶段的目标并非十分明确，在实施过程中，应通过项目的展开而明确和丰富，使之完善。应该指出的是，项目施工行为的环境符合性监理的循环周期较短，一旦发现存在施工行为不规范问题（例如雨季基础施工的排涝问题等），应及时采取纠正措施，使项目对环境的影响降到最低，事后予以总结，以免再产生类似问题。

由上可知，环境监理目标控制过程，既是环境监理人员极力促成工程建设朝着环境影响减小的目标前进的过程，也是环境监理人员经验积累与提升的过程。环境监理人员应充分重视自身的经验积累和监理能力的提升，以制订更详细、考虑更为周全的环境监理计划，减少纠偏的次数与成本，使工程建设目标得以更好地完成。

（二）控制流程基本环节

环境监理控制流程可以进一步抽象为投入、转换、反馈、对比、纠正5个基本环节，见图4-2。

图4-2 控制流程的基本环节

在图4-2中，每个控制循环应交替进行，如果缺少基本环节中的任何一个环节，这个控制循环就不健全，就必然会降低控制的有效性，导致循环控制的整体作用不能充分发挥。

1. 投入

控制过程首先从投入开始。项目计划能否顺利实施，最基本的条件就是能否按计划要求的人力、财力、物力投入。工程环境监理单位及监理工程师应把握对"投入"的控制，保证建设单位、施工单位、环境监理单位予以相应的投入。环境监理人员应督促这些投入落实到位。

2. 转换

转换是指工程建设项目的实现需要经由各种资源投入工程建设项目产品产出的转换过程。转换过程表现为劳动力运用劳动资料和劳动工具将劳动对象转换为产品，如工程设计人员将建设构思转换为方案和图纸，工程技术人员、管理人员、工人、监理人员、质检人员等将资源、信息、建筑材料转换为建设工程。在转换过程中，计划的实施受到来自外部环境和内部系统的各种因素的干扰，由此造成实际状况偏离预定的目标和计划。这种干扰往往是潜在的，而且不同类型的工程具有不同的特点，难以被人们所预料。

转换过程中的环境监理目标控制是实现有效控制的重要内容。在工程项目实施过程中，工程环境监理单位及环境监理工程师应紧紧跟进工程，掌握第一手资料，把握工程进度，了解工程进展过程中的环境影响控制及环保工程建设进展与实际计划之间的偏差，为分析偏差原因从而提出纠偏措施提供可靠依据。同时，对于施工行为环境影响等可以及时解决的问题，采取"当场控制"的措施，及时纠偏，避免产生不必要的环境污染。

3. 反馈

反馈，是指一项控制活动实施之后，控制活动所导致的结果信息以某种方式传递给控制者的过程。

在计划实施过程中，变化是绝对的，不变是相对的，每个变化都会给目标和计划的实现带来一定的影响。即使是一项相当完善的计划，其运行结果也很有可能与计划存在一定的偏差，环境监理部门及环境监理工程师应准确、全面、及时地了解环境监理计划和工程项目实施计划的执行情况及结果，将结果反馈给相关方，以达成目标控制。

为了使信息反馈能够有效配合控制的各项工作，使整个控制过程流畅地进行，需要设计信息反馈系统，预先确定反馈信息的内容、形式、来源、传递等，使每个控制部门和人员能及时获得他们所需要的信息。工程环境监理人员的口头指令、短信联系、影像、各种表单（如环境监理业务联系单、整改通知单、环境工程设计变更申请单、工程污染事故报告单等）、报告、例会、专题会议等就是非常好的反馈形式，环境监理人员要充分、合理地利用好这些工具，将信息反馈给需要了解的相关方，并收回必要的反馈信息，使信息交流流畅，问题快速解决。

信息反馈方式分为正式信息反馈和非正式信息反馈两种。正式信息反馈是指书面的工程状况报告等信息文件，是控制过程中应采用的反馈方式。正式信息反馈能留下证据，便于存档、备查，能起到规范环境监理行为的作用。非正式信息反馈主要指口头方式，如口头指令、口头反映工程实施情况等，这种方式快捷、明了，在工程环境监理信息反馈中常常使用。当完成非正式信息反馈后，应当补充文本文件或影像文件（微信等沟通截图也包括在内），并让相关方签名确认，适时将非正式信息反馈转化为正式信息反馈，更好地发挥反馈对控制的作用。

4. 对比

对比是将实际目标值与计划目标值进行比较，以确定是否产生偏差以及偏差的大小。实际目标值，是在各种反馈信息的基础上，进行分析、综合，形成的与计划目标相对应的目标值。将实际目标值与计划目标值进行对比，判断偏差，如果存在偏差，还要进一步判断偏差的大小，分析产生偏差的原因，以便找到消除偏差的措施。

在对比工作中，要注意以下几点。

（1）明确目标实际值与计划值的内涵

目标的计划值不是一次就完整表述的，会随着工程的进度逐步深化、细化，往往还要做适当的调整。从目标形成的时间节点来看，节点前的为计划值，节点后的为实际值。在目标实施过程中存在目标随工程进度动态调整的问题，注意不要偏离总的目标。

（2）确定衡量目标偏离的标准

要正确判断某一目标是否发生偏差，就要预先确定衡量目标偏离的标准。例如，就环保工程而言，如安装工序实际进度比计划要求拖延了一段时间，如果安装工序是关键工作，或者虽然不是关键工作，但该项工作拖延的时间超过了它的总时差，则应当判断为发生偏差，即实际进度偏离计划进度；反之，如果安装工序不是关键工作，而且其拖延的时间未超过总时差，虽然该项工作本身偏离计划进度，但从整个工程的角度来看，实际进度并未偏离计划进度。

5. 纠正

纠正即纠正偏差，应根据偏差产生的大小和原因，有针对性地采取措施来纠正偏差。如果偏差较小，可直接进行纠偏，如通过增加投入、改变方法等手段，在下一个控制周期内，将目标的实际值控制在计划值范围内。如果偏差较大，则可通过调整后期实施计划，来达到目标的计划值。如果已经确认原计划不能实现，就要重新确定目标，制订新计划，然后工程在新计划下进行。重新制订计划时，一定要分析导致上次计划不能实现的原因，并将其考虑进去。

需要说明的是，只要目标的实际值与计划值不一致，就说明发生了偏差。对环境监理目标控制来说，纠正一般是针对正偏差（实际值未能达到计划值要求）进行的，如工期拖延、质量达不到要求等，如果出现负偏差，如工期提前、设备选型优于计划值等，可以不采取"纠正"措施，可通过放慢进度等措施使之恢复到计划状态。不过，对于负偏差的情况，要仔细分析其原因，排除假象。对于确实是通过积极且有效的目标控制方法和措施产生负偏差效果的情况，应认真总结经验，拓展应用范围，使其更好地发挥在目标控制中的作用。

投入、转换、反馈、对比和纠正工作构成一个控制循环链，缺少某一工作环节，循环就不健全。同时，某一环节做得不到位，也会影响后续环节和整个控制过程。因此，要做好控制工作，必须重视此循环链中的每一项工作。

 "想一想"

针对情景导入中的某钨矿$5×10^4$t/a采选改扩建工程，请试着根据环境监理控制流程，探讨各环节控制内容，说说看吧。

（三）建设工程环境监理目标控制类型

根据划分依据不同，可将控制分为不同类型。按照控制措施作用于控制对象的时间节点，可分为事前控制、事中控制和事后控制；按照控制信息的来源，可分为前馈控制和反馈控制；按照控制是否形成闭合回路，可分为开环控制和闭环控制；按照控制制订的出发点不同，可分为主动控制和被动控制。控制类型的划分是主观的，是根据不同的分析目的而选择的，但控制措施本身是客观的。因此，同一控制措施可以表述为不同的控制类型，不同控制类型之间具有内在同一性。

1. 主动控制

主动控制，就是预先分析目标偏离的可能性，并拟定和采取各项预防措施，从而减少甚至避免目标偏离，使计划目标得以实现的控制。

主动控制是一种事前控制，它必须在计划实施之前就采取控制措施，以降低目标偏离的可能性，起到防患于未然的作用。传统的控制活动不仅存在信息反馈的时滞、措施出台的时滞，而且存在措施传达的时滞，即纠偏措施传达到执行部门需要一定的时间。如果控制组织管理不善，或者控制层次过多，或者存在组织内部相互推诿现象时，那么纠偏措施传达到具体的执行部门必将耗费较多的时间。由于措施传达存在时滞，即使信息反馈及时、措施出台迅速，也可能出现使偏差成为既成事实的危险。措施传达的时滞使传统控制活动的控制效果大打折扣。主动控制认识到这种风险，在事情发生之前就采取控制措施并确保这些措施迅速且准确地传达到执行部门。

主动控制主要是在对已建同类工程实施情况的综合分析结果的基础上，结合拟建工程的具体情况和特点，将以往环境监理经验移植到现有工程中，用以指导拟建工程的实施。环境监理中的环境监理方案的编制、批建符合性调查、第一次环境监理会议、对相关人员的环保宣传、环境体系的建立、应急预案的编制与演练等都是主动控制的一种，是一种较为安全的、有效预防和降低环境污染发生的管理控制行为。若环境监理人员在监理过程中能及时总结这些经验，将此类经验熟练、有效地应用到类似工程中，能起到事半功倍的效果。

若要让主动控制发挥很好的作用，需做好如下工作。

（1）进行详细调查研究

做好主动控制工作，应进行详细调查并认真分析研究与项目相关的外部环境条件，以便确定存在哪些影响目标实现和计划运行的有利与不利因素，并将它们考虑到计划当中。例如：多雨季节的基坑开挖，防止坍塌及泥浆水直排，污染受纳水体；项目现场周围环境敏感点的确认等，都是环境监理人员主动考虑的控制因素。

（2）做好风险管理工作

研究和预测未来，一个重要任务就是识别风险。只有识别了未来存在哪些风险，才能有效避免风险的发生，或是将风险的危害降低到最小的程度。因此，做好主动控制工作，应当努力将各种影响目标实现和计划执行的潜在因素揭示出来，为风险分析和管理提供依据，并在计划实施过程中做好风险管理工作。

（3）做好可行性分析

做好主动控制，必须用科学的方法制订计划，这需要做好可行性研究工作。做好可行性分析工作，能消除那些造成资源不可行、技术不可行、经济不可行和财务不可行的各种错误与缺陷，保障工程的实施有足够的时间、空间、人力、物力和财力，并在此基础上力求使计划优化。

（4）做好组织工作

环境监理是和工程监理及施工方管理一起实施管理工作，施工现场人员众多，做好组织工作是必须的。高质量的组织工作，能使组织与目标和计划高度一致，能把目标控制的任务与管理职能落实到适当的机构和相关人员，做到职权与职责明确，使与项目有关的全体人员通力协作，为共同实现环境监理目标而努力。高质量的环境监理组织工作，可以最大限度减少信息反馈的时滞、措施出台的时滞和措施传达的时滞。这样，出现偏差时就能及时反馈给控制部门，控制部门就能根据这些信息及时制定相应的措施，纠偏措施就能及时传达下去，进行有效的纠偏。

（5）制定必要的备用方案

面对复杂多变的环境，难以保证原有方案能够顺利执行下去。通过对未来的分析和预测，应该制定必要的备选方案。这样，就能从容、有效地应对可能出现的不利情况。一旦异常情况发生，则有应急方案作保障，从而避免或减少偏离的发生。

（6）计划要留有一定余地

由于外在环境和内部因素的各种干扰，原定计划有时难以完全实现。因此，制订环境监理计划时，应"留有余地"。这样的好处是，在执行计划时，可以避免那些经常发生而又不可避免的干扰对计划的影响，使环境监理人员集中精力抓主要管理事项。

（7）加强信息工作

控制的基础是信息，环境监理人员应做好信息工作，应加强信息的收集、整理和挖掘工作，应保持信息流通渠道通畅，应与相关人员进行良好的沟通，把握工程信息应做到全面、及时、可靠。

2. 被动控制

被动控制，是指当系统按照计划进行时，控制人员对计划的实施情况进行跟踪，发现偏差，分析偏差的原因，制定并实施纠偏措施，使偏差得以纠正，工程实施恢复到计划状态，或虽然不能恢复到计划状态，但可以减小偏差的严重程度。

被动控制是一种反馈控制，它是根据工程实施反馈信息的综合分析结果进行的控制，控制的效果在很大程度上取决于反馈信息的全面性、及时性和可靠性。被动控制是一种事中控制和事后控制，它在计划实施过程中对已经出现的偏差采取控制措施。它虽然不能降低目标偏离的可能性，但可以降低目标偏离的严重程度，并将偏差控制在尽可能小的范围内。

被动控制是一种闭环控制，表现为一个循环过程：发现偏差，分析产生偏差的原因，研究制定纠偏措施，并预计纠偏措施的成效，落实并实施纠偏措施，产生实际成效，收集实际实施情况，对实施的实际效果进行评价，将实际效果与预期效果进行比较，发现偏差，循环往复，直至整个项目完成。

由上可知，被动控制仍然是一种积极的、面对现实的控制，虽然目标偏离已成为客观事实，但是，通过被动控制措施，仍然可以将工程实施恢复到计划状态，可以减小偏差的严重程度。被动控制仍然是一种有效的控制方式，是环境监理中施工期监理经常运用的控制方式。因此，环境监理人员应对被动控制予以足够的重视，努力提高控制效果。

3. 主动控制与被动控制的关系

主动控制和被动控制是建设工程环境监理的两个不可缺少的控制手段，是实现建设工程环境监理目标必须采取的控制方式。应该将主动控制和被动控制紧密结合起来，力求加大控制过程中的主动控制比例，同时，进行定期、连续的被动控制。要做到主动控制与被动控制相结合，关键在于处理好以下两个方面的问题：一是扩大信息来源，即不仅要从本工程获得实施情况信息，而且要从外部环境获得有关信息，包括已建同类工程的有关信息，这样才能对风险因素进行定量分析，使纠偏措施有针对性；二是把握好输入环节，将已积累的纠偏措施写入计划当中，变事后纠偏为事前预防偏差产生，这样可取得较好的控制效果。

在建设工程环境监理目标控制过程中，环境监理人员要因地制宜，综合运用各种控制原理和方法，进行动态控制，尽可能有效地实现建设工程环境监理控制目标。

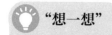

"想一想"

针对情景导入中的某钨矿 5×10^4 t/a 采选改扩建工程，请试着根据环境监理控制目标类型，探讨在设计阶段、施工阶段和环保验收阶段可以分别采用哪些环境监理控制类型，说说看吧。

二、工程设计阶段环境监理目标控制

工程前期，主要指项目建议书、可行性研究、环评和工程设计（包括环保工程设计）等在工程施工之前的阶段，亦称设计阶段。工程设计阶段的环境监理的主要工作内容有三项：主体工程及配套环保工程设计符合性审查；配套环保工程"同时"设计；确定环境敏感区段及与项目的位置关系。另外，在完成上述三项内容的过程中，为建设单位提供环保咨询服务。

设计阶段环境监理的主要工作是与环保相关的文件的收集、审阅与核查，项目现场踏勘等。在此阶段，设计工作已基本完成，环境监理单位要复核项目设计文件中的主体工程是否发生调整，是否有配套环保治理措施，环境污染治理技术与工艺流程是否合理，处理能否稳定达标排放；施工方案中是否有文明施工措施，是否有绿化和水土保持等生态恢复措施；工艺是否将清洁生产、安全生产、风险防范考虑进去等。配套环保治理措施，除了包括废水、废气、噪声、固体废物防治措施，绿化与生态恢复措施外，还应包括雨污排水管网设置、雨污（清污、污污）分流措施、雨水污水排放口设置、事故应急设施、施工取排水、取弃土场及施工便道、施工临时场地及施工营地等。

环境监理实践表明，建设项目设计中污染防治措施可能存在遗漏或变更调整，如遗漏固废防治措施设计、变更环评中废水（气）治理工艺等。主体工程设计是随着业主建设思路的变化而改变的。若主体工程出现调整，如总图调整和参数变化，环保工程也应相应变化才对。但实际情况是：环保工程并未随着主体工程的变化同步调整，会出现设计文件参数不一致问题。另外，由于专业性差异，设计单位对环保主管部门的环保管理要求的理解不深入，没有将环保治理措施有效落实到设计文件中。如在设计中未包含规范化排污口、初期雨水收集或事故应急系统，环保要求采用架空铺设的污水收集管网被设计成埋地铺设等。这些问题如不及时修改，会造成工程返工，导致资金浪费、进度拖延。设计阶段的环境监理，设计文件应经建设单位、设计单位、环境监理单位共同讨论和磋商，保证经过修改后的设计文件既要满足环保法规、项目环评及批复的要求，同时也应符合工程实际及投资经济性需要，为项目的有效实施打下良好的基础。

有些项目，到了施工阶段才开始进行环境监理，有些甚至施工期完成后环境监理才介入，为了进行环保验收而补充环境监理文件。这样就不能充分利用环境监理的目标控制功能，环境监理的建设项目环境保护过程的保证功能难以有效发挥。所以，建设工程环境监理应在项目早期介入，最好是在设计阶段介入，及早发现问题，及早纠正，不至于在项目还未施工就出现偏差，保证项目按照正确的方向前进，减少对环境的污染。

以下3个实例体现了设计阶段环境监理的重要性。

实例1：主体工程设计的核查。某石化项目，在设计阶段主体工程设计核查过程中，环境监理人员发现设计总平面布置图有调整。由于业主在项目厂区东南侧新购入一块土地，厂区范围增大，因此在总平面布置图上，各主生产单元及辅助生产设施的位置均重新布置，而且较环评中的总平面布置调整较大。同时，由于厂区范围增大，对项目设计文件核实，实际的储罐区总罐容为$59.3\times10^4m^3$，超过环评批复的总罐容$36.19\times10^4m^3$，另外，储罐数量也较环评批复有所变化。

分析：在项目设计阶段，项目设计的建设内容、选址选线、污染防治措施、生态恢复措施等可能会较环评及批复中的内容出现调整变化。环境监理人员在参加设计会审时，应根据产业政策及环评相关法律法规要求，仔细核对项目设计文件与环评文件的符合性，应对调整的内容及其可能产生的环境影响进行初步判断，并将审核结果及时反馈给建设单位，建议建设单位完善相关环保手续或要求设计单位对设计进行补充完善。

本项目建设内容出现变化，与环评批复不相符，环境监理人员应要求建设方与原环境影响评价文件审批部门联系，审核项目变化的程度，要求重新报批、对变化部分进行环境影响后评价或补办其他环保手续。

实例2：配套环保设施设计核查。某电镀项目设计阶段，环境监理人员核对项目污水处理设施设计文件时，发现电镀污水处理站设计方案中电镀废水排放执行《污水综合排放标准》（GB 8978—1996）一级标准，而环评批复要求执行《电镀污染物排放标准》（GB 21900—2008）表3标准。另外，环境监理人员发现生产废水没有做分质分类收集，预处理工序也不合理，不能满足后续处理要求。

分析：本例是环保工程设计与环评不相符，而且污染治理工艺合理性存在问题。环境监理应向建设方就此方面问题提出建议，进行讨论，对污水收集与处理方案进行修改、优化，使之更为科学合理。这样，环境监理人员通过事前主动控制，将设计中存在的问题在设计阶段解决，为后续环保工程成功调试与验收打下基础。

实例3：设计阶段环保咨询。某危险废物处置中心的建设内容包括危险废物收运和贮存系统、综合利用车间、危险废物焚烧系统、固化车间、安全填埋场、污水处理车间及配套生产生活设施等。环境监理人员在参与设计会审时发现项目设计文件有如下问题：危险废物暂存库废气通过抽风机抽吸至室外直接排放；溶剂回收车间真空泵排放尾气未经任何处理而直接排放。

分析：环保工程是较为专业的领域，建设单位受其环保专业技术力量限制，难以对工程设计中的环保措施进行优化。环境监理人员可以利用自己的环保专业知识，就工艺路线优化、设备选型提出专业性建议，供建设方决策。本案例中直排的废气量较大，对大气可能造成较大的污染。环境监理人员对建设方提出如下咨询服务：对危险废物暂存库废气进行收集后送焚烧系统作为新鲜空气补充；对溶剂回收车间真空泵尾气增加二级冷凝处理后，不凝气体收集送焚烧系统焚烧处理。建设单位采纳了环境监理单位的建议，及时委托设计单位按照环境监理单位的建议，增加上述废气治理措施的设计方案。

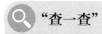 **"查一查"**

在了解了环境监理目标控制后，请大家到生态环境部官方网站查查最新发布的与环境监理相关的法律法规、标准规范。

三、施工行为环境监理目标控制

施工阶段和调试及竣工环保验收阶段环境监理按内容分为：施工行为环境监理和环保工程环境监理两类。这两类监理都是为了降低项目建设和运行对环境的影响，但侧重点不同，因而目标控制也不同。

1. 工程施工行为

本处所讲工程施工行为，是以环境监理为出发点进行理解的，是一个广义的概念，建设项目建设过程中所有影响周围环境的行为都是工程施工行为，包括建设方工程变更、工程施工、施工人员的办公与生活、施工人员在施工场地周边的活动、施工机具、车辆对周边的影响等。

工程施工行为环境监理目标控制是使工程施工过程符合环境保护要求，例如废水、废气、噪声、固体废物等排放达到环保要求，降低工程项目建设对周边环境的影响（包括生态影响）。

2. 施工行为环境监理目标主动控制

环境监理在影响环境的施工还未进行时，通过事前采取合适的措施，约束施工行为，使之朝着降低环境影响的方向进行，达到环境监理所计划的目标。常用的主动控制措施有以下几项。

① 对施工人员做好环境保护方面的宣传培训，培养和提升其爱护环境、减少对环境污染的意识。

② 督促建设单位协调施工单位建立完整有效的环保责任体系，明确分工，责任到人，以提高建设单位和施工单位的环保管理能力及环境事故应急响应能力。

③ 召开环境监理会议，用于协调解决项目建设过程中产生的环保问题。环境监理单位组织召开第一次工地会议或专项环境监理会议，进行环境保护工作交底，阐述建设项目环

境保护目标，明确环境监理的关注点与监理要求，建立沟通网络，将各标段《建设项目环境保护重点》下发给施工单位。

④ 针对项目产生的废水、废气、噪声、固体废物等污染物建立相应的环保管理制度和污染防治措施操作规程。

⑤ 协助建设单位按照国家《突发环境污染事故应急预案编制导则》，结合项目本身特点，编制该工程环境污染事故应急预案。检查事故池、罐区围堰、雨水排放口、应急闸门及事故废水收集管道等事故应急措施的落实情况。

⑥ 对改扩建项目，检查"以新带老"落实情况。督促建设单位及时落实环评中对原有项目淘汰落后设备、工艺，完善"三废"治理措施，进行清洁生产等要求。

⑦ 环境监理根据工程建设进度，结合项目设计资料，在合适的进度节点检查已施工完成的工程内容及安装的主要生产设备，核查工程选线、平面布局、产品生产工艺规模、各类环保设施的工艺规模等，了解是否出现变更与调整。对项目建设的关键工程内容和设备进行核实，防止批小建大、使用落后生产设备等情况的发生。对未按建设项目环评及批复要求施工的或项目建设过程中存在调整变更的，环境监理单位要及时告知建设单位。若属于重大调整的，应及时办理相关手续；调整不大的，可视情况组织设计单位、环评单位、专家等对变更方案召开论证会，形成会议纪要和专家意见后，以专题报告的形式报送环保主管部门和建设单位。

⑧ 监督检查施工单位的施工布置是否严格按照施工总平面布置图展开，工地是否设有"五牌一图"，并按照要求安全、文明施工。

⑨ 监督检查生态环境敏感区保护措施的落实情况，包括自然保护区、风景名胜区、水源保护区、基本农田、林地、湿地等的保护。

⑩ 监督检查各类临时用地的占地规模、动植物和土壤保护措施的落实与恢复情况。

⑪ 监督检查各施工过程污染物排放是否有相应的治理措施，治理的效果是否达到要求。

⑫ 监督检查施工机械是否依据有关法规标准控制噪声污染，并在规定时间段施工作业。检查进出场车辆是否存在扰民问题。

⑬ 监督检查施工机械设备含油废水是否经隔油池处理达标排放或回用。

⑭ 监督检查施工产生的泥浆是否经沉淀、脱水处理，泥块是否合理处理，废水排放是否达标。

⑮ 监督检查施工工地生活污水和生活垃圾是否按规定进行妥善收集并处理处置。是否建有厕所和化粪池，厨房废水是否经隔油池隔油处理，生活垃圾是否设置堆放点并规范收集、堆放等。

⑯ 监督检查施工现场道路是否畅通，排水系统是否处于良好状态，施工现场是否有积水。

⑰ 检查项目雨污分流、清污分流、污污分流实施情况，重点核查雨水、清下水、污水

的管网布设是否采用独立系统，污水输送管道是否采用地上明管或架空敷设，建设中是否敷设超越管，是否存在多埋不需要的管道的现象，污染区地面是否进行防渗处理，污水管道是否有防腐措施，以及污水回用管道布设情况，污水排放口规范化建设措施，污水排放口在线监控措施，雨水排放口应急控制措施及初期雨水收集措施，清洁下水收集、排放及循环回用措施设置情况等。

⑱ 监督检查各类施工建筑垃圾、弃方、弃渣是否及时收集且在规定地点堆放，是否落实水土保持措施。

⑲ 监督检查生态保护措施是否落实，包括动植物保护、动物通道、过鱼通道、表土保存、生态恢复与优化、边坡生态防护、取土弃土弃渣场生态恢复、退场生态恢复等。

⑳ 控制施工过程扬尘及空气污染。监督检查施工工地主要道路是否硬化，其余地方是否绿化；场内道路是否清扫，场地外道路是否清洁；出场车辆车轮和车身是否清洗干净；施工过程中是否存在高空抛撒建筑垃圾问题；散料和垃圾是否分类分区有序堆放，表面是否覆盖有抑尘网；产生扬尘作业工序是否落实降尘措施；渣土运输是否规范；生活区是否使用清洁能源，是否燃烧产生有毒、有害、有恶臭黑烟的物质，如废纸、垃圾、树叶、草、橡胶、塑料、沥青等。

㉑ 关注噪声、大气环境防护等卫生防护距离内居民点的拆迁情况，若防护距离内出现新增环境敏感点，应及时向建设方报告，妥善解决。

项目施工行为环境监理是环境监理单位对项目施工过程进行的全程环境保护监督检查，是环境监理最重要的环节，要与建设单位和施工单位沟通，积极、主动控制项目的进展对环境的影响。下面以3个实例来说明施工期施工行为环境监理的重要性。

实例4：金丽温高速公路涉及国家一级保护动物鼋自然保护区，但施工单位并未就鼋的保护提出措施。

分析：项目涉及饮用水水源区、自然保护区、风景名胜区等环境敏感区的，施工方案要针对具体的保护目标提出切实可行的保护措施，并在施工过程中贯彻执行。本项目应制定鼋保护区防治方案，将施工区和鼋保护区用水中围网的方式隔离开，防止鼋进入施工区，安排专人进行监督观察，若鼋爬进施工区，应派人将其送至保护区。

实例5：某印染建设项目施工过程中，环境监理人员在日常巡检中发现项目实际安装的设备与环评文件不符，见表4-1。

表4-1　某项目设备实际安装情况与环评文件内容对照

序号	设备	环评文件中的设备/台	实际安装设备/台	差额/台
1	溢流染色机	25	62	37
2	筒子纱染色机	27	42	15
3	绞纱染色机	22	38	16

分析：本案例为建设方单方面增加生产设备，并未告知环境监理方，直到巡查核对时才发现问题。项目变更并没有办理相关环保手续。经环境监理人员初步分析，这些设备的增加必然导致生产污水量的增加，导致污水处理站超负荷运行，稳定达标排放难保证，项目存在难以通过调试与竣工环保验收的隐性问题。在环境监理工程中这类情况时有发生。环境监理人员应及时以书面形式提醒建设单位，就上述增加设备等工艺变更办理相关环保手续。建设单位在向环保主管部门汇报后，环保主管部门要求就变更内容及时组织进行环境影响后评价，并委托环保工程设计单位对设备变更后的废水处理站的处理能力进行分析，采取控制染浴比、增加污水回用量、增大调节池和生化池容积等补充措施，解决了设备增加导致污水量增加的问题。

实例6：某化工厂建设项目环境监理过程中，监理人员审核罐区围堰设计图纸时发现，罐区围堰过低，未设置雨污分流切换装置，原料罐区内的两个二氯甲烷储罐只有水封措施，难以保证不泄漏。在与建设单位协调解决此事过程中，建设单位介绍：罐区围堰的设计是由设计院完成的，符合规范；一旦罐区有泄漏，已设计封堵措施，届时可采用软管将污水纳入污水站；二氯甲烷已采用水喷淋措施，不会泄漏。

分析：出于省钱或其他方面的考虑，建设方有时要求设计单位将环保及安全工程的设计参数调至最小，措施降到最低，甚至还拿设计院等专业设计人员作挡箭牌，这是非常危险的事情。环境监理人员为了保证项目稳定、顺利完成，降低环境污染，有时要与建设单位斗智斗勇，据理相争，在关键问题上绝不妥协。这个案例中，环境监理单位与建设单位和设计单位进行了多次沟通，最终形成的解决办法是：罐区围堰在环评中仅简单提及，未明确容积等相关内容。围堰属于化工上对泄漏采取的防止污染扩散的设施，应按照化工设计标准进行设计。围堰容积应大于罐区内最大罐体容积，应重新设计，并设置安全防火墙；应严格按照环评要求，设置罐区雨污切换装置，不使用临时软管，这样可提高应急效率和可靠性；考虑二氯甲烷沸点较低，采用单一的水喷淋和水封措施难以确保不泄漏，应增加设计一级或多级冷凝冷冻回收装置，减少二氯甲烷的无组织排放量。上述措施得到建设单位和设计单位的一致认可，并予以实施。

总之，环境监理是一项需要具有高度责任心的工作，环境监理人员应本着降低环境影响，服务项目的心态，主动发现影响环境的因素，积极与相关方沟通协调，以法律、法规、政策、标准、设计规范及经验总结为依据，就施工行为中影响环境的因素，据理相争，将问题控制在试生产和竣工环保验收之前，使问题得以妥善解决。

3. 施工行为环境监理目标被动控制

施工行为环境监理，如果能够在事前将所有影响环境的行为都予以充分考虑，并制定相应的削减措施，按部就班地督促施工方实施，环境监理目标会得以完美实现。但工程毕竟是工程，实际也会出现意料不到的事情，例如污染事故、环境纠纷、环保措施实施不到位等。环境监理人员应化被动为主动，积极协调，督促相关人员将环境污染降至最低水平，并及时向建设方和环保行政主管部门报告，妥善解决。

实例7：某煤矿改扩建项目环境监理。环境监理第一次进入现场，发现3个问题：①矿区运煤道路未实施硬地化，运输车辆行走尘土飞扬，污染周围大气环境；②矿区绿化少，只在运煤道路两侧进行了绿化，工业广场及办公区未绿化，表土暴露，风蚀严重；③矿井通风口处四周土墙松散，未做护坡处理。

分析：采矿类项目环境监理的关键点主要是生态和安全措施。由于此项目为改扩建项目，环境监理人员接受委托进场时，项目已有建设局面。环境监理人员在对上述三个问题进行梳理后，下发了《环境监理通知单》，建设单位以《环境监理通知回复单》对监理通知单予以回复，并采取相应的解决措施：①对矿区至场外的运煤道路用水泥进行硬化，对位于灭火工程综合治理区的720m道路不能实施硬化，建设单位也出具了相关说明文件，并用生活污水处理厂处理后的净化水喷洒道路抑尘；②对工矿广场和办公区周围进行了大面积绿化，绿化方式主要为栽种油松、桧柏、侧柏等；③对矿井通风口土墙采取了护坡处理，下部采用浆砌毛石，上部采用栽植沙柳网格护坡，网格规格1.5m×1.5m。

实例8：某印染项目投产后，在生产污水处理站调试过程中，环境监理人员发现污水处理站使用的罗茨风机噪声大，导致厂界噪声超标。厂界距居民住宅较近，影响居民正常生活。

分析：环境监理有时重点关注主体工程对环境的影响，有时漏掉了环保工程运行产生的环境污染。环保工程的设备噪声和污水处理厂排放废气应该引起监理人员的关注。罗茨风机为容积式鼓风机，在运行时产生的噪声较大，一般在75～90dB（A）之间，若不进行噪声处理，将会影响周边环境。本案例可以考虑建设风机房，将罗茨风机放在风机房内，风机房可考虑不开窗，安装消声门，对进风和出风安装消声弯头，这样可降低罗茨风机运行对周边环境的影响。

实例9：锅炉烟囱施工环境监理。在环境监理单位进场时，某项目锅炉烟囱正在施工，审核前期设计文件时发现，设计文件未按环评要求设置锅炉烟囱在线采样监测平台，无法正常安装锅炉尾气在线监测装置。因此，环境监理人员提出增加建设锅炉尾气在线监测平台的建议。建设单位认为变更设计麻烦，未听取环境监理人员的建议。当项目申请试生产时，环保主管部门要求建设单位必须安装烟气在线监测装置才能试生产。

分析：环保是一个专业性很强的领域。建设单位对环保的理解一般不是很深入。本案例中，建设单位不建设锅炉烟气在线监测平台，最后在环保主管部门的要求下，被动安装了该平台。估算烟气排放监测平台建设费，若在烟囱建设期间上烟气在线监测平台，建设资金约为10万元；在烟囱建成后再建设在线监测平台，由于需要重新搭设施工脚手架等，建设资金约为20万元。建设资金就这样被浪费了。本案例中环境监理处理也有不妥之处，与其等到环保主管部门检查时发现没有烟气在线监测平台而要求必须安装，还不如就这个问题主动向环保主管部门汇报，由环保主管部门要求建设单位在烟囱建设时安装在线监测平台，这样的解决才算妥当。在环境监理过程中，积极与环保主管部门沟通对项目建设起到很大的作用，毕竟建设项目是要通过竣工环保验收的。

环境污染事件处理，也是环境监理人员必须面对的被动控制处理措施。如果所监理的项目顺利完成，没有出现环境污染事故，那是最好不过的。但当出现环境污染事件时，环境监理人员要积极去应对。

首先，环境监理单位应协助建设单位，指导和监督施工单位制定突发性环境事件应急预案，建立应急系统，设置应急机构和人员，公布应急电话，配备应急设备、器材，并督促各责任单位组织开展日常演练，对应急设施设备进行经常性维护保养，保证应急体系正常运转。

其次，发生环境污染事件后，事故现场有关人员应严格执行《中华人民共和国环境保护法》及突发环境污染事件应急管理规定，立即进行现场救护处置及事故上报，迅速采取有效措施组织抢救，防止事故扩大，减轻人员伤亡及财产损失，减轻事故对环境的污染。同时，应在事故发生后及时向建设单位、工程监理单位和环境监理单位进行口头报告，随后进行书面报告。

最后，环境监理人员配合进行环境事件调查。

当工程施工过程中出现重大污染事故时，环境监理可按如下程序处理：

① 发生事故后，施工方除在规定时间内口头报告环境监理工程师外，还应尽快提出书面报告，汇报事故初步调查结果。报告应有工程名称、事故部位、现状、污染事故原因、应急环保措施等信息。

② 环境监理工程师收到事件报告后，立即通报建设单位，并通过建设单位及时向当地政府部门和环保主管部门汇报，同时向施工方书面通知《环境问题停工指令单》，暂停该工程的施工，并根据环境保护行政主管部门的有关意见，采取有效的环保措施。

③ 环境监理工程师和施工方对污染事故继续深入调查，并和有关方面商讨后，提出事故调查报告和处理初步方案，通过建设单位上交环保主管部门后研究处理。

④ 督促施工方做好善后工作。

"想一想"

  针对情景导入中的某钨矿5×10^4t/a采选改扩建工程，请试着根据施工阶段环境监理目标控制，探讨施工阶段应采用哪些环境监理目标控制措施，说说看吧。

四、环保建设工程环境监理目标控制

环保建设工程，是与建设项目主体工程配套的环境污染治理和生态恢复的工程。环保工程具有建设工程的实体性特点，可参照建设工程环境监理的方法对环保工程进行环境监理。

1. 工程建设目标控制与工程环境监理目标控制

仅从完成工程建设角度来看，理论界和实践者将建设工程管理的目标分为三类，即投资目标、进度目标、质量目标，这三大目标构成了建设工程目标管理系统。为有效进行目标控制，必须正确认识和处理投资、进度、质量三大目标及其之间的关系，并合理确定和分解这三大目标。

工程环境监理是对整个工程建设的环境影响的监理，包括两部分，即施工行为的环境影响监理和环保工程的环境影响监理。工程环境监理目标控制与工程建设目标控制有相同的地方，但更多的是不同之处，关键是侧重点不同。

① 相同点是：工程项目建设是为了完成整体工程的功能实现，环保工程的污染治理与生态恢复是其功能实现的一部分，这部分应该按照投资、进度、质量三大目标控制进行工程管理（包括工程监理与环境监理）。

② 不同点是：施工行为的环境监理，重点是监督控制施工行为的环境影响，力求将施工行为的环境影响降到符合环保要求（或更低），对投资、进度和质量的关注相对较少。即使是环保工程的环境监理，三大目标的侧重点也不同，环境监理的主要关注点是进度和质量，即工程建设的进度是否能够达到"三同时"的进度要求，工程建设的质量是否能够保证环保控制指标稳定达标排放，而对投资的关注不仅是节约资金，还有投资是否到位、设备能否优化等。

工程环境监理是个新事物，有许多理论问题有待完善。环境监理单位和环境监理人员应仔细揣摩、大胆实施、细心总结，将工程建设项目的投资、进度、质量三大目标控制应用到环境监理中，应提取其精髓，结合环境监理的特点，对其提炼、升华，形成环境监理的目标控制理论体系。

2. 工程环境监理目标控制原则

（1）系统控制原则

环境监理目标控制和建设工程投资、质量、进度三大目标控制是同时进行的，它是针对整个建设工程目标系统所实施的控制活动的一个组成部分，在实施工程环境监理的同时需要满足建设项目预定的投资、质量和进度目标。因此，在环境监理目标控制的过程中，要协调好与三大目标控制的关系，做到环境监理目标控制与三大目标控制的有机配合和相互平衡协调，不能片面强调某一单项监理目标控制。若破坏了整个目标系统的平衡，不仅环境目标控制效果不好，而且其他监理的目标控制效果肯定也不会很好。

（2）全过程控制原则

环保目标的全过程控制，是指建设工程实施的全过程控制。要量化具体环保措施，进行全过程环境监理，将工程建设产生的环境污染和对生态环境的影响控制在最低或最小范围。但工程环境监理目标控制的重点是施工阶段的目标控制，所以应当注意以下3个方面的问题。

① 要对建设项目初步设计中的环境保护篇章进行认真研读。要弄清楚建设项目有哪些防治污染和生态恢复措施，有哪些环保设施，环保投资概算是多少，这些措施是否符合环评及批复要求，施工图设计中有无遗漏和疏忽的问题（例如事故应急池、烟囱检测孔、采样平台、无组织排放废气的收集、污水总排放口规范化、生态恢复、生态补偿等）。

② 在施工招投标和施工合同签订过程中要有环境保护管理方面的条款要求，这是进行工程环境监理的合同依据。承建方在承包合同中对建设方若无"环保承诺"或环境保护条款，工程环境监理就难以对承建方实施目标控制约束。

③ 在施工期环境监理工作要紧紧围绕建设项目满足工程竣工环境保护验收的要求进行。《建设项目竣工环境保护验收管理办法》第四条对建设项目竣工环境保护验收的范围作了规定，包括：a.与建设项目有关的各项环境保护设施，包括为防治污染和保护环境所建成或配备的工程、设备、装置和监测手段，各项生态保护措施。b.环境影响报告书（表）或环境影响登记表和有关项目设计文件规定应采取的其他各项环境保护措施。这应该是施工期环境监理工作目标控制的重点。

（3）全方位控制原则

对环保目标的全方位控制，从以下几个方面考虑。

① 对整个建设项目的所有环境工程内容都要进行控制。如废水处理、废气治理、噪声与振动防治、植被恢复、水土保持、场地绿化、事故应急等单项工程均应纳入工程监理的目标控制范围之内。

② 对整个建设项目的所有工作内容中的环境保护环节都要进行控制。在建设项目的各项工作中，应根据项目建设方授权和委托，对诸如征地、拆迁、移民、勘察、设计、施工招投标、材料和设备采购（涉及环境保护性能指标的设备）、调试前准备等，都应有相应的环境监理措施，应在环境监理合同中明确环境监理的范围。

③ 对影响环境的各种因素都要进行控制。例如：施工噪声、废气和扬尘、水土流失、建筑固体废物堆放、施工场地的生活垃圾、生活废水排放、农田生态和自然景观的破坏与恢复、生物多样性保护与生态安全、施工引起的地下水沉降、地陷、山体滑坡、泥石流地质灾害、拆迁移民安置中的饮用水源保护等。必须对影响环境的各种因素进行控制，对重点环境污染因子应进行必要的环境监测，促使环境质量达标，或采取有效措施避免或降低项目实施对环境的影响。

3. 环保工程质量控制

质量就是指产品、服务或过程满足规定或潜在要求（或需求）的特征和特性的总和。对环保工程项目建设来讲，最终产品就是建成与主体工程配套的污染防治工程和生态恢复工程。污染防治工程的质量目标是在合理的运行年限内能有效收集和削减主体工程产生的污染物质，使之稳定达标排放。生态恢复工程的质量目标是在合理的工程进度节点进行生态恢复，达到环评及批复的要求，降低主体工程对环境的生态影响。环保工程环境监理质量控制是为实现污染防治工程和生态恢复工程质量目标所开展的监督管理活动。

环保工程环境监理质量控制实施时应注意以下几点。

（1）处理好环境监理与工程监理之间的关系

环境监理和工程监理在同一项目（工地）中共同负责监理工作，但监理的范围和侧重点不同，各自的优势也有很大差异。工程监理的工作重点在于整个项目的质量、进度和投资的控制；环境监理的工作重点在于工程的环境影响的降低。同是建设单位委托的第三方监理单位，工程监理单位和环境监理单位具有共同的工作对象：建设单位、施工单位、设计单位等。落实环保措施、降低项目实施对环境的影响是工程监理和环境监理共同的工作目标。环境监理处于刚起步摸索阶段，应借鉴工程监理较为成熟的监理方法体系；工程监理应借助环境监理的力量，在工程监理管理中融入环境保护的理念，共同协助建设单位实现工程建设在经济效益、社会效益和环境效益的综合效益。

环境污染防治工程、生态保护措施和建设项目配套环保设施，要在项目主体工程建设、运行中长期、稳定发挥环保效用，其工程质量是关键。环境监理在开展环保工程监理时，应和工程监理协调，共同对环保工程质量把关，工程监理的材料检验、质量验收资料可作为环境监理的工作成果补充。但环保工程和环保设施的工艺流程、环境监测、调试管理等专业性环保管理，应由环境监理进行技术把关和咨询。环境监理与工程监理在工作中应建立相互配合、取长补短、互为补充、共同服务项目建设的工作关系。

（2）制订环保工程质量计划

制订项目质量计划是项目质量管理的第一步，只有建立了合理的具有可操作性的项目质量计划，才可以保证质量工作的目标，并作为进一步检验项目的标准。某电站脱硫工程的质量计划如下。

1）总体质量目标

① 不发生重大质量事故；

② 单位工程优良率100%；

③ 分项工程建筑合格率100%、优良率≥90%，分项工程安装合格率100%、优良率≥95%；

④ 高标准达标投产，争创国优工程。

2）分项工程各项质量指标

① 建筑工程

i.单位工程优良率100%；

ii.分部工程合格率＞90%；

iii.分项工程合格率100%；

iv.钢筋焊接一检合格率≥95%；

v.混凝土强度合格率100%。

② 安装工程

i.单位工程优良率100%；

ii.分项工程一次检查合格率100%，优良率≥95%；

iii.受监焊缝一检合格率≥98%；

iv.设备防腐内表面处理合格率100%；

v.电气、热控接线一次正确率≥96%；

vi.保护、仪表、连锁、程控、自动投入率达100%。

③ 调试质量目标

i.保护装置、主要仪表投入率100%，自动投入率100%；

ii.试运行项目验收优良率≥90%；

iii.整体试运行一次成功；

iv.各分项工程、分部工程、工序按照上述质量目标进行分解和监督，以保证质量目标的实现。

（3）要抓好关键施工工序的环境监理

对环保工程的关键施工工序，如隐蔽工程、防腐防渗工程、环保治理设施安装和现场环境监测等，应强化施工现场监理，设置合适的质量控制点。施工方应在施工作业技术活动前，将技术交底书报环境监理工程师审查，经环境监理工程师审查认可后方可施工。环境监理单位应派环境监理人员紧盯关键施工工序现场施工，一般采取旁站形式。在关键工序开始前到场旁站，重点检查要求的污染防治措施和生态保护措施是否落实到位，施工材料是否符合要求，关键工序是否按照环评及环保设计的要求进行施工及安装等；在关键施工工序施工结束后方可离开，离开前应检查评估施工造成的污染和生态破坏是否控制在既定目标内，隐蔽工程、防腐防渗工程是否符合环评及环保设计要求等。在旁站过程中，环境监理人员应做好定时记录，并通过测量（如防渗层厚度）、拍照、影像等进行过程取证，对现场施工情况进行记录，相关方在施工记录上签名确认，整理现场结果后，对现场施工进行评估，并将评估结果上报建设单位。需注意的是，该资料极为重要，应归类存档。

在关键施工工序环境监理过程中，可能会发现不符合技术规范要求的情形，应以《环境监理工作联系单》的形式报告给建设单位，以《环保问题通知单》的形式要求施工单位进行整改，应根据实际情况，按照《环境问题返工指令单》《环境问题停工指令单》《环境问题复工指令单》等表单进行整改闭合管理。环境监理应对相应问题的整改情况进行持续跟踪检查，直到达到环评和环保设计要求为止。

环保工程中的隐蔽工程、防腐防渗工程施工完成后，施工方应先自检，自检合格后，填报《报验申请表》报环境监理工程师验收，环境监理工程师在规定的时间内对质量证明资料审查，并与承包单位质量检查人员一同到现场检查。如检查符合质量要求，环境监理工程师予以签字确认，如不符合要求，按照整改闭合管理指令指导施工单位进行整改，整改后自检合格再报环境监理工程师复查。

（4）做好环保工程定位及标高基准控制

环保工程涉及土建工程、设备和管道安装工程基准点、线和标高定位。环境监理工程师应根据设计图纸、施工现场，要求施工单位对图纸中的基准点、基准线和标高等测量控制点进行复核，并将复核结果报环境监理工程师审核，经批准后施工单位方可据以测量放线，建立施工测量控制网。同时，要做好基桩保护。施工单位严格按照测量控制网进行施工。

应控制设备安装精度。以污水处理设备安装为例，施工人员应在技术人员的指导下详细测量设备中轴线、高程等，并将堰板、曝气器等安装差值控制在允许的误差范围内，从而保证设备安装的效率，降低设备安装失误对污水处理效率的影响。

（5）做好材料、设备的质量控制

凡是运到施工现场的环保工程的材料、半成品、构配件、设备，应有产品出厂合格证及技术证明书，并由施工单位按材料检验规定进行检验，向环境监理工程师提供检验或试验报告，经环境监理工程师审查并确认其质量合格后，方可进入施工现场。凡标志不清或有问题的材料、半成品、构配件、设备不准进入施工现场，更不允许使用与安装。不合格的工序或工程产品不予计价。在现场配制的材料，如混凝土、砂浆、防水材料、防腐材料、绝缘材料等的配合比，应先提出试配要求，经试验合格后方可使用。

（6）做好环保工程施工工序控制

环保工程是由各工序施工组成，整个工程的质量与各工序的施工质量控制有关。例如，污水处理厂池体与管道安装施工，需要注意如下工序的施工控制。

① 钢筋绑扎质量控制。钢筋骨架作为整个污水处理工程的结构基础，其绑扎与安装的质量直接影响工程的质量，因此，在钢筋绑扎与安装过程中，必须注意多根钢筋根部对齐，找准垫块的间距，牢固焊接，以保证钢筋骨架的稳定性与承载力。另外，在钢筋焊接头数量超过标准时，需要先调整再绑扎，以避免焊接不牢。

② 管道敷设质量控制。污水处理工程管道敷设需要合理设计管道位置，同时全面考虑管道标高、电缆交叉、排水流向等问题，以保证管道敷设的有效性。在工程施工过程中，管道中线定位采用极坐标法，采用标准的精度与容差，实施木桩定位，以保证管道敷设误差在规定的范围内，进而保证管道敷设施工的质量。

③ 混凝土浇筑与养护质量控制。在混凝土浇筑施工之前，必须按照合理的配比对混凝土原材料进行搅拌，并确定浇筑路线，同时还要保证输送架的稳定牢固，以免浇筑出的混

凝土出现裂缝。另外，混凝土的养护也是很重要的，施工人员必须采取有效的防治措施，如内设导管、覆盖保护材料等方法，以减小混凝土产生裂缝的概率，保证混凝土的质量，进而为保证污水处理工程施工的质量奠定基础。

垃圾填埋场防渗HDPE（高密度聚乙烯）土工膜施工工序：

① 铺设安装前的准备工作。铺装HDPE膜前，邀请相关单位人员确定防渗施工的各项施工细节以及解决工地现场出现的各种情况；做好施工前的电源线路检修、畅通，施工机具的检修就位，劳动力安排就绪等一切准备工作；在膜下土工材料铺设验收后，才能进行铺设，未经验收的土工材料上不得铺设HDPE膜；必须按照已批准的文件和征得项目环境监理同意后，方可施工，施工中应做好记录。

②HDPE施工工艺流程。首先根据实际地形尺寸进行规划，按实际规划尺寸进行裁膜并运至施工现场相对应的位置，按施工操作程序进行铺设、焊接，自检合格后申请验收，为下一道工序做好准备。

③ 铺膜程序。铺设组人员先确认铺设区域内的每片膜在规定的膜的位置，并立即用沙袋进行临时锚固，然后检查膜片的搭接宽度是否符合要求，需要调整时及时调整，为下一道工序做好充分准备。

④ 焊接准备。在每班或每日工作之前必须对焊接设备进行清洁、设置，以保证焊缝质量。

⑤ 焊接程序。焊接施工前，必须检查膜片的搭接宽度，并保证搭接范围内洁净、无异物。调整好焊机的各项技术参数，按照一定的顺序进行焊接。在操作时，操作人员需在安全绳或绳梯的保护下，时刻跟随焊机的运行，及时对焊机的各项技术参数进行微调，以便焊机全过程都处于最佳运行状态之中，保证焊缝质量。

HDPE土工膜在垃圾填埋场防渗处理中起着关键作用，施工工序要求极高，技术极为专业，环境监理人员应全程监督施工过程，督促施工人员严格按照操作规程进行，检查材料、施工机具是否符合要求，保证施工质量。

（7）工程变更的控制

在环保工程施工过程中，由于种种原因，可能发生一些工程变更，这些变更可能来自建设单位、设计单位、施工单位等。不论是谁提出的工程变更或图纸修改，都应通过环境监理工程师审查并经有关方面研究，确认其必要性后，由环境监理总工程师以书面的形式发布变更指令方能生效。应当指出的是，无论是哪一方提出的变更，环境监理工程师都应谨慎对待，除非原设计有错误或无法施工，一般要权衡是否能达到环境保护目标后再做出决定。

（8）停工令、复工令的实施

为确保环保工程的施工质量，根据委托监理合同中建设单位对环境监理工程师的授权，对在施工作业活动中，存在重大质量隐患，隐蔽作业未验收而封闭，擅自变更环保工程设计或修改图纸，资质不合格人员进场施工，材料、半成品、构配件、设备不合格或未检查确认等情况，环境监理总工程师可签发《环境问题停工指令单》。环境监理总工程师在签发工程停工令时，应根据停工的影响范围和影响程度确定工程停工范围。另外，不论是什么原因导致停工，复工时要经环境监理工程师检查认为符合继续施工的条件，由环境监理总工程师签署复工指令。环境监理总工程师下达停工令及复工令，应事先向建设单位报告。

（9）及时处理工程质量事故

工程质量事故处理本身就是工程建设项目质量控制的一项重要工作。环保工程质量事故在建设过程中具有多发性特点，例如污水处理池基础不均匀沉降、现浇混凝土强度不够、抗渗混凝土配合比不合理、池体渗漏、设备管道安装精度不够等事故都有可能发生。因此，环境监理单位及监理工程师应当杜绝或最大限度减少环保工程质量事故的发生。当发现工程质量事故时，应立即纠正，该返工的就返工，绝不含糊。不合格的工序，绝不会因为时间的推移变成合格品，也不会因为后续工程的优良而"中和"成合格品。

工程质量事故的实质就是实际工程质量偏离了计划的质量目标。像其他目标偏离一样，一旦出现事故就要进行调查研究，分析事故产生的原因，根据事故的严重程度，采取相应的处理措施，并对最后处理的结果进行检查，提出事故处理报告，避免再次发生类似工程质量事故。

实例10：市政污水管道工程合拢时高程相差1m，不能对接。某城市雨污分流工程施工遭遇尴尬。在沿着A路一路往南开挖数月临近收尾时，工人意外发现预埋于B路下的对接管道比当前施工挖的管道高出近1m。按照设计，污水要从A路顺着管道流向B路，B路预留管口高1m多，无法对接。在停工半个多月后，工程设计部门重新规划施工线路。

分析：环保工程涉及的定位项比较多，如基点、基线定位，高程定位等。如果不加以仔细检查与监督，可能出现对接不上、预留安装和操作位不够等问题。环境监理人员在管理中应重视定位和标高控制，保证各定位准确，高程精确。

4. 环保工程进度控制

环保工程建设的进度控制，是指在环保工程各建设阶段编制进度计划，将该计划付诸实施，在实施的过程中经常检查实际进度是否按计划要求进行，如有偏差，则分析产生偏差的原因，并采取补救措施或调整、修改原计划，直至环保工程竣工验收，交付使用。进度控制的最终目的是确保环保工程进度目标的实现。

（1）影响环保工程进度的因素分析

影响环保工程进度控制的因素是多方面的，从产生的根源来看，有的来源于建设单位及其上级机构；有的来源于设计、施工及供货单位；有的来源于政府、建设部门、有关协作单位和社会等。

归纳起来，这些影响因素包括以下几个方面。

① 建设单位因素。如因建设单位使用要求改变而进行的设计变更导致污染源强改变；建设单位应提供的施工场地条件不及时或不能满足工程正常建设需要；建设单位越过监理职权进行工程干涉，造成指挥混乱等。

② 勘察设计因素。勘察设计资料不准确，特别是地质资料错误或遗漏而引起的不能预料的技术障碍；设计内容不完善，规范应用不恰当，设计有缺陷或错误；设计对施工的实际情况未考虑或考虑不周；施工图纸提供不及时、不配套等。

③ 施工技术因素。如施工工艺错误；施工中采用不成熟的工艺或技术方案失当；施工安全措施不当；出现施工质量事故导致返工等。

④ 环境因素。包括自然环境因素和社会环境因素。自然环境因素有：复杂的工程地质条件；不明的水文气象条件；地下埋藏文物的保护、处理；恶劣天气、洪水、地震、台风等不可抗力等。社会环境因素有：其他单位邻近工程施工干扰；临时停水、停电、交通中断、社会动乱；安全、质量事故的调查、分析、处理及争端的调解、仲裁等。

⑤ 组织管理因素。如向有关部门提出的申请审批手续的延误；合同签订时遗漏条款、表达失当；计划安排不周密，组织协调不力，导致停工待料，相关作业脱节，工程无法正常进行；领导不力，指挥失当，使参加工程建设的各单位、各专业、各施工过程之间交接、配合上发生矛盾等。

⑥ 材料、机具、设备因素。如材料、构配件、机具、设备供应环节出差错，品种、规格、数量、时间不能满足工程的需要；特殊材料及新材料的不合理使用；施工设备不配套、选型失当、安装失误、有故障等。

⑦ 资金因素。如建设单位不能及时向承包单位或材料供应商付款，资金不到位、资金短缺等。

受上述因素影响，工程工期可能会延误。工程工期延误有两大类：一是由承包单位自身原因造成的工期延长，由此导致的一切损失应由承包单位自己承担，同时建设单位有权对承包单位施行违约误期罚款；二是由承包单位以外的原因造成的工期延长，经环境监理工程师批准的工期延长，所延长的时间属于合同工期的一部分，承包单位不仅有权要求延长工期，而且还有向建设单位提出赔偿的要求，以弥补由此造成的额外损失。

环境监理工程师应对上述各种因素进行全面的分析与预测，公正地区分工程延误的两大类原因，合理批准工程延长的时间，以便有效地进行进度控制。

（2）环保工程进度计划监控

环保工程项目实施过程中会出现一定的变化调整。因此，在项目进度计划执行过程中，必须采取系统的进度控制措施，进行项目进度计划监控。环保工程进度控制，主要是收集反映工程进度的有关数据，并进行整理、统计和分析，得出实际进度，将实际进度与计划进度对比，得出工程进度偏差的原因，提出解决措施，实施后使进度达到计划要求。进度计划监控主要包括如下工作。

1）进度计划执行中的跟踪检查

环境监理工程师应认真做好以下3个方面的工作。

① 及时收集进度报表资料。进度报表是反映实际进度的主要方式之一，承包单位要按照监理制度规定的时间、格式和报表内容填写进度报表。环境监理工程师应根据进度报表数据了解工程实际进度。

② 派环境监理人员常驻现场，检查进度计划的实际进展情况。环境监理人员常驻现场，可以加强进度监控工作，掌握实际进度的第一手资料，这样获得的进度数据更为准确。

③ 定期召开现场会议。在现场会议上，环境监理工程师与施工单位面对面了解实际进度情况。同时，也可以协调工程进度匹配等问题。

2）整理、统计和分析收集的进度数据

收集的进度数据要进行整理、统计和分析，形成与计划进度具有可比性的数据。

3）实际进度与计划进度的对比

将实际进度的数据与计划进度的数据进行比较，得出实际进度比计划进度拖后、超前还是一致的结论，进而采取进度控制措施。

4）施工进度控制中的协调的作用

协调在施工进度控制中起着极为重要的作用。如土建与设备安装的协调施工，要按照它们各自的特点，合理安排土建施工与设备基础、设备管道安装的先后顺序，明确设备工程对土建工程的要求和土建工程为设备工程提供施工条件的内容及时间；做好资金供应能力、施工力量配备、物资（材料、构配件、设备）供应能力与施工进度需求的平衡；考虑外部协作条件的配合情况，包括施工过程、项目调试及竣工验收所需的水、电、气、通信、道路、药剂及其他社会服务项目。

5）环保工程进度计划实施中的调整

对进度计划进行监测，能及时发现是否出现进度偏差。一旦出现进度偏差，必须分析该偏差对后续工序及总工期的影响，以便决定是否需要进行进度计划调整，以及如何调整。

① 分析偏差对后续工序及总工期的影响。偏差的大小及所处的位置不同，对其后工序及总工期的影响程度也不同。可利用网络计划中的总时差和滞后时差的概念进行判断。当偏差小于该工序的滞后时差时，对工作计划无影响；当偏差大于滞后时差而小于总时差时，对后续工序的最早开工时间有影响，对总工期无影响；当偏差大于总时差时，对后续工作和总工期都有影响。当判断的结果是影响后续工序时，可考虑采取调整措施或执行新的进度计划。

② 进度计划主要有以下两种调整方法。

一种方法是改变某些工作时间的逻辑关系。若实施中的进度产生的偏差影响了总工期，并且有关工作之间的逻辑关系允许改变，可以改变关键线路和超过计划的非关键线路上的有关工作之间的逻辑关系，达到缩短工期的目的，这种调整方法效果显著。例如，可以把依次进行的有关工作改变为平行的或互相搭接的以及分成几个施工段进行的流水施工的工作，都可以达到缩短工期的目的。

另一种方法是缩短某些工作的持续时间。通过对某些工作持续时间的缩短，加快施工进度，保证实现计划工期。进度控制人员应综合分析工作持续时间的缩短对后续工作产生的影响，并与承包单位共同协商，提出合理的进度调整方案。

6）做好环保工程进度控制管理

环境监理单位的环境监理人员应各司其职，做好进度控制管理。

① 环境监理工程师应依据施工合同有关条款、施工图及经过批准的施工组织设计制定进度控制方案，对进度目标进行风险分析，制定防范性对策，经环境监理总工程师审定后报送建设单位。

② 环境监理员与环境监理工程师应检查进度计划的实施，并记录实际进度及其相关情况，当发现实际进度滞后于计划进度时，应签发《环境监理工程师通知单》，指令承包单位采取调整措施。当实际进度严重滞后于计划进度时，应及时报告环境监理总工程师，由环境监理总工程师与建设单位商定采取相应的调整措施。

③ 环境监理总工程师应在监理月报中向建设单位报告环保工程进度和所采取的进度控制措施执行情况，并提出合理建议，预防由于建设单位原因导致工程延期及相关费用索赔。

实例11：请扫码阅读《某电站脱硫工程进度控制》。

7）进度管理的基本思路

通过进度数据的采集、汇总，对照既定计划工期和控制点，对比分析工期差异程度和原因，分析计算对后续作业与相关工作的影响，以确定出新的应对进度计划，结合资源支持计划进行权衡，以更新各级计划，实现作业层参与、管理层操作、决策层领导的"三层合力"的综合进度管理。

8）做好设计进度和设备进厂进度的管理工作

① 派经验丰富的管理人员深入设计院全程参与设计院的设计工作。

② 协助设计单位在设计工作中审查图纸，帮助设计单位发现设计中的错误。

③ 深入学习工艺和设备使用，结合现场施工实际操作，和设计单位共同完成设计优化。

④ 与设计单位达成共识，协助现场施工单位做好施工前期准备工作。

9）抓好主线工期的管理工作

在脱硫项目的实施过程中，石灰石区域和石膏脱水楼是土建施工的关键项目，吸收塔和石膏脱水楼两个单位工程是安装工作的主线工期，所以，从前期施工到后期调试、移交的所有组织工作是整个项目能否按期完成的关键。

10）做好现场劳动力的协调管理工作

① 按照企业劳动定额配置各个单位工程劳动力，保证人员充足。

② 按照一级计划结合图纸计划和设备计划进行劳动力平衡。

③ 跟踪管理劳动效率，调整劳动力。

11）建立三级计划进度管理体系

① 建立所有相关单位的进度管理体系，包括业主、设计、监理、施工、物资、班组、经营的进度管理架构。设置专职计划员，计划员需具备一定的生产安排经验，了解图纸、施工组织设计、方案等技术文件，能对施工进度动向提前做出预测。

② 完善三级计划进度管理体系的贯彻途径。

12）完善例会制度

① 每周召开至少一次有各单位负责人参加的生产调度例会；

② 每周召开至少一次本单位的生产调度例会；

③ 必要时召开有关进度问题的专题会议。

13）建立沟通渠道

① 各单位生产负责人工作时间必须在岗，如临时外出须通知其他相关成员，并做出相应安排，随时取得联系。

② 各单位相互通告进度管理体系架构，建立本工程进度管理体系成员的联系总表。

③ 各相关单位之间建立纵向、横向联系。各专业生产负责人、计划员之间，应及时进行指导、反馈、预警、建议等工作交流。

14）运用P3软件进行项目进度全程跟踪

① 按WBS模型建立进度管理三级网络计划体系：a.一级计划——总控制计划（合同计划或不可改变计划）；b.二级计划——阶段性管理控制计划/分部工程计划（进行资源和专业交叉协调性调整）；c.三级计划——工序操作计划（施工工艺和方案可调整）。

② 按照"项目管理定额"合理均衡地分配资源：a.结合一级网络计划，项目部在建筑施工期间配备了8t平臂吊一台，配合石膏脱水楼和增压风机房施工，在安装阶段配备了100t履带吊和50t履带吊，进行风机、吸收塔和磨机以及其他机械设备的安装；b.结合二级网络计划，项目部制订了现场力能布置方案，对各个专业劳动力进行分配，并制订劳动力协调原则，制订了各专业协调配合原则（属无重大外界影响不可调整计划）；c.三级网络计划属跟踪调整型计划，项目部可根据具体施工方案、施工工艺和"MIS系统"资源平台等因素进行调整，按照物资采购和质量验收情况进行工程跟踪。

③ 按照三级网络计划进行进度、成本、资源分析：a.结合合同付款分析资金支付情况；b.结合机械、劳动力调配原则分析资源分配情况；c.结合物资采购原则分析材料供应情况；d.通过资源分析调整二级进度网络计划，形成三级控制进度计划；e.按照工程实际进行进度录入和对比。

5. 环保工程投资控制

《中华人民共和国环境影响评价法》(以下简称《环评法》)第三章第二十六条规定，"建设项目建设过程中，建设单位应当同时实施环境影响报告书、环境影响报告表以及环境影响评价文件审批部门审批意见中提出的环境保护对策措施"。《建设项目环境保护管理条例》第三章第十七条规定，"建设项目的初步设计，应当按照环境保护设计规范的要求，编制环境保护篇章，并依据经批准的建设项目环境影响报告书或者环境影响报告表，在环境保护篇章中落实防治环境污染和生态破坏的措施以及环境保护设施投资概算"。在建设项目设计阶段，环保工程设计单位应根据项目环境影响评价报告书及批复要求细化环保工程和生态恢复措施，落实环境保护和生态恢复所需资金。

由于环保和生态专业性较强，建设领域从业人员对环保和生态认识不深、专业知识缺乏，往往造成环保工程和生态恢复措施考虑不周，预算资金不足，导致施工单位难以有效开展环保工作，给工程实施阶段带来诸多困难。

因此，工程环境监理在项目施工前应认真对照项目环境影响报告书及批复文件对项目环保措施的要求，详细审核环保工程设计文件，逐项核对环保投资概算，发现问题后及时汇总并以文本形式报告给环境监理总工程师，由环境监理总工程师签字确认后报建设单位进行变更，确保项目施工期环保资金到位，措施落实。

工程监理将投资作为工程管理控制的一种手段。环境监理也可采取类似的做法，将投资作为环境监理管理目标控制的手段，包括支付控制、环境保证金、罚款、环境保留金以及环境保险等。

（1）支付控制

支付控制是监理工程师控制施工活动的重要手段。为加强环境监理实施效果，可考虑赋予环境监理工程师支付控制权，工程款的监督支付可由项目环境监理负责人参与会签。合理赋予环境监理工程师支付权是环境监理工程师控制施工活动、实施环境监督管理的有效手段。按照国家有关法律、法规规定，建设过程中发生的水土流失防治费用从基本建设投资中列支；生产过程中发生的水土流失防治费用从生产费用中列支；施工期环境保护投资应当从基本建设投资中列支；建设项目环境保护和职业安全健康防护设施的投资费用应当从项目总费用中列支。环境监理工程师应在这些费用的支出控制中起一定的作用。

（2）环境保证金

保证金是从事某项活动前交纳一定数量的资金，若按要求完成，则保证金全部返还；否则，按规定扣除保证金。保证金是一种行之有效的目标控制手段。

施工单位在开工之前，应按工程额交纳一定比例的环境保证金。如果施工单位的施工行为严格按照要求落实环保措施，将环境影响降到最低，并采取积极的生态恢复措施，环境监理工程师和环境监理总工程师签字认可，保证金全部返还；否则，环境保证金被没收，用这笔资金进行环保措施和生态恢复建设。

（3）罚款

罚款也是环境监理工程师进行工程环境监理的有效手段之一。罚款属于事后监理措施，是对施工单位污染或者破坏生态环境的施工行为的事后惩罚。罚款的积极作用在于对施工单位以后的施工行为和环保措施的落实能起到预防作用。施工单位信用评价与扣分也起到类似但更为有效的作用，不过须获得建设主管部门的支持才能实施。

（4）环境保留金

保留金是建设单位为了使施工单位履行合同而在施工单位应得款中扣除的部分金额，一旦施工单位未履行合同中的责任，则保留金归建设单位所有，建设单位可用此资金雇用其他单位完成施工方未完成的工程。保留金的数额及扣留标准应在合同中予以明确。

建设单位可以在合同中规定，将一定比例的工程进度款作为施工单位的专项保留金。工程竣工验收时，环境监理工程师对施工单位承接的环保工程及生态恢复工程的完成情况进行评定。评定的依据是项目施工期各标段环境施工的月度检查记录、施工单位对环境监理控制指标的落实情况、环保工程的调试与运行结果、环境监理的抽检结果、施工期生态恢复效果等。评定结果由环境监理总工程师签字生效。环境保留金可考虑分两次支付，工程移交证书签发后支付1/2，缺陷责任终止证书签发后支付其余的1/2。

环境保留金措施有效实施的关键是确定环境保留金占工程进度款的合理比例，比例过高，影响工程的建设；过低则环境保护资金约束效果不好。另外，还需要制定一套科学合理的评定标准，使环境保留金真正成为环境监理单位控制施工单位施工时完成项目环境保护目标的有效手段。

上述控制的实施，需要环境监理单位与建设单位、施工单位进行协商，以合同条款的形式落实下来，才具有执行效力。

6. 环保工程合同管理

环保工程合同是项目法人单位与环保工程参建各方确认工程业务关系的主要法律形式，是进行环保工程设计、施工、监理和验收的主要依据。环境监理工程师可通过合同管理来实现环保工程项目的质量、进度、投资控制。环保工程合同分为设计合同和施工合同，现主要探讨环保工程施工合同管理与目标控制。

环保工程属于建设工程的一种，可以参照《建设工程施工合同（示范文本）》（GF 2013—0201）或国际工程界公认的标准化合同范本《土木工程施工合同条件》（FIDIC 新红皮书）拟定和实施合同管理。

（1）合同中的图纸管理控制

图纸是工程施工的依据，工程应按图施工。必须正确、及时提供施工图纸，才能保证工程目标的实现。环境监理人员应注意图纸管理的3个方面。

① 图纸的提供和交底。发包人应按照专用合同条款约定的期限、数量和内容向承包人免费提供图纸，并组织承包人、监理人和设计人进行图纸会审与设计交底。发包人最迟不得晚于开工日期前规定的期限向承包人提供图纸。

因发包人未按合同约定提供图纸导致承包人费用增加和（或）工期延误的，按照"因发包人原因导致工期延误"约定办理。

② 图纸的错误。承包人在收到发包人提供的图纸后，发现图纸存在差错、遗漏或缺陷的，应及时通知监理人。监理人接到该通知后，应附具相关意见并立即报送发包人，发包人应在收到监理人报送的通知后的合理时间内作出决定。合理时间是指发包人在收到监理人的报送通知后，尽其努力且不懈怠地完成图纸修改补充所需的时间。

③ 图纸的修改和补充。图纸需要修改和补充的，应经图纸原设计人及审批部门同意，并由监理人在工程或工程相应部位施工前将修改后的图纸或补充图纸提交给承包人，承包人应按修改或补充后的图纸施工。

（2）合同中的质量控制

1）承包人的质量控制

承包人应对施工人员进行质量教育和技术培训，定期考核施工人员的劳动技能，严格执行施工规范和操作规程。

承包人应按照法律规定和发包人的要求，对材料、工程设备、工程的所有部位及其施工工艺进行全过程的质量检查和检验，并作详细记录，编制工程质量报表，报送监理人审查。此外，承包人还应按照法律规定和发包人的要求，进行施工现场取样试验、工程复核测量和设备性能检测，提供试验样品，提交试验报告和测量成果，以及进行其他工作。

2）隐蔽工程管理

① 承包人自检。承包人应当对工程隐蔽部位进行自检，并经自检确认是否具备覆盖条件。

② 检查程序。除专用合同条款另有约定外，工程隐蔽部位经承包人自检确认具备覆盖条件的，承包人应在共同检查前48h书面通知监理人检查，通知中应载明隐蔽检查的内容、时间和地点，并应附有自检记录和必要的检查资料。

监理人应按时到场并对隐蔽工程及其施工工艺、材料和工程设备进行检查。经监理人检查确认质量符合隐蔽要求，并在验收记录上签字后，承包人才能进行覆盖。经监理人检查质量不合格的，承包人应在监理人指示的时间内完成修复，并由监理人重新检查，由此增加的费用和（或）延误的工期由承包人承担。

除专用合同条款另有约定外，监理人不能按时进行检查的，应在检查前24h向承包人提交书面延期要求，但延期不能超过48h，由此导致工期延误的，工期应予以顺延。监理人未按时进行检查，也未提出延期要求的，视为隐蔽工程检查合格，承包人可自行完成覆盖工作，并做相应记录报送监理人，监理人应签字确认。监理人事后对检查记录有疑问的，可按"重新检查"的约定重新检查。

③ 重新检查。承包人覆盖工程隐蔽部位后，发包人或监理人对质量有疑问的，可要求承包人对已覆盖的部位进行钻孔探测或揭开重新检查，承包人应遵照执行，并在检查后重新覆盖恢复原状。经检查证明工程质量符合合同要求的，由发包人承担由此增加的费用和（或）延误的工期，并支付承包人合理的利润；经检查证明工程质量不符合合同要求的，由此增加的费用和（或）延误的工期由承包人承担。

④ 承包人私自覆盖。承包人未通知监理人到场检查，私自将工程隐蔽部位覆盖的，监理人有权指示承包人钻孔探测或揭开检查，无论工程隐蔽部位质量是否合格，由此增加的费用和（或）延误的工期均由承包人承担。

（3）合同中的材料与设备控制

1）材料与工程设备的接收与拒收

发包人提供材料、设备的，发包人应按《发包人供应材料设备一览表》约定的内容提供材料和工程设备，并向承包人提供产品合格证明及出厂证明，对其质量负责。发包人应提前24h以书面形式通知承包人、监理人材料和工程设备到货时间，承包人负责材料和工程设备的清点、检验与接收。

发包人提供的材料和工程设备的规格、数量或质量不符合合同约定的，或因发包人原因导致交货日期延误或交货地点变更等，按照"发包人违约"的约定办理。

承包人采购的材料和工程设备，应保证产品质量合格。承包人应在材料和工程设备到货前24h通知监理人检验。承包人进行设备、材料的制造和生产的，应符合相关质量标准，向监理人提交材料的样本以及有关资料，并应在使用该材料或工程设备之前获得监理人同意。

承包人采购的材料和工程设备不符合设计或有关标准要求时，承包人应在监理人要求的合理期限内将不符合设计或有关标准要求的材料、工程设备运出施工现场，并重新采购符合要求的材料、工程设备，由此增加的费用和（或）延误的工期，由承包人承担。

2）禁止使用不合格的材料和工程设备

监理人有权拒绝承包人提供的不合格材料或工程设备，并要求承包人立即进行更换。监理人应在更换后再次进行检查和检验，由此增加的费用和（或）延误的工期由承包人承担。

监理人发现承包人使用了不合格的材料和工程设备，承包人应按照监理人的指示立即改正，并禁止在工程中继续使用不合格的材料和工程设备。

发包人提供的材料或工程设备不符合合同要求的，承包人有权拒绝，并可要求发包人更换，由此增加的费用和（或）延误的工期由发包人承担，并支付承包人合理的利润。

3）材料与工程设备的替代

承包人应在使用替代材料和工程设备28d前书面通知监理人，并附下列文件：

① 被替代的材料和工程设备的名称、数量、规格、型号、品牌、性能、价格及其他相关资料；

② 替代品的名称、数量、规格、型号、品牌、性能、价格及其他相关资料；

③ 替代品与被替代产品之间的差异以及使用替代品可能对工程产生的影响；

④ 替代品与被替代产品的价格差异；

⑤ 使用替代品的理由和原因说明；

⑥ 监理人要求的其他文件。

监理人应在收到通知后14d内向承包人发出经发包人签认的书面指示；监理人逾期发出书面指示的，视为发包人和监理人同意使用替代品。

4）合同中的变更控制

① 变更的范围。除专用合同条款另有约定外，合同履行过程中发生以下情形的，应按照约定进行变更：

i.增加或减少合同中任何工作，或追加额外的工作；

ii.取消合同中任何工作，但转由他人实施的工作除外；

iii.改变合同中任何工作的质量标准或其他特性；

iv.改变工程的基线、标高、位置和尺寸；

v.改变工程的时间安排或实施顺序。

② 变更权。发包人和监理人均可以提出变更。变更指示均通过监理人发出，监理人发出变更指示前应征得发包人同意。承包人收到经发包人签认的变更指示后方可实施变更；未经许可，承包人不得擅自对工程的任何部分进行变更。

涉及设计变更的，应由设计人提供变更后的图纸和说明。如变更超过原设计标准或批准的建设规模时，发包人应及时办理规划、设计变更等审批手续。

③ 变更程序。

i.发包人提出变更。发包人提出变更的，应通过监理人向承包人发出变更指示，变更指示应说明计划变更的工程范围和变更的内容。

ii.监理人提出变更建议。监理人提出变更建议的，需要向发包人以书面形式提出变更计划，说明计划变更工程范围和变更的内容、理由，以及实施该变更对合同价格和工期的影响。发包人同意变更的，由监理人向承包人发出变更指示。发包人不同意变更的，监理人无权擅自发出变更指示。

iii.变更执行。承包人收到监理人下达的变更指示后，认为不能执行，应立即提出不能执行该变更指示的理由。承包人认为可以执行变更的，应当书面说明实施该变更指示对合同价格和工期的影响，而且合同当事人应当按照"变更估价"约定确定变更估价。

5）工程试车的控制

合同对试车做了如下规定。

① 试车程序。工程需要试车的，除专用合同条款另有约定外，试车内容应与承包人承包范围相一致，试车费用由承包人承担。工程试车应按如下程序进行。

i.具备单机无负荷试车条件，承包人组织试车，并在试车前48h书面通知监理人，通知中应载明试车内容、时间、地点。承包人准备试车记录，发包人根据承包人要求为试车提供必要条件。试车合格的，监理人在试车记录上签字。监理人在试车合格后不在试车记录上签字，自试车结束满24h后视为监理人已经认可试车记录，承包人可继续施工或办理竣工验收手续。

监理人不能按时参加试车，应在试车前24h以书面形式向承包人提出延期要求，但延期不能超过48h，由此导致工期延误的，工期应予以顺延。监理人未能在前述期限内提出延期要求，又不参加试车的，视为认可试车记录。

ii.具备无负荷联动试车条件，发包人组织试车，并在试车前48h以书面形式通知承包人。通知中应载明试车内容、时间、地点和对承包人的要求，承包人按要求做好准备工作。试车合格，合同当事人在试车记录上签字。承包人无正当理由不参加试车的，视为认可试车记录。

② 试车中的责任。因设计原因导致试车达不到验收要求的，发包人应要求设计人修改设计，承包人按修改后的设计重新安装。发包人承担修改设计、拆除及重新安装的全部费用，工期相应顺延。因承包人原因导致试车达不到验收要求的，承包人按监理人要求重新安装和试车，并承担重新安装和试车的费用，工期不予顺延。因工程设备制造原因导致试车达不到验收要求的，由采购该工程设备的合同当事人负责重新购置或修理，承包人负责拆除和重新安装，由此增加的修理、重新购置、拆除及重新安装的费用及延误的工期由采购该工程设备的合同当事人承担。

③ 投料试车。如需进行投料试车的，发包人应在工程竣工验收后组织投料试车。发包人要求在工程竣工验收前进行或需要承包人配合时，应征得承包人同意，并在专用合同条款中约定有关事项。

投料试车合格的，费用由发包人承担；因承包人原因造成投料试车不合格的，承包人应按照发包人要求进行整改，由此产生的整改费用由承包人承担；非因承包人原因导致投料试车不合格的，如发包人要求承包人进行整改的，由此产生的费用由发包人承担。

环保工程调试应按照调试程序进行。环保工程竣工验收，应按照《建设项目竣工环境保护验收管理办法》《环境保护部建设项目"三同时"监督检查和竣工环保验收管理规程（试行）》等文件规定按程序进行。

7. 工程环境信息管理

工程环境信息管理是以环境监理项目作为目标系统的信息管理，是对工程建设项目环境监理过程中的环境信息的采集、分类、加工与处理、存档、移交等管理过程。环境监理信息为环境监理工程的决策提供依据。处理环境监理信息是环境监理工程师日常的重要工作。

工程环境信息的表现形式一般有文字、数据表格、图片、声音、影像、图纸、短信、电话录音等。工程环境信息具有信息来源多、信息量大、信息流程复杂等特点，信息管理难度大。因而，对信息进行制度化、规范化管理十分有必要。

环境监理单位应结合工程实际建立环境保护信息管理体系，制定文件管理制度，规定文件分类、编码、处理流程、归档等方面的要求。环境监理工程师应对日常环境信息及时进行梳理、分析，将信息转化为决策依据，指导和规范现场监理工作。

工程环境信息的分类有多种方法。按环境监理控制目标划分，可分为投资控制信息、质量控制信息、进度控制信息；按工程建设不同阶段划分，可分为项目建设前期信息、工程施工中的信息、工程竣工阶段的信息；按照环境监理信息来源划分，可分为来自建设单位的信息、来自施工方的信息、来自设计单位的信息、来自环保主管部门的信息、来自工程项目监理组织的信息、来自其他部门的信息等。环境信息管理，建议按工程建设不同阶段划分，然后辅助用信息来源进行细分较好，这样便于查找使用。

环境监理信息收集应坚持4个原则。

① 主动及时原则，环境监理工程师应积极主动收集信息，及时发现、及时取得、及时加工各类工程信息；

② 全面系统原则，工程建设有着内在的联系，收集信息应全面、系统、连续；

③ 真实可靠原则，收集信息的目的在于对工程项目进行有效控制，因此，必须严肃认真地收集信息，应将收集到的信息进行严格核实、检测、筛选，去伪存真；

④ 重点选择原则，收集信息要全面、系统、完整，但也要分清主次、缓急和价值大小，要有针对性，要有明确的目标，能够对环境监理工作起到作用，这是度的问题，环境监理工程师在实际工作中要多琢磨、多总结，形成自己的环境监理信息管理策略。

环境监理工程师应对往来文函、日常监理工作技术资料等进行定期整理，合理归类，内部保存和送建设单位归档。在建设项目竣工环境保护验收时，应汇总整理环境监理档案备查。

环境监理工程师首先应注意监理信息中的监理记录管理。监理记录包括监理日志、现场巡视和旁站记录、会议记录、气象及灾害记录、工程建设大事记录、监测记录、工程拍照和录像（特别是隐蔽工程、防腐防渗工程、工程事故的记录）等。这些记录是环境监理的第一手资料，环境监理人员应按要求做好这些记录，完善手续，然后分类保存。

其次，环境监理工程师应注意工程监理报告的生成与管理。这些报告包括现场监理日报、周报、月报、季报、年报、阶段报告、专题报告、总结报告等。这些报告应基于环境监理实际，是对环境监理方案和实施细则不同时期、不同层次的总结。月报、季报、年报是对当前阶段环保工作的重点和取得的成果、现存的主要环境保护问题、建议解决的方案等的总结，并阐述下阶段的工作计划及重点，应定期报送建设单位，让建设方掌握工程建设的环境保护情况。在项目出现批建不符、环保"三同时"落实不到位或其他重大环保问题时，需编写环境监理专题报告报建设单位，反映环境保护应重点关注的对象，提出环境保护要求等，同时，也应获得建设单位的认同与支持。项目完成施工后，在申请调试前，环境监理单位应就项目设计、建设过程的环境监理工作进行总结，编制环境监理阶段报告，反映工程环境保护工作存在的问题并提出解决建议。环境监理阶段报告是项目申请调试的必备材料之一。在开展竣工环境保护验收阶段，环境监理单位就项目建设期环境保护设计、实施、调试情况和相应的环境监理工作情况进行总结，编制环境监理总结报告，反映工程环境保护存在的问题并提出解决建议。环境监理总结报告是建设项目申请竣工环境保护验收的必备材料之一。

最后，环境监理单位应在信息管理的基础上注重知识管理，提升环境监理单位在行业中的竞争力。知识管理是通过管理手段，使知识的获得、储存、应用、流通和传播更合理、更优化，使其更充分发挥创造价值的作用，能最大限度地利用知识提升企业的竞争力。环境监理是一个边缘学科，需要将各专业的最新知识进行融合创新，形成环境监理单位独具竞争力的优势。环境监理单位要构建一种知识积累与创新的机制，要求环境监理工程师对所做过的环境监理案例进行归纳、总结、提升，形成智库，每做一个项目，就是对智库的扩充。要在制度上有导向地鼓励、激励环境监理工程师进行智库建设。环境监理单位内部不定期举行研讨会，就监理过程遇到的问题与解决进行交流和分享。另外，也可以考虑就某个方向进行技术和管理研发。

总之，环境监理人员在行业中地位的提升，关键还在环境监理工程师的综合能力。在熟练掌握常规监理任务之后，咨询与服务应该成为环境监理单位构建核心竞争力和树立形象的主要方向。这要求有一个持续的、有锐意进取精神的学习型团队来完成。

8. 环境监理沟通协调

由于工程建设项目的建设总是受到外部环境和内部因素的种种干扰，环境监理工作也随之变得复杂。环境监理的目标控制总是和工程建设投资、质量、进度三大目标控制同时进行，环境监理工作紧紧围绕工程进度展开，涉及工程控制的方方面面。而各种干扰因素使工程建设计划总是在调整中运行，工程的变更将会带来新的环境影响问题。因此，在实际工作中环境监理单位要与建设单位、设计单位、施工单位、工程监理单位、环评单位、环保主管部门等发生多方面的联系，需要有效沟通、相互协作，才能顺利完成环境监理工作任务。

（1）环境监理机构内部的协调

环境监理单位根据建设项目的规模、复杂程度及行业特点选择合适的专业技术人员，组建环境监理机构。环境监理机构一般由环境监理总工程师、监理工程师、驻场监理员、文员及辅助工作人员组成。

环境监理机构的协调主要包括工作关系的协调、内部组织关系的协调、内部需求关系的协调。

环境监理机构内部组织关系的协调，可从以下6个方面进行：

① 在职能划分的基础上设置组织机构，根据工程内容及委托环境监理合同所规定的工作内容进行职能划分，并相应设置配套的组织机构。

② 明确规定各工作岗位的目标、职责和权限，最好以规章制度的形式做出明确规定，但在公布前应征求各部门的意见，这样才有利于消除在分工中的误解和工作上的推脱，有利于增强责任感和使命感，有利于执行、检查、考核和奖惩。

③ 事先约定各工作岗位在工作中的相互关系。管理中的许多工作不是由一个部门就可以全面完成的，其中有主办、牵头和协作、配合之分，事先约定，才不至于出现误事、脱节等贻误工作的现象。

④ 建立有效的信息沟通渠道。如召开工作例会，组织业务碰头会，分阅会议纪要，倡导相互之间主动积极沟通，建立定期工作检查汇报制度等。这样可以使局部了解全局，主动使自己的工作满足相互配合、按时完成的要求，满足局部服从和适应全局的需要。

⑤ 及时、有效消除工作中的矛盾或冲突。消除的方法应根据矛盾或冲突的具体情况灵活掌握。例如，配合不佳导致的矛盾或冲突，应从明确配合关系入手消除；争功推诿导致的矛盾或冲突，应从明确岗位职责和考核评价标准入手消除；奖惩不公导致的矛盾或冲突，应从明确奖罚原则入手消除；过高要求导致的矛盾或冲突，应从改进领导的思想方面和工作方法入手消除等。

⑥ 根据项目建设的阶段或当时重点关注对象的变化，动态调整，优化人员分工或人员配置。

环境监理机构内部需求关系的协调需要注意以下两点：一是对环境监理设备、工作量的平衡协调；二是对环境监理人员投入的平衡协调。

（2）协调各施工单位之间的关系

不同施工单位在平行作业、交叉作业、工作面交接中可能涉及环保措施责任划分和污染物排放交叉等问题，环境监理单位应进行协调，可按照以下原则处理。

① 工作面邻近的不同施工单位，按"谁产生污染谁处理"的原则处理，不考虑排污口的位置。

② 工作面交接时，应将污染治理设施的运行维护一并交接。

③ 若环境污染事故或生态破坏出现在工作面交界处或交叉区，环境监理单位要对现场进行充分调查，掌握第一手资料，明确各方的责任，并督促各方按责任的大小实施污染治理和生态恢复。

（3）协调施工单位与建设单位之间的关系

我国环境保护政策水平和技术体系发展较快，项目建设环境处于动态变化中，项目在建设中可能会因外部环境变化、新法律法规标准技术规范实施，造成承包单位合同约定的环保建设内容变更，进而引起合同纠纷。在处理此类纠纷时，环境监理单位应本着"考虑建设单位，兼顾施工单位"的原则进行协调。

首先，做施工单位的工作，应向施工单位充分说明环保更新要求的严肃性和环保竣工验收与各方都相关，使施工单位从心理上接受环保建设内容变更。接着，应根据实际变更情况向建设单位提出建议，对需调整的内容补充合理的建设费用，采取变更、补充合同、增加工程等方式落实增加的环保建设内容，补充相关建设费用。

（4）协调施工单位与设计单位之间的关系

就施工单位和设计单位，环境监理单位应协调如下事项：

① 环境监理单位应参加设计单位向施工单位的设计交底，就设计中的环保设施或措施内容协助设计单位介绍和说明。

② 若发生设计变更，环境监理单位应以指令的形式传达给施工单位，并就该设计变更向施工单位说明和指导实施，以保证设计变更得到有效落实。

③ 当环保设施和措施的施工及运营维护中出现设计问题时，应充分听取施工单位的书面意见和建议，及时向设计单位提出，并协调设计单位和施工单位合理解决。

（5）协调建设单位与环保主管部门之间的关系

环境监理是环保主管部门推行的一种全新的环境管理手段，是通过第三方对项目建设环境影响的全过程进行监督管理，将环评及批复、"三同时"措施等落实到位，使项目建设过程及配套的环保设施都符合降低环境影响的要求的动态管理过程。项目建设受各种因素影响，实际建设过程中可能会出现变更，如建设规模、生产工艺、原辅材料使用、平面布置情况、环保设施变化等。这些变化会对环境及环保设施产生多大影响，是否需要重新报批、后评价，还是只做备案工作，都需要环保主管部门来确定。因此，必须维护好建设单位与环保主管部门之间的关系，与环保主管部门进行良好的沟通，定期向其汇报项目建设进展情况，让环保主管部门及时掌握建设项目的实施情况，让建设项目在其宏观监控之内，定期进行"三同时"监督检查，为项目竣工环境保护验收打下基础。另外，要杜绝违法行为、污染事故的发生，若确实发生紧急情况，应立即处理，及时上报建设单位和环保主管部门，将环境影响降低到最小范围和程度。这样，环境监理的工作，既体现了建设单位的动态诉求，又从项目建设全过程进行监督控制，使项目建设的环境影响在监控范围之内，减轻环保主管部门的项目环境管理压力，保证工程建设与环境保护相协调，使环境监理工作具有实质性意义。

💡 **"想一想"**

针对情景导入中的某钨矿 $5 \times 10^4 t/a$ 采选改扩建工程，请试着根据环保工程环境监理目标控制，探讨该项目环保工程有哪些控制目标及应采取怎样的环境监理目标控制措施，说说看吧。

任务小结

本次通过学习环境监理目标控制流程、类型，工程设计阶段、施工行为、环保工程环境监理目标控制，使大家了解了环境监理目标控制的编写及实施过程中遇到的问题和解决办法。

应用案例拓展

请扫码阅读《某工程项目环境监理目标控制措施》。

项目技能测试

一、单选题

1.控制流程基本环节包括投入、转换、反馈、（　　）、纠正5个环节。

A.对比　　　　　　B.制定标准　　　　　　C.计划　　　　　　D.领导

2.下列哪项不是环境监理所使用的信息反馈方式（　　）。

A.正式反馈　　　B.口头指令　　　C.各种表单　　　D.审查设计图纸

3.施工行为环境监理目标主动控制不包括（　　）。

A.对施工人员的环保宣传培训　　B.施工过程的环境污染事件处理

C.召开第一次环境监理会议　　D.督促建设单位协调施工单位建立完整有效的环保责任体系

4.下列哪项不是工程环境监理目标控制原则（　　）。

A.系统控制原则　　B.全过程控制原则　　C.全方位控制原则　　D.例行原则

5.下列哪项不是工程环境信息表现形式（　　）。

A.板书　　　　　　B.文字　　　　　　C.表格　　　　　　D.图片、声音、影像、图纸

二、判断题

1.微信信息也可以作为环境监理信息反馈方式，要注意留存。（　　）

2.应急预案编制与演练是环境监理被动控制的一种形式。（　　）

3.主体工程和配套环保工程设计核查属于工程设计阶段环境监理内容。（　　）

4.环境监理是一项需要具有高度责任心的工作，环境监理人员应本着降低环境影响，服务项目的心态，主动发现影响环境的因素，积极与相关方沟通协调，以法律、法规、政策、标

准、设计规范及经验总结为依据，就施工行为中影响环境的因素，据理相争，将问题控制在试生产和竣工环保验收之前，使问题得以妥善解决。（　　　）

5.隐蔽工程和防渗防腐工程不属于环境监理关键施工工序。（　　　）

三、以小组为单位课下讨论以下问题，课堂上进行陈述。

1.简述环境监理信息反馈方式的正式和非正式方式的优缺点。

2.环境监理目标控制，哪些情形用主动控制较好？

任务三 环境监理工作程序

▶ 情景导入

根据任务一的某钨矿5×10^4t/a采选改扩建工程内容，请以环境监理工作人员的身份，完成如下任务：

(1) 编写本项目环境监理总体工作程序；

(2) 编写本项目准备及设计阶段环境监理工作程序；

(3) 编写本项目施工阶段环境监理工作程序；

(4) 编写本项目调试阶段环境监理工作程序。

请认真学习本任务的基础知识，完成工作任务。

✐ "试一试"

请扫码观看视频《施工阶段环境监理工作程序》，根据情景导入中的钨矿5×10^4t/a采选改扩建工程介绍，尝试编制本项目施工阶段环境监理工作程序。

📖 任务知识

一、环境监理总体工作程序

① 环境监理投标单位通过研读环境影响报告及批复文件、初步设计及批复文件和其他工程基础资料，在现场踏勘的基础上制定环境监理方案（大纲）。

② 通过招投标方式承揽环境监理业务，与建设单位签订环境监理合同，同时组建项目环境监理部。

③ 对工程设计文件进行环保审核（设计阶段环境监理）。

④ 施工开始前，根据前期工作编制环境监理细则，进一步明确环境保护工作重点，并向承包商进行环境保护工作交底。

⑤ 根据环境监理细则和相关文件的要求，开展施工期环境监理工作。

⑥ 项目完工后协助业主申请调试，编制环境监理阶段报告。

⑦ 调试阶段，协助建设单位完善主体工程配套环保设施和生态保护措施，健全环境管理体系并有效运转。

⑧ 协助建设单位组织开展建设项目竣工环境保护验收准备工作，编制环境监理总结报告，向建设单位移交环境监理档案资料。

环境监理总体工作程序见图4-3。

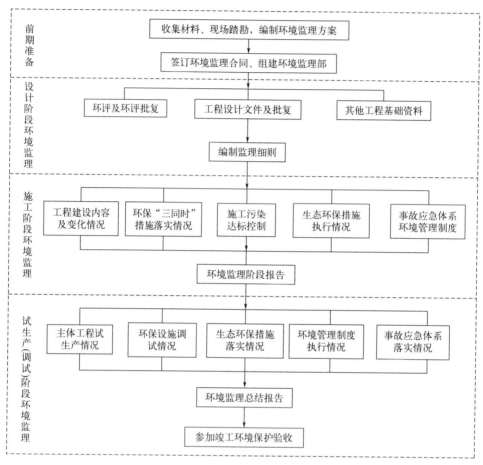

图4-3 环境监理总体工作程序

二、准备及设计阶段环境监理工作程序

准备及设计阶段（施工前期）环境监理工作程序见图4-4，各项工作的主要内容如下。

（1）编制环境监理方案

环境监理单位根据项目工程基础资料、环评及批复要求等，通过查阅资料、现场踏勘等方式，结合项目实际情况编制环境监理方案。

（2）签订环境监理合同

通过招投标等方式承揽环境监理业务，环境监理单位与建设单位签订环境监理合同，约定环境监理服务细节，其中包括环境监理工作范围、工作内容、工作方式、服务时间，以及责、权、利等。

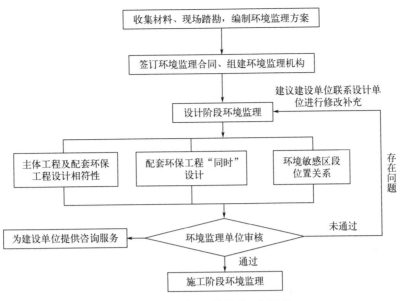

图4-4　施工前期环境监理工作程序

（3）组建环境监理机构

环境监理单位根据建设项目的规模、复杂程度及行业特点合理安排人员组建环境监理机构。

（4）设计阶段环境监理

① 收集环评及批复、初步设计、施工设计、施工组织方案等基础资料，对项目主体工程和配套环保设施设计文件进行审核；同时关注工程在环境敏感区段的施工工艺、施工组织方案及与环境敏感区的位置关系。

② 在设计阶段，环境监理还应关注环保工艺路线选择、设计方案比选等环节，提供环保咨询服务。

三、施工阶段环境监理工作程序

1．施工准备阶段环境监理

① 参加发包方与承包方签订合同的技术条款审核。

② 参加工程设计交底，了解具体工序或标段的环境保护工作。

③ 参与承包商施工组织设计方案的技术审核。

④ 参与总承包项目设计方案的技术审核。

⑤ 编制环境监理细则，确定环境保护工作重点。

⑥ 针对新进场承包商开展宣贯工作，协助承包商进场后及时建立完整有效的环保责任体系，该体系需明确分工，责任到人。

⑦ 承包商进场后，由环境监理单位向建设单位、承包商进行环境保护工作交底，就建

设期环境监理的关注点与监理要求进行明确，并建立沟通网络。

2. 施工阶段环境监理

环境监理单位在施工阶段应及时与建设单位沟通，了解工程建设情况，掌握工程进度安排，开展环境监理现场工作，对项目工程的设计建设情况和进度开展环境监理现场工作。

施工阶段环境监理工作程序见图4-5。

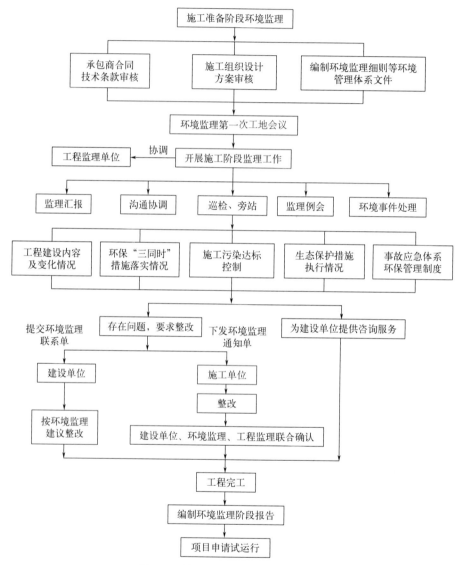

图4-5　施工阶段环境监理工作程序

四、调试阶段环境监理工作程序

在建设项目投入调试后，环境监理单位应针对项目主体工程和环保实施的调试情况，工程配套的环境管理制度、事故应急预案的执行情况等开展本阶段工作。

调试阶段环境监理工作程序见图4-6。

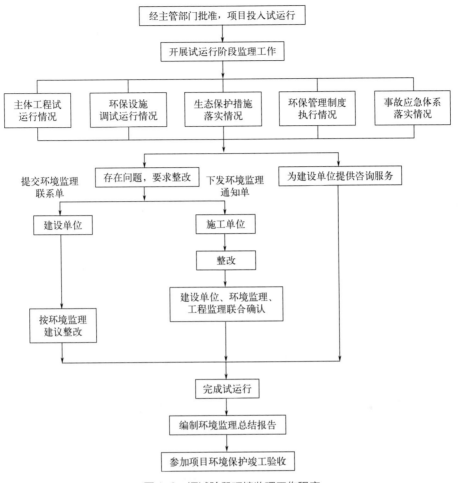

图4-6　调试阶段环境监理工作程序

"想一想"

　　朋友们，准备及设计阶段、施工阶段和调试阶段环境监理在工作程序上有什么不同？说说看吧。

任务小结

　　本次通过学习环境监理工作程序，主要内容包括环境监理总体工作程序，准备及设计阶段、施工阶段和调试阶段环境监理工作程序，使大家了解了环境监理工作流程，这样，在工作中能够按部就班完成环境监理工作，做到有条不紊。

项目技能测试

一、单选题

1.准备及设计阶段环境监理收集的资料主要有环评文件及批复、初步设计、(　　)、施工组织方案等基础资料。

A.工程设计交底　　　　　　　　　　　　B.施工设计

C.环保工程调试监测报告　　　　　　　　D.主体工程调试报告

2.下列哪项不是施工阶段环境监理的主要方法(　　)。

A.巡检　　　　　　B.旁站　　　　　　C.监理会议　　　　　　D.现场踏勘

3.下列哪项不是调试阶段的环境监理工作(　　)。

A.主体工程调试环境监理　　　　　　　　B.环保设施调试环境监理

C.施工组织设计方案审核　　　　　　　　D.生态保护措施落实情况检查

二、判断题

1.环境监理人员在制定环境监理方案前,最好要到项目实施地现场踏勘,获得现场一手资料。(　　)

2.应该在试生产阶段编制环境监理细则。(　　)

三、以小组为单位课下讨论以下问题,课堂上进行陈述。

1.施工阶段环境监理有哪些方法?

2.环保设施环境监理和生态保护措施环境监理的内容与方法有什么异同?

项目五

建设工程环境监理的前期准备

- ## 项目导航

  前期准备是环境监理项目进行"设计阶段环保审核""施工阶段环境监理""试生产时环境监理"的基础,是在环境监理项目启动前需要完成的一系列工作。环境监理前期准备的工作主要包括:环境监理项目获取;环境监理项目部组建;环境监理前期资料收集,收集环境监理所需的法律、法规和技术标准及技术规范信息,收集环境监理涉及的人、机、物、法、环基础技术资料;环境监理前期资料编写,主要包括环境监理技术标书、技术合同、监理方案、监理实施细则等方面。

- ## 技能目标

  (1)多渠道获取环境监理项目,提高监理人员的业务能力;
  (2)识读环境监理招标文件及环境监理项目技术合同;
  (3)能阐述环境监理机构要素的职责;
  (4)能按照环境监理前期资料收集程序完成目标资料收集。

- ## 知识目标

  (1)掌握环境监理项目的获取途径;
  (2)环境监理招投标程序、投标文件的编制要点;
  (3)能独立完成环境监理项目技术合同的签订;
  (4)熟悉施工前的环保审核内容。

- ## 本章配套素材请扫描此处二维码查阅

任务一　环境监理项目的获取

▶ 情景导入

　　环境监理单位，首要任务是获取环境监理项目。环境监理业务人员（以下简称业务员）多渠道、多途径、多手段获取环境监理项目，需密切关注涉及环境敏感区、施工周期长、影响范围广、存在潜在环境风险或可能造成重大污染影响的建设项目。还应多关注网络，关注服务范围内公示的环评文件和环评批复，以及公示中明确开展环境监理的项目，提前进行跟踪，同时关注网络环境监理项目招标公示。本任务则是通过学习获取环境监理项目的方法途径，获取招标文件，准确快速地提取招标文件中关键信息，掌握投标文件编制提纲内容，自行编制环境监理技术合同。

✎ "试一试"

　　请扫码观看视频《环境监理前期准备的工作》，根据情景导入中项目获取途径，收集近期开展的环境监理项目的信息。

📖 任务知识

一、项目信息获取

　　信息是物质和能量在时间及空间上定性、定量的状态。物质的存在状态（静止或运动）包含着信息，信息是物质状态的反映，而且随物质状态的改变而变化。物质运动产生物质流，物质流通过信息流进行传递。信息的表现存在多样性，经常以各种现象反映出来，例如形状、响、移动、变化等理化性状。人们通过感官接受（目睹、触碰、耳闻、鼻嗅、口尝）、仪器测、理化试验等方式得到信息，使用各种方式记录这些信息，使信息在语言、文字、数据、指令、代码、符号、声音、图片等载体上固定下来并进行传递。

　　信息可以通过自己的感受直接获取，也可以通过别人的记录间接获取。直接获取的信息往往是十分有限的，大量的信息是由间接途径获得的。信息可以使人了解或证实未知事物的状况，从而提高人们对事物运动认识的确定性。信息具有3个基本属性，即信息对物质的依赖性、信息的传递性、信息的确定性。

　　获取环境监理项目信息的途径主要包括网上收集、他人推荐、项目跟踪。

1. 网上收集

网上收集环境监理前期资料是指环境监理单位密切关注属地省、市、县各级环保局、财政局、招标办等部门的官方门户网站，及时收集其招投标的相关信息。根据《中华人民共和国招投标法》第三条规定，在中华人民共和国境内进行下列工程建设项目（包括项目的勘察、设计、施工、监理以及与工程建设有关的重要设备、材料等的采购）时，必须进行招标。

① 大型基础设施、公用事业等关系社会公共利益、公众安全的项目；

② 全部或者部分使用国有资金投资或者国家融资的项目；

③ 使用国际组织或者外国政府贷款、援助资金的项目。

上述招投标项目，一般都需要开展环境监理工作，故环境监理单位可以通过关注属地省、市、县各级环保局、财政局、招标办等部门的官方门户网站，及时收集环境监理项目的相关信息。

2. 他人推荐

根据2012年1月10日环保部（现生态环境部）《关于进一步推进建设项目环境监理试点工作的通知》（环办〔2012〕5号文）的规定，自2007年以来，在辽宁、江苏两省建设项目环境监理试点工作的基础上，2012年又将河北省、山西省、内蒙古自治区、浙江省、安徽省、河南省、湖南省、陕西省、青海省、四川省、重庆市列为第二批建设项目环境监理试点省（自治区、直辖市）。上述地区应根据当地环境特点、建设项目特征和环境管理实际需要，就建设项目环境监理管理和技术规范体系、环境监理市场化运作方式、环境监理机构准入、环境监理队伍建设、环境监理收费等进行全方位探索。试点工作期间，各有关省、自治区、直辖市环境保护厅（局）每半年向环保部报送工作进展情况。尚未开展建设项目环境监理工作的地区，也应根据环境保护管理新要求，尽快启动建设项目环境监理工作，逐步建立和规范建设项目环境监理管理制度、环境监理队伍和技术规范体系。

综上所述，环境监理工作在我国目前尚处于试点阶段，具有环境监理资质的单位需在属地省级环境行政主管部门备案许可，所以每个试点省、区、市具有环境监理资质的单位数量有限，如湖南省2013年第一批获得环境监理资质的单位仅有10家，所以环境监理单位可以由属地环境行政主管部门或已经开展环境监理业务的建设项目单位推荐获得新的环境监理项目信息。

3. 项目跟踪

根据目前试点的13个省（自治区、直辖市）获取环境监理资质的监理单位来看，能够获得属地省级环境行政主管部门备案许可从事环境监理的单位，一般均属于属地从事环评业务的咨询单位。这些环评机构从事环评业务时，需密切关注建设项目环评及其批复的要求，如果环评批复要求开展环境监理，那么监理单位需及时跟踪并为业主提供优质的环境监理服务。

二、项目招投标

参与项目招投标是环境监理单位获取环境监理项目的必经途径，环境监理从业单位获得项目招投标信息后，应组织人员认真研读发标方的招标文件，及时编写投标文件，并及时参与招投标。

1. 招标文件主要内容

招标文件是指由招标人或招标代理机构编制并向潜在投标人发售的明确资格条件、合同条款、评标方法和投标文件响应格式的文件。招标文件至少应包括以下内容。

（1）招标公告

（2）投标人须知

即具体制定投标的规则，使投标商在投标时有所遵循。投标须知的主要内容包括：

① 资金来源。

② 如果没有进行资格预审的，要提出投标商的资格要求。

（3）招标文件

① 招标文件和投标文件的澄清程序。

② 投标文件的内容要求。

③ 投标语言。尤其是国际性招标，由于参与竞标的供应商来自世界各地，必须对投标语言做出规定。

④ 投标价格和货币规定。对投标报价的范围做出规定，即报价应包括哪些方面，统一报价口径便于评标时计算和比较最低评标价。

⑤ 修改和撤销投标的规定。

⑥ 标书格式和投标保证金的要求。

⑦ 评标的标准和程序。

⑧ 投标程序。

⑨ 投标有效期。

⑩ 投标截止日期。

⑪ 开标的时间、地点等。

2. 投标文件资料

投标文件是指投标人应招标文件要求编制的响应性文件，一般由商务文件、技术文件、报价文件和其他部分组成。指具备承担招标项目的能力的投标人，按照招标文件的要求编制的文件。在投标文件中应当对招标文件提出的实质性要求和条件做出响应，这里所指的实质性要求和条件，一般是指招标文件中有关招标项目的价格、招标项目的计划、招标项目的技术规范方面的要求和条件，合同的主要条款（包括一般条款和特殊条款）。投标文件需要在这些方面作出回答，或称响应，响应的方式是投标人按照招标文件进行填报，不得遗漏或回避招标文件中的问题。交易的双方，只能就交易的内容也就是围绕招标项目来编制招标文件、投标文件。环境监理投标文件一般包含了三部分，即商务部分、技术部分和价格部分。

① 商务部分包括公司资质、公司情况介绍等一系列内容，同时还有招标文件要求提供的其他文件等相关内容，包括公司的业绩和各种证件、报告等；

② 技术部分包括工程的描述、设计和施工方案等技术方案，工程量清单、人员配置、图纸、表格等和技术相关的资料；

③ 价格部分包括投标报价说明、投标总价、主要材料价格表等。

3. 环境监理技术标书范例

环境监理投标文件最核心的内容就是技术标书部分，一般包括以下内容（本项目为工程监理和环境监理合二为一的监理技术标书文档结构）：

1 工程概况

1.1 工程名称

1.2 建设地点

1.3 工程实施单位

1.4 工程监理单位

1.5 工程主体内容与规模

1.6 工程总投资与资金来源

1.7 工程实施期限

2 监理的指导思想、工作方针、依据及环境标准

2.1 指导思想

2.2 工作方针

2.3 监理依据

2.4 环境监理执行标准

2.4.1 环境质量标准

2.4.2 污染物排放标准

3 监理目标、范围及任务

9.2　环境监理设备

10　合理化建议

11　附件

🔍 **"查一查"**

网上收集一个近期将开标的环境监理项目，并记录网址、网名、招标公告、项目名称、招标单位、招标时间及招投标要求。绘制思维导图于下列方格中。

三、项目技术合同

环境监理单位与项目法人签订环境监理合同，明确环境监理工作范围、内容和责权。项目法人自主选择环境监理单位，环境监理单位承担监理业务，应当与项目法人签订书面建设项目工程环境监理合同。

（1）建设项目环境监理合同的主要条款

① 监理的内容和范围；

② 双方的权利和义务；

③ 监理费用的计取与支付；

④ 违约责任；

⑤ 双方约定的其他事宜等。

（2）建设项目环境监理合同范例

技术合同编号：—□□□

技术咨询合同书

项目名称：＿＿＿＿＿＿＿＿＿＿＿＿＿＿＿＿＿＿

委托方：＿＿＿＿＿＿＿＿＿＿＿＿＿＿＿＿＿＿＿

（甲方）

受托方：＿＿＿＿＿＿＿＿＿＿＿＿＿＿＿＿＿＿＿

（乙方）

签订地点：＿＿＿＿＿＿＿＿＿＿＿＿＿＿＿＿＿＿

签订日期：＿＿＿＿＿＿　年＿＿＿月＿＿＿日＿＿＿

××××××有限公司

一、咨询的内容、形式和要求：

经甲、乙双方友好协商，就甲方委托乙方开展_____

_____工作达成一致意见，具体内容如下：

1.乙方受甲方委托负责该项目的环境监理工作，按国家法律、法规等相关要求编制本项目的环境监理报告。

2.乙方向甲方提供环境监理报告技术文本__份。

二、履行期限、地点和方式：

1.履行期限：

自施工阶段始，至工程环保竣工验收时止。

2.履行地点：

3.履行方式：

本合同的履行方式：现场监理和书面方式。

三、甲乙双方的权利和义务：

1.甲方应按时向乙方提供与本项目环境监理有关的设计文件及图纸、施工合同、施工组织技术文件、环境影响评价报告及其批复、相关证明文件等，派专业人员负责配合乙方所需技术资料的收集、工程和工艺情况交底、现场踏勘和现场数据收集记录及整理等工作，并提供乙方工作必要的交通、食宿等便利条件。

2.本项目环境监理工作由乙方执行。乙方应对本项目批建符合性、环保"三同时"、施工行为环保达标措施、环境保护工程和设施等进行施工过程的环境监理，按时、按质完成本项目的环境监理工作。

3.乙方整理施工期环境监理实施所形成的相关材料，并编制和提交环境监理报告给甲方。

4.乙方编制的环境监理报告须按国家的有关规范、标准执行，配合甲方做好上级进行项目验收需要的相关材料。

四、技术情报和资料的保密：

本合同的技术成果属甲、乙双方共有，如需使用该项成果用作其他用途，应征得对方同意；甲方提供给乙方的技术资料待项目结束后需归还甲方。

五、验收、评价方法：

本项目环境监理报告采用书面方式验收，在满足国家相关法律法规和产业政策、符合相关规划的前提下，能为项目试生产和竣工环境保护验收提供依据。

六、费用及其支付方式：

合同总经费：人民币_____元整。

支付方式：分二期支付

一期支付____元整，付款时间：监理进场半个月内；

二期支付____元整，付款时间：工程竣工结算后并提交正式环境监理报告时。

七、其他：

1.如甲方委托项目的性质、规模、选址、平面布置、工艺及环保措施等发生重大变化需增加环境监理费用，双方另行商定。

2.监理费用：暂定监理报酬_____元整，工程结算款以中标价为基数，超过工程量在中标价15％以内不计算监理报酬，超过工程量在中标价15％时超过部分按以上费率计算监理报酬；该工程项目计划工期120天，工程延期在三个月以内不增加延期监理报酬，超过三个月按××市类似工程政策适当予以增加。

3.双方资料的确认可通过照片、录像、记录、会议、报告、函件往来等形式，经双方认可后均可作为本合同工作进度的依据，共同协作按本合同要求完成本项目。

4.未尽事宜，双方协商。

5.本合同一式七份，甲方持五份，乙方持两份，均具有同等法律效力。

6.本合同经双方签字盖章后生效。

	名称（或姓名）	（签章）		
委托方 （甲方）	法定代表人	（签章）	委托代理人	（签章）
	联系人	（签章）		
	通信地址			
	电话		电传	
	开户银行			
	账号		邮政编码	
受托方 （乙方）	名称（姓名）	（签章）		
	法定代表人	（签章）	委托代理人	（签章）
	联系人	（签章）		
	通信地址			
	电话		电传	
	账户名称			
	开户银行			
	账号		邮政编码	

任务小结

本次通过学习环境监理项目获取的主要内容，即项目信息获取、项目招投标文件的主要内容及标书书写、技术合同书写，使大家了解了环境监理标书及技术合同的编制。

项目技能测试

一、单选题

1.环境监理单位项目获取方法有（　　　）。

A.网上收集　　　　　　B.他人推荐　　　　　　C.项目跟踪　　　　　　D.同行赠予

2.以下属于环境监理前期资料直接收集法的内容有（　　　）。

A.向现场施工人员询问情况　　　　　　B.监理人员现场测定场界噪声

C.拍摄施工现场照片　　　　　　D.收集同类行业事故案例

3.以下属于环境监理前期资料间接收集法的内容有（　　　）。

A.监理人员现场测定场界噪声　　　　　　B.从互联网上查找产业政策

C.从环评报告中收集施工场地图片　　　　　　D.从监测报告中摘录场界噪声数据

二、判断题

1.白鹤梁——位于长江三峡库区上游涪陵城北的长江中，是三峡文物景观中唯一的全国重点文物保护单位，联合国教科文组织将其誉为"保存完好的世界唯一古代水文站"。三峡大坝蓄水175m后，白鹤梁题刻将永远淹没于近40m的江底。三峡工程建设，属于敏感类建设项目，不属于生态类建设项目。（　　　）

2.生态类建设项目，就是非污染型项目，说是非污染，但是有一些污染，但是非工业型的，主要是生活污染，污染不严重，容易处理。影响方面，主要是对生态环境的影响，如土地利用、植被覆盖，以及对珍稀动植物的影响。不是以环境质量（气、水、声、渣等）为主的影响。（　　　）

任务二　环境监理机构组建

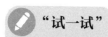 **情景导入**

环境监理机构是环境监理单位为履行委托环境监理合同，实施工程项目的环境监理工作，按合同项目设立的临时组织机构。环境监理机构的合理组建对开展项目监理起着至关重要的作用。请通过认真学习本任务的基础知识，掌握如下知识：

（1）什么是环境监理机构？

（2）环境监理机构的要素有哪些？

（3）某一环境监理项目该如何组建环境监理机构？

（4）环境监理单位与各方是什么关系？如何处理这种关系？

"试一试"

扫码观看视频《环境监理机构组建》，请尝试以表格形式列明环境监理项目部的岗位组成以及相对应的岗位要求。

任务知识

一、环境监理单位

环境监理单位是指行业协会颁发的具有建设工程环境监理资质的单位，该单位有通过培训合格的环境监理人员，并且是在省级环境监理行业管理部门备案的独立法人单位。环境监理单位随着环境监理工作的结束而撤销。环境监理机构的组织形式应结合工程特点、规模、难易程度等因素综合考虑，可采用直线式、职能式、直线-职能式和矩阵式等不同的组织形式。

1. 环境监理单位应具备的条件。

每个省要求不一致，湖南省环境影响评价与监理协会要求如下。

① 环境监理单位至少应有2名国家注册环保工程师、6名具有环境监理培训证的工作人员。

② 为保证环境监理单位从事环境监理过程的公正原则，环境监理单位不得是同一项目从事环境影响评价工作的单位。

③ 为保证环境监理的质量，每个环境监理小组成员不得在同一时间从事两个以上的环境监理任务。

④ 环境监理单位应具有环境教育与培训的能力，对其环境监理人员进行定期的环境教育与培训，提高环境监理人员的职业水平，实行环境监理人员持证上岗制度。

2. 环境监理机构的职责和权限

环境监理单位与项目法人签订环境监理合同后，应组建提供现场服务的环境监理机构，全权代表环境监理单位履行环境监理合同义务。环境监理机构开展环境监理工作的职责和权限因环境监理合同中的约定不同而有所区别，一般包括下列各项。

① 审核设计文件落实环评文件中环境保护有关条款的情况。

② 审核施工单位编制的施工组织设计中有关环境保护的措施计划和项目配套环保设施实施计划。

③ 参与工程监理机构组织的开工准备情况检查和开工申请审批等工作，检查开工阶段环境保护方案落实情况。

④ 审核施工单位编报的环境保护规章制度和环境保护责任制。

⑤ 审核施工单位的环境保护培训计划，并监督施工单位对其工作人员进行环境保护知识培训。

⑥ 督促、检查施工单位严格执行工程承包合同中有关环境保护的条款和国家环境保护的法律法规。

⑦ 监督施工单位的环境保护措施的落实情况。

⑧ 检查施工现场环境保护情况，制止环境破坏行为。

⑨ 根据现场检查和环境监测单位提供的环境监测报告，对存在的环境问题及时要求施工单位采取措施，必要时应要求施工单位进行整改。

⑩ 主持环境保护专题会议，协调施工活动与环境保护之间的冲突，参与工程建设中的重大环境问题的分析研究与处理。

⑪ 进行环境监理的文件档案管理。

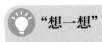
"想一想"

请根据已学知识，思考并查阅规范或文件要求，成立环境监理单位的必要条件有哪些？

二、环境监理项目部

环境监理单位依据环境监理合同，组建环境监理机构，选派环境监理总工程师、环境监理工程师、监理员和其他工作人员。环境监理机构成员是具体进行建设项目环境监理工作的核心成员，将负责建设项目环境监理工作的实施细节。

环境监理机构成员要熟悉与建设项目相关的环境保护有关的法律、法规、规章以及技术标准，熟悉建设项目环境影响评价文件、设计文件、施工合同、施工组织设计文件中有关环境保护的条款和环境监理合同文件。

1. 环境监理项目部组建

委托监理合同签订后，环境监理单位应在单位内部组建环境监理项目部，并将环境监理项目部的组织形式、人员构成及对环境监理总工程师的任命书面通知建设单位。环境监理项目部在完成委托环境监理合同约定的环境监理工作后方可撤销。

2. 环境监理项目部要求

环境监理项目部的组织形式和规模，应根据委托监理合同规定的服务内容、服务期限、工程类别、规模、技术复杂程度、环境敏感度等因素确定。项目环境监理部门的监理人员专业配套，数量应满足工程项目环境监理工作的需要。

3. 环境监理项目部人员构成

环境监理人员应包括环境监理总工程师、环境监理工程师和环境监理员，必要时可配备环境监理总工程师代表。当环境监理总工程师需要调整时，环境监理单位应征得建设单位同意并书面通知建设单位；当环境监理工程师需要调整时，环境监理总工程师应书面通知建设单位和承建单位。

（1）环境监理工程师

环境监理工程师是岗位职务而不是技术职称。环境监理工程师应具有中级以上职称，达到一定的培训要求，并经过培训和考试，取得生态环境部或省级环境保护行政主管部门认可，从事建设项目环境监理工作。

（2）环境监理总工程师

环境监理总工程师是由环境监理单位法定代表人任命，并书面授权，按合同项目设立的行政职务。在项目环境监理机构中，总监对外代表环境监理单位，对内负责项目环境监理机构日常工作。环境监理总工程师应具有高级以上职称和工程监理资格，并经过培训和考试，取得生态环境部或省级环境保护行政主管部门认可，从事建设项目环境监理工作。环境监理总工程师应履行以下职责：

① 确定项目环境监理机构人员的分工和岗位职责；

② 主持编写项目环境监理方案，审批项目环境监理实施细则，并负责管理项目环境监理机构的日常工作；

③ 审查环境保护分包单位的资质，并提出审查意见；

④ 检查和监督环境监理人员的工作，根据工程项目的进展情况可进行人员调配，对不称职的人员应调换其工作；

⑤ 主持环境监理工作会议，签发环保项目环保监理机构的文件和指令；

⑥ 审核承包单位提交的环境保护措施的开工报告、施工组织设计、技术方案、进度计划；

⑦ 审核签署承包单位环境保护工作有关的申请；

⑧ 建议和处理环保工程变更；

⑨ 主持或参与工程环境保护事故的调查；

⑩ 组织编写并签发环境监理月报、环境监理工作阶段报告、环境专题报告和项目环境监理工作总结；

⑪ 主持整理工程项目的环境监理资料。

（3）环境监理总工程师代表

环境监理总工程师代表由环境监理总工程师任命并授权，行使环境监理总工程师授予的权利，从事环境监理总工程师指定的工作。环境监理总工程师代表应履行以下职责：

① 负责环境监理总工程师指定或交办的环境监理工作；

② 按环境监理总工程师的授权，行使环境监理总工程师的部分职责和权利。

环境监理总工程师不得将下列工作委托环境监理总工程师代表：

① 主持编写项目环境监理方案、审批项目环境监理实施细则；

② 根据工程项目的进展情况进行环境监理人员的调配，调换不称职的环境监理人员。

（4）专业环境监理工程师

专业环境监理工程师是项目环境监理机构中的一种岗位设置，可按工程项目的专业设置，也可按部门或某一方面的业务设置，如合同管理、造价控制等。当工程项目规模大，在某些专业或某一方面的业务中宜设置几名专业环境监理工程师。环境监理总工程师在他们中应指定负责人，但均称为专业环境监理工程师。专业环境监理工程师由环境监理工程师担任。专业环境监理工程师应履行以下职责：

① 负责编制本专业的环境监理实施细则；

② 负责本专业环境监理工作的具体实施；

③ 组织、指导、检查和监督本专业环境监理员的工作，当人员需要调整时，向环境监理总工程师提出建议；

④ 审查承包单位提交的涉及本专业的计划、方案、申请、变更，并向环境监理总工程师提出报告；

⑤ 负责本专业环境保护工程分项工程验收及隐蔽工程验收；

⑥ 定期向环境监理总工程师提交本专业环境监理工作实施情况报告，对重大问题及时向环境监理总工程师汇报和请示；

⑦ 根据本专业环境监理工作实施情况做好环境监理日记；

⑧ 负责本专业环境监理资料的收集、汇总及整理，参与编写环境监理月报；

⑨ 核查进场材料、设备、构配件的原始凭证、检测报告等质量证明文件及其质量情况，

根据实际情况认为有必要时对进场材料、设备、构配件进行平行检验,合格时予以签认;

⑩ 负责本专业的环境保护工程计量工作,审核环境保护工程计量的数据和原始凭证。

(5)环境监理员

环境监理员属于工程技术人员,在环境监理工程师的指导下对建设项目开展具体的、现场的环境监理工作。工程环境监理员应具有初级以上职称,达到一定的培训要求,并经过培训和考试,取得生态环境部或省级环境保护行政主管部门认可,从事建设项目环境监理工作。环境监理员可以由环境监理工程师兼任。环境监理员应履行以下职责:

① 在专业环境监理工程师的指导下开展现场环境监理工作;

② 检查承包单位投入工程项目的人力、材料、主要设备及其使用、运行状况,并做好检查记录;

③ 复核或从施工现场直接获取环境保护工程计量的有关数据并签署原始凭证;

④ 按设计图及有关标准,对承包单位的环境保护工作的工艺过程或施工工序进行检查和记录;

⑤ 担任旁站工作,发现问题及时指出并向专业环境监理工程师报告;

⑥ 做好环境监理日记和有关的环境监理记录。

4. 环境监理人员要求

环境保护是一门综合学科,从事环境监理工作的人员,不仅要有一定的环境保护和工程技术方面的专业技术能力,能够对工程建设进行监督管理,提出合理的意见,而且要有一定的组织协调能力,能够帮助工程建设各方共同完成建设过程的环保任务。环境监理人员应该具备环保、工程、管理三方面的知识结构,以及能够适应工作要求的业务素质和能力。对一些特别敏感复杂的工程,应全部配备专业的环境监理人员,以满足特定专业的需要。

(1)基本要求

环境监理人员应具备必要的知识结构和丰富的工作实践经验,通过专门的环境监理业务培训,取得相应的培训合格证书或执业资格证书;应具有强烈的环保意识和社会责任感,始终站在国家和公众的立场处理项目环境问题,并以公正、科学的管理行为,唤起工程相关各方的环保意识和公德心;具有良好的职业道德;身体健康。

(2)知识能力

① 掌握有关环境保护专业知识。监理人员必须熟悉环保法律、法规及相关规定,以及工程建设项目环境污染和生态保护的特点,掌握必要的环保专业知识(如施工期污染物的处理处置技术与工艺设备、环境保护与恢复措施、环境监测数据分析及其应用等)。应当能对施工活动的环境影响、环保措施实施效果、环境监测成果进行准确的分析和判断,从而协助建设单位全面实现环境保护目标、污染治理目标和生态恢复目标。

② 具备工程专业技术知识。监理人员必须具备相应的工程设计与施工专业技术知识。

能阅读设计文件，领会设计意图，熟悉施工组织设计内容、方法及其对环境的影响，熟悉各种施工方法、工艺流程的特点及其对环境的影响，熟悉各种施工机械、设备作业的特点及其对环境的影响。只有这样才能对施工作业可能造成的环境问题进行全面、彻底的预防和控制，最终达到环境监理的目的。

③ 具有一定的管理能力。监理工作既是一项专业技术很强的工作，又是一项要求有较高管理水平的工作。需要监理人员协调业主、施工单位及施工环境问题涉及的周边所有相关社会各方不同的利害关系，能充分运用法律、法规和有关合同条款，正确处理监理过程中出现的种种矛盾与问题。因此，监理人员需要有一定的管理工作经验和必要的表达、组织、协调等工作能力。

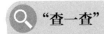
"查一查"

请朋友们通过网上搜索或者其他方式了解获取环境监理培训证书的途径有哪些。

三、环境监理与各方关系

环境监理单位受项目法人的委托，在工程施工建设过程中开展环境监理工作。环境监理单位开展环境监理工作时与项目法人、承包商、工程监理单位、环境监测单位等其他环境保护参建单位之间的工作关系如图5-1所示。

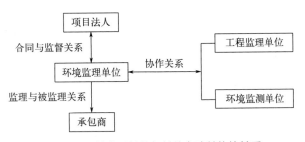

图5-1　环境监理单位与其他参建单位的关系

1. 环境监理单位与项目法人的关系

环境监理单位与项目法人之间是委托与被委托的合同关系。环境监理单位受项目法人委托，对工程项目施工过程进行环境监理工作，同时环境监理单位有监督项目法人履行环境保护义务的职责。

在环境监理实施过程中，环境监理单位应按照环境监理合同约定行使合同权利并履行合同义务，应接受项目法人对其履行合同的监督管理，定期向法人提交环境监理报告，对现场发生的异常环境事件或重大环境影响事件应及时向项目法人报告，并上报环境保护行政主管部门，最后环境监理单位应向项目法人提交环境监理档案资料。

2. 环境监理单位与承包商的关系

环境监理单位与承包商是监理与被监理的关系。在工程建设中，环境监理机构有权对承包商的环境保护措施、设施计划进行审核并对存在的问题予以纠正，检查承包商对环境保护措施、设施的落实情况，检查施工现场的环境影响与保护情况，并对存在的问题要求承包商及时采取纠正措施。承包商应自觉接受环境监理机构的监督、检查，定期向环境监理机构提交环境保护报告，并对现场发生的突发性异常环境影响事件、重大环境影响事件及时向环境监理机构报告。

尽管环境监理单位以独立主体参与建设活动，但是，为了保证其与工程监理单位向承包商签发通知、指示等的协调一致，避免指令冲突造成承包商工作安排的无所适从，环境监理机构在向承包商发出正式文函之前均应事前与工程监理机构协商。

3. 环境监理与工程监理的关系

环境监理与工程监理在项目监理工作中各有侧重，相互协助、互相依存，是项目监理工作中平等的两个主体，同为第三方，二者不同之处有以下几个方面。

（1）对监理人员素质要求不同

环境监理人员不仅要熟悉工程施工工艺、方法及施工组织安排和设计文件，还必须熟悉环境保护各方面的法律法规，必须具有多年的环境保护工作经验，其所属单位必须具备工程监理资质，这样才能对项目区域环境特点、主要环境问题和工程的主要环境影响因素有清楚的了解，才能妥善处理工程施工中遇到的各种问题，才能确保环评文件、设计文件中各项环保措施、设施落实到位，达到环境保护的总体目标。而工程监理人员则主要需熟悉工程施工组织计划、进度安排及施工工艺和设计图纸等，需具备相应专业的技术知识和工作经验，具备工程监理资质。

（2）监理对象不同

环境监理不仅要监理主体工程施工区域，还要侧重取土场、砂石料场、施工营地、施工便道、排水去向和项目施工可能影响的环境敏感点，其工作中心是工程和施工人员活动区域的环境。而工程监理则主要侧重工程施工区域，其工作中心是工程本身。

（3）侧重面不同

环境监理在监理过程中侧重于环境保护问题，工程监理侧重于工程的质量、进度、投资和安全控制。

（4）监理依据不同

环境监理的依据主要是环境保护法律法规和环评文件、设计文件，工程监理的依据则主要是设计文件和各项设计及施工规范。

（5）监理手段方式不同

由于工作特点的不同，环境监理的监理手段主要为巡视检查和文件审查，根据巡视检查和文件审查中发现的具体情况和环境监测单位提供的监测报告制定下一步工作计划。工程监理的监理手段主要为旁站监督、看摸敲照、工程质量检测及审查各种资质及证书等，根据现场监理情况制定下一步工作计划。

由于上述不同，决定了环境监理和工程监理互相独立、不可替代的特点，同时环境监理离不开工程监理的协助，必须借助于工程监理的现场工作，才能切实规范各种工程行为，将环评文件及设计文件中的各项环保措施落到实处，只有引进环境监理才能切实做好工程的环境保护。

4. 环境监理与环境监测的关系

环境监测能够得到工程项目所在地的环境基础资料，是确定环境质量状况最重要的手段，其监测结果是环境监理单位开展环境监理工作重要依据之一。环境监理人员根据环境监测所得的数据，对工程建设项目对自然环境的影响程度、影响范围、主要影响因素和环境质量状况的变化情况做出明确判断，以便指导下一步的环境监理工作科学有效地进行。

同时，环境监测工作应在环境监理单位要求和认可的监测计划下进行，环境监理应根据现场实际情况制定环境监测计划，确定监测点位、监测项目及监测频次，指导环境监测工作的开展。

📝 任务小结

本次通过学习环境监理单位及环境监理项目部人员的要求与职责，环境监理与业主、承包商、工程监理及环境监测的关系，希望大家在实际工作中能更好地组建环境监理机构。

🏗 应用案例拓展

请扫码阅读《环境监理组织应用案例》。

⚙ 项目技能测试

一、单选题

1. 下列选项中，不属于专业环境监理工程师职责的是（　　　）。

A. 主持编写项目环境监理方案

B. 检查负责范围内承包人的环境保护措施的落实情况

C. 现场发生重大环境问题或遇到突发性环境影响事件时，及时向环境监理总工程师报告、请示

D. 指导、检查环境保护监理员的工作

2.下列选项中，不属于环境监理员职责的是（　　　）。

A.检查负责范围内承包人的环境保护措施的现场落实情况

B.对发现的现场环境问题，及时向环境保护监理工程师报告

C.主持整理工程项目的环境监理资料

D.核实承包人环境保护相关原始记录

3.环境监理管理模式不包括（　　　）。

A.包容式环境监理　　　　　　　　　B.项目总承包式环境监理

C.结合式环境监理　　　　　　　　　D.独立式环境监理

二、以小组为单位课下讨论以下问题，课堂上进行陈述。

如招投标文件中没提出要求，业主提出要求，环境监理项目部成员该如何开展工作？

任务三　环境监理的前期资料收集

环境监理的前期资料收集对全面掌握项目情况及对后续编制环境监理大纲至关重要。本次任务如下：

（1）环境监理项目进场前应收集哪些资料？

（2）如何收集前期资料？

请认真学习本任务的基础知识，完成工作任务。

✎ "试一试"

扫码观看视频《环境监理前期资料间接收集法》，作为环境监理单位，需从哪几个方面对资料进行收集？

📖 任务知识

一、前期资料收集的内容

建设工程环境监理的主要依据是与建设项目环境保护相关的法律、法规、技术规范和标准、工程及环境质量标准、环境影响评价报告书（表）、设计文件、工程监理合同和建设工程承包合同等。工程环境监理合同、工程环境监理过程各种文件以及工程环境监理总结报告是工程竣工环境保护验收的重要依据。

1. 可能涉及的资料

建设工程环境监理涉及的资料主要如下：

① 法律法规依据。

② 国家有关的条例、办法、规定。

③ 地方性法规、文件。

④ 国家标准。

①~④可以参看项目二相关内容。

⑤ 建设项目的环境影响评价文件和水土保持文件。建设项目的环境影响评价报告和水土保持报告及其行政主管部门的批复，是建设项目环境监理最重要的依据之一，其中针对

建设项目提出的环境敏感点、污染防治设施和措施、水土保持措施等是项目环境监理工作关注的重点，也是必须达到的底线。

⑥ 建设项目工程设计文件及其审查意见。建设项目的设计阶段，往往已经考虑到了一些重大的环境保护问题，并在设计文件中有所反映，例如污染防治设施与措施、水土保持措施、绿化等，可以作为环境监理工作的依据。

⑦ 建设项目各承包人的施工组织设计。各承包人的施工组织设计中考虑了施工过程可能发生的扬尘污染、施工废水排放、取土弃土生态环境破坏、施工噪声扰民等环境问题的预防和减缓措施，可以作为环境监理工作的依据。

⑧ 环境监理合同、施工合同及有关补充协议。建设单位委托开展环境监理的合同，以及有关的补充协议，都明确规定了环境监理单位的权利、责任和义务，是监理单位开展工作的直接依据。

作为建设项目环保措施具体执行者的施工单位，责任和义务在施工合同中有明确的表述，也是监理单位开展工作的重要依据。

⑨ 施工过程的会议纪要、文件等。在施工过程中根据实际情况形成的有关环保问题的会议纪要、文件，可以作为环境监理的依据。

2. 必须收集的资料

建设工程环境监理项目部为了顺利开展建设项目的环境监理工作，环境监理项目部组建以后、建设项目环境监理工作全面开展之前，应收集与建设工程相关的前期资料：

① 环境影响评价文件及批复文件、水土保持报告及批复文件、环境保护规划设计文件、环境保护专项设施技术设计文件、工程施工规划报告。

② 项目法人（或建设单位）与监理、设计、施工（含设备制造供应）单位签订的合同（或协议）副本。

③ 项目建设单位招标文件（副本）。

④ 施工（含设备供应）单位的投标文件。

⑤ 项目法人（或建设单位）签发的中标通知书。

⑥ 地勘报告、工程设计文件、设计图纸（初步设计、技术设计、施工图设计）。

⑦ 主体工程、辅助工程、贮运工程、公用工程、环保工程等的施工合同文件。

⑧ 环境监测合同文件、水土保持监测合同文件。

⑨ 相关环保法律、法规、规范、标准。

二、前期资料收集的方法

1. 环境监理前期资料的概念

环境监理前期资料信息是指与项目环境监理相关的信息，是被监理对象的信息，依据这些信息才能进行环境监理。将这些信息与法律、法规信息对比是环境监理的核心工作。

对被监理项目主体（建设单位）来说，施工活动的系统中存在着物质流、能量流和管理流，并通过信息流反映出来。

① 物质流：系统外的原材料输入系统，通过存储、输送、生产装置（生产工艺），在管理流的操纵和信息流的反馈控制下，输出产品。

② 能量流：生产系统内各种能量（势能、动能、热能、电能、声能、辐射能、原子能、化学能、生物能）之间的转换。例如，施工过程中电能转化为机械能（势能、动能）。

③ 管理流：生产系统需要人来操纵和控制，人是生产的组织者和生产系统的管理者，人根据生产状况和系统反馈的信息，调节生产方向和节奏。

④ 信息流：物质流、能量流、管理流均通过信息流表现出来，管理流根据反馈的信息给系统下达新的指令，使物质流和能量流按人要求的目标前进。

2. 环境监理前期资料的收集方法

环境监理前期资料的收集方法可分为直接收集法和间接收集法两种。

（1）直接收集法

监理人员到监理项目施工现场，通过检查、测量和理化试验，直接收集信息样本，然后通过数据处理排除信息中的干扰因素，采用文字、声音、图像、数据、符号等载体记录下来。直接收集法，一般采用"问、听、看、测、记"的方式，它们不是独立的而是连贯的、有序的，每项收集内容都可以使用一遍或多遍。

① 问：以检查计划和检查表为主线，逐项询问，可作适当延伸。

② 听：认真听取企业人员对监理项目的介绍，当介绍偏离主题时可作适当引导。

③ 看：定性检查，在"问""听"的基础上进行现场观察、核实。

④ 测：定量检查，可用测量、现场检测、采样分析等手段获取数据。

⑤ 记：对检查获得的信息或证据，可用文字、复印、照片、录音、录像等方法记录。

检查前一般应制订检查计划，根据检查内容制作检查表，并在检查时按实际工况调整。其中，"测"可分为测量和理化试验。

① 测量：一般采用现场便携式仪器或工具，对特定指标（例如风速、噪声、距离、浓度、照度、辐射剂量等）进行测量并记录。

② 理化试验：一般使用采样工具或介质，在生产系统中收集特定物质（例如车间空气、化工原料、设备材质等）样本，带回实验室进行理化试验，得出对应指标（例如车间空气中某物质的浓度、化工原料的闪点、设备材质的硬度等）的量值结果。

（2）间接收集法

收集监理项目或生产系统已有的信息，这些信息是别人直接收集并记录的。对于环境监理来说，间接收集的信息一般均属过去时间和空间的信息，是否可以在当前监理中使用，要有信息"适用性"的判断。间接收集信息可以通过以下途径完成：

① 被监理单位提供，监理机构通过讯问笔录、复印、借阅等方法收集。

② 监理单位从以往监理信息积累中查找收集。

③ 从设计文件（可行性研究报告、初步设计、施工图）中查找收集。

④ 从图书馆、情报所、资料室的文献中查找收集。

⑤ 从互联网中查找收集。

⑥ 从法定检测检验机构对被监理单位（或相类似单位）检测、检验、标定的报告中收集。

⑦ 从专家论证报告、以往监理报告、相关审批审核意见、相关证书或证明中收集。

⑧ 从以往类似事故案例中收集。

3. 环境监理前期资料收集程序

（1）提出前期资料需求

监理项目组以监理机构与委托监理单位签订的《环境监理合同》为依据，确定环境监理的工作目标，提出环境监理前期资料需求的内容。

（2）进行前期资料分类

根据环境监理前期资料需求的内容，按物质流、能量流和管理流产生的信息流，进行信息分类，并列出清单。

（3）确认前期资料内容

将所需信息清单提交委托监理单位，委托监理单位按信息分类逐条确认，整理出能够提供信息的目录或可以提供信息收集的途径。

（4）涉密前期资料签订保密条款

涉及委托监理单位保密范畴的信息，监理机构应作为保密条款列入监理合同（也可增订保密协议）。

（5）环境监理前期资料的直接收集

在条件许可的情况下，尽量直接收集环境监理前期资料。

① 直接收集环境监理前期资料的准备工作（收集方案及步骤、仪器或工具的校准、检查表编制等）。

② 在被监理单位的配合下，尽量收集有代表性的信息（正常工况、随机采样）。

③ 记录、整理信息，对出现矛盾的信息要分析原因，最好重新收集。

④ 直接信息确认并存档。

（6）环境监理前期资料的间接收集

对没有直接收集条件的环境监理前期资料需求，可进行环境监理前期资料的间接收集。

① 收集被监理单位提供的间接环境监理前期资料：a.讯问笔录要有当事人签名（若为单位行为，需要单位盖章）；b.文件、证书及相关资料复印要核对原件；c.对于设计资料、论证报告、图样等文字档案，要办理借阅手续。

② 收集资料文献中查到的环境监理前期资料要标注出处。

③ 收集法定检测检验机构提供的环境监理前期资料，要注意时效和检测检验当时的条件。

④ 收集类比单位环境监理前期资料，要注意类比单位与被监理单位的相似程度。

⑤ 进行环境监理前期资料分类，判断间接收集的环境监理前期资料对当前监理的适用性，并注明原因。

⑥ 间接环境监理前期资料确认并存档。

（7）环境监理前期资料更新

事物是运动的，总是处在发展变化之中，环境监理的对象也是这样。例如，监理过程中被监理的生产系统有设计变更、生产条件变化、安全设施增减、取得最新的检测检验报告、通过某单项验收（卫生或消防部门验收等），这些最新发生的事件，可能改变环境监理结果或结论。因此，信息收集可能要贯穿整个监理过程，而且必须不断进行信息更新。

（8）环境监理前期资料收集结束

环境监理前期资料收集结束的标志是现场工作开展之前。由于监理对象信息流还在继续，而新的信息使这一份监理报告已经不起作用，因此，监理报告将逐渐成为历史。监理对象变化越快，这份监理报告的参考价值就越低。一段时间以后，要了解最新的安全状况，必须收集新的信息，重新进行环境监理。

4. 熟悉施工图纸

要完成环境监理大纲、监理方案和实施细则的编写工作，监理单位及其从业人员需尽快熟悉图纸。要尽快熟悉图纸，则必须掌握关键，抓住要领，具体可以归纳为"四先四后""三个结合"。

① 先粗后细。先看平面图、立面图、剖面图，对整个工程的轮廓有一个概括的了解，对工程总的长度尺寸、轴线尺寸、标高有一个大体印象；后看细部做法，校对总尺寸与细部尺寸，如位置、标高是否相符，各种表中的规格、数据与图上的规格、数据是否一致。

② 先小后大。先看小样，后看大样。核对平面图、立面图、剖面图中标的细部做法与大样图的编号、尺寸、做法、形式是否相符，所采用的标准构配件图集编号、类别与本设计图纸是否有矛盾、遗漏或漏标的地方，以及大样图是否齐全等。

③ 先建筑后结构。先看建筑图，然后将建筑图与结构图对照着看，核对轴线、尺寸是否相符，能否满足施工需要。

④ 先一般后特殊。先看一般的部位和要求，后看特殊的部位和要求，例如地下室的防水处理和一些有特殊要求的抗震、防火、保温、防尘及特殊装修等技术规定。

⑤ 图纸与说明相结合。看图时，要把设计总说明与图中细部说明结合起来，注意图纸和说明有无矛盾，内容是否齐全，规定是否明确，要求是否具体。

⑥ 土建与安装相结合。在熟悉土建图纸的同时，也要参看设备安装图，检查两者有无矛盾，预留件、预留洞、预留槽的位置、尺寸是否相符。考虑安装时对土建有何要求，如

何配合协作。

⑦ 图纸要求与实际情况相结合。在看图时，要考虑设计要求是否与现场实际情况相符，如相对位置、场地标高、地质情况、地下水位、地下管道等。

 "想一想"

　　在前期资料收集中，如设计图纸与实际不一致或者环境治理设施不能满足环境管理要求，作为环境监理单位应如何处理？

任务小结

　　本次通过学习环境监理的前期资料收集的内容和方法，无论是直接收集法还是间接收集法，希望大家在未来工作中能较全面地收集基础资料，为后续工作打好基础。

项目技能测试

一、多选题

1.以下属于环境监理前期资料直接收集法的内容有（　　　　）。

A.向现场施工人员询问情况

B.监理人员现场测定场界噪声

C.拍摄施工现场照片

D.收集同类行业事故案例

2.以下属于环境监理前期资料间接收集法的内容有（　　　　）。

A.监理人员现场测定场界噪声

B.从互联网上查找产业政策

C.从环评报告中收集施工场地图片

D.从监测报告中摘录场界噪声数据

二、判断题

1.对项目的设计文件进行收集，如可行性研究文件，属于直接收集法。（　　　　）

2.在施工过程中根据实际情况形成的有关环保问题的会议纪要、文件，可以作为环境监理的依据。（　　　　）

任务四　环保审核及环境监理设施

▶ 情景导入

环保审核及环境监理设施准备是开展后续环境监理工作的基础。某区域历史遗留重金属污染综合治理工程主要内容有：①在桃竹山建设1座库容$5×10^4m^3$的安全填埋场，将岭被窝、桃竹山冶炼厂遗留固废、受污染土壤集中安全填埋；②在岭被窝建设1座库容$6×10^4m^3$的安全填埋场，将岭被窝周边废渣及受污染土壤进行集中安全填埋；③将桃竹山、岭被窝遗留$2.8×10^5t$含砷废渣交有处置资质的企业综合利用；④小吉冲水电站上游建设1座挡渣墙，将河道内及周边尾砂集中填埋处置；⑤对清理后的厂区及周边区域进行生态恢复。

以环境监理工作人员的身份，完成如下任务：

（1）环境监理项目施工前环保审核的主要内容有哪些？

（2）建设单位在环境监理开展过程中提供的设施和环境监理配备的设备有哪些？

请认真学习本任务的基础知识，完成工作任务。

📖 任务知识

一、施工前的环保审核

建设单位应在设计阶段委托并启动环境监理工作，设计阶段环境监理需要对工程设计和环保专项设计与环评及批复中所提环保要求的一致性进行回应，编制设计文件符合性监理报告，该部分内容纳入环境监理工作方案编写中。

施工前环保审核的主要内容如下：

① 审核施工组织设计中环保措施落实情况；

② 审核环保设计中采用的治理技术、措施，污染物最终处置方法和去向，清洁生产等内容；

③ 审核施工承包合同中环境保护专项条款；

④ 审核施工方案、生产规模、工艺路线、污染特征、排放特点及各污染控制节点等与项目环评报告及批复文件的符合性；

⑤ 审核施工期环境管理体系建立、环境管理计划等；

⑥ 参与施工招标和施工合同编制，将有关环境保护条款列入标书文件，在施工合同中明确建设单位、施工单位的环境保护责任与义务；

⑦ 参加技术交底，对建设单位、施工单位开展环境保护及环境监理要点宣教，提醒和监督建设单位、施工单位落实各自的环境保护责任；

⑧ 对建设单位、施工单位环保达标和环境工程的人员、仪器设备准备情况进行检查，审核施工单位开工文件；

⑨ 参加包括建设单位、施工单位和工程监理单位在内的第一次工地会议，并形成会议纪要。

应用案例拓展

金丽温高速公路路线涉及国家一级保护动物鼋（读音yuán）自然保护区，环境监理项目组在审核施工组织设计环保措施落实情况时，要求施工单位制定鼋保护区专项防治方案，将施工区和鼋保护区用水中围网的方式隔离分开，以防止鼋进入施工区，经环境监理审查通过后执行。

二、环境监理设施

1. 建设单位提供设施

建设单位应提供委托环境监理合同约定的满足环境监理工作需要的办公、交通、通信、生活设施。环境监理机构应妥善保管和使用建设单位提供的设施，并应在完成环境监理工作后移交建设单位。

2. 环境监理单位设备要求

环境监理设施一般应在委托环境监理合同中予以明确，并在实际开工前到位。对于建设单位提供的设施，项目环境监理机构应登记造册。项目环境监理机构应根据工程项目类别、规模、技术复杂程度及工程项目所在地的环境条件，按委托环境监理合同的约定，配备满足环境监理工作需要的常规检测设备和工具。在大中型项目的环境监理工作中，项目环境监理机构应实施环境监理工作的计算机辅助管理。

任务小结

本次通过学习环保审核及环境监理设施，主要内容为施工前的环保审核内容和熟悉环境监理所需要的设备，希望大家具备编制某项目环境监理所需设施清单的能力。

项目技能测试

一、判断题

1. 施工前环保审核的内容很多，如参加包括建设单位、施工单位和工程监理单位在内的第一

次工地会议，并形成会议纪要。（　　）

2.建设单位应提供委托环境监理合同约定的满足环境监理工作需要的办公、交通、通信、居住设施。（　　）

二、以小组为单位课下讨论以下问题，课堂上进行陈述。

根据情景导入案例，列出该项目环境监理所需设施清单。

任务五 环境监理工作制度及案例

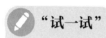 **情景导入**

环境监理工作制度是指为完成环境监理合同约定的工作,保证工作质量,采取的日常工作方法措施及工作制度。环境监理实际采取的工作制度有报告制度、环境监理会议制度、环境监理文件存档制度等。此外,为保证环境监理项目的工作质量、环境质量,所做的工作还包括环境监理项目部针对某项环境监理任务,在环境监理项目部粘贴文化墙,用于公示或告知环境监理人员工作流程、工作方法、工作范围、工作职责、管理办法等。

"试一试"

请扫码阅读某项目投标文件,尝试编制环境监理工作制度的提纲。

任务知识

一、环境监理工作制度

1. 工作记录制度

环境监理小组成员应对工程建设、环境监理工作情况做出工作记录(文字、图像),重点描述对项目环境保护工作的检查监督情况,对于发现的主要环境问题,分析产生问题的主要原因,并提出处理意见。

2. 报告制度

环境监理项目部应及时向项目建设单位提交环境监理报告,全面、系统地反映工程环境保护工作情况,总结和反映工程环保工作状态。报告包括月报、季报、年报、总结报告、专题报告等。

3. 函件往来制度

环境监理小组成员在施工现场检查过程中发现重大环境问题时,必须以书面形式通知施工单位采取纠正或处理措施,紧急情况需口头通知的,事后必须以书面函件形式予以确认。施工单位对环境问题处理结果的答复以及其他方面的问题,也必须以书面形式致函回复环境监理小组。

4.环境监理会议制度

环境监理项目部根据工作进度和实际情况组织召开环境监理工作会议，以讨论、协调、解决建设过程中存在的各类环保问题，环境监理工作会议主要包括环境监理例会、环境监理专题会议等形式，并形成会议纪要约束各方行为。

5. 宣传培训制度

环境监理项目部协助建设单位以在项目现场竖立标牌、展板，发放环保知识手册等多种形式开展环保宣传，对施工单位施工管理人员进行必要的环境保护知识培训。

6. 变更制度

建设项目建设过程中有与环评文件及其批复不相符的，环境监理项目部须告知建设单位，建设单位按环境保护行政主管部门的要求实施。

7. 污染事故应急处理制度

环境监理项目部应根据事故的级别和反应机制，协助建设单位和施工单位组织应急处置，并编制专题报告。

8. 档案资料管理制度

环境监理项目部还管理各种文件、图纸、记录、指令、报告和相关技术资料，对环境监理所涉及的相关资料进行整理归档，制作电子资料，并予以妥善保存，以备建设单位和环境保护行政主管部门查验。

二、案例：某化工厂污染土地治理修复环境监理工作制度

为有效控制某化工厂污染土地治理修复工程施工阶段的环境影响，全过程监控建设中的环境问题，切实落实"某化工厂污染场地治理修复方案"各项治理措施实施到位，特制定本工作制度。

施工监理环保工作制度主要包括以下方面。

1. 文件审核、审批制度

工程开工前，由负责工程环境保护监理工作的监理工程师审查承包人报送的施工组织设计中的施工组织方案、环境保护内容和施工场地、施工营地、取弃土场、应急预案等的设置方案，以及专项环境保护措施方案（如重要污染源防护处理、环境保护措施等）等，提出审核意见。对于工程施工中的设计变更，监理工程师应对设计变更带来的环境问题作出判断，并建议业主考虑由设计变更引起的工程环境影响变化及环境保护措施的调整问题，发生重大变更时应提醒业主进行变更说明编制并提交生态环境主管部门备案。

2. 工作记录制度

施工环境保护监理记录是信息汇总的重要渠道，是监理工程师做出决定的重要基础资料，其内容主要如下。

① 会议记录。如第一次工地会议，工地会议（监理例会）、工地协调及其他非例会会议

记录等相关的环保内容，专门的环保工地会议。

② 监理日记。应记录巡视检查中的相关环保情况，做出的重大决定，对承包人的环境保护指示，发生的污染纠纷及解决的可能办法，与工程质量和工程进度相关的环境问题。

③ 环境监理月报。根据工程的进展情况，对环保状况及存在问题每月以报告书的形式向业主报告并备案。

④ 气象及灾害记录。主要记录不同气象条件和灾害气象下的工程环境问题。

⑤ 质量记录。如采样、监测、检验结果分析与评价记录。

⑥ 承包人有关环境保护的报告或请示，正式例行报告、报表、各种正式函件、口头承诺等。

⑦ 交、竣工文件。包括施工过程中的分项、分部工程的交工验收环保记录和竣工验收环保记录两部分，应详细记录环保检查、质量监测、影响评定及验收资料各方面的内容。

负责环境保护工作的监理工程师，每天应根据现场监理的工作记录，汇总主要环境问题及产生原因、环境问题的责任单位及监理工程师处理意见，以及相关的环境监测分析资料，形成专业环境监理日记。

3. 报告制度

环境保护监理报告是工程建设中环境保护工作的一项重要内容。环境保护监理报告纳入工程监理报告体系，可根据需要单独编制，在相关总结报告中包括环境保护监理的内容。

4. 会议制度

环境保护监理会议纳入工程监理会议中召开。如第一次工地会议，工地会议（监理例会）、工地协调及其他非例会会议，必要时召开专门的环保工作会议。在会议期间，承包人对近一段时间的环境保护工作进行回顾性总结，负责环境保护工作的监理工程师对近一段时间的环境保护工作进行全面评议，肯定工作中的成绩，提出存在的问题及整改要求。每次会议都应形成会议纪要。

5. 函件来往制度

监理工程师在现场检查过程中发现的环境问题，应以环境保护监理通知单形式，通知承包人需要采取的纠正或处理措施。监理工程师对承包人某些方面的规定或要求，必须通过书面形式通知。情况紧急需口头通知时，随后必须以书面函件形式予以确认。同样，承包人对环境问题处理结果的答复以及其他方面的问题，也应致函监理工程师。

6. 现场考核制度

存在以下情况时建议业主方对承包方进行环境监理考核：

① 场内工作人员未佩戴劳动保护用具的。

② 施工期环境现状监测超标。

③ 雨季场内雨水未经收集处理直接外排。

④ 污染土壤处理未达标擅自填埋。

⑤ 废水治理未达标擅自外排。

⑥ 土壤开挖过程中未按治理方案要求进行出现二次污染情况。

⑦ 外排热解尾气连续两天出现超标情况。

⑧ 因开挖创面控制不当、喷洒气味抑制不到位，产生严重的污染气体扩散事故情况。

⑨ 出场车辆带有场内泥土。

⑩ 其他环境监理出具经业主或生态环境主管部门认可的通知单拒不整改的情况。

7. 人员培训制度

对监理工程师必须进行培训，持证上岗，并定期进行环境保护业务培训和经验交流。

📝 任务小结

本次通过学习环境监理工作制度主要内容，希望大家能具备独自编制环境监理工作制度的能力。

任务六　环境监理费的计算

▶ **情景导入**

环境监理单位在完成相应工作任务后，建设单位需支付环境监理费，费用该以何种形式计算是本次的主要学习任务。

🔍 **"查一查"**

扫码观看视频《环境监理费用收取》，了解环境监理项目的环境监理费是如何计算的。

📖 **任务知识**

环境监理收费依据尚未统一标准，各省份不同。

一、有环境监理收费依据的省份

内蒙古、重庆、山西等省份曾发布收费依据，必须按收费标准执行。

1. 内蒙古自治区环境监理收费依据

内蒙古自治区建设项目环境监理收费标准见表5-1。

表5-1　建设项目环境监理收费标准

投资规模	建设项目类别	收费费率	备注
1亿元以下（含1亿元）	生态类	3‰	—
	工业类	3.5‰	
1亿~10亿元（含10亿元）	生态类	2‰ ~ 3‰	—
	工业类	2.5‰ ~ 3.5‰	
10亿~100亿元（含100亿元）	生态类	1‰ ~ 2‰	—
	工业类	1.5‰ ~ 2.5‰	
100亿元以上	生态类	0.5‰ ~ 1‰	—
	工业类	0.6‰ ~ 1.5‰	

注：1. 收费额=总投资×收费费率。

2. 生态类项目包括铁路、公路、石油天然气开采及输送管道、煤矿、矿产、水利水电、风电、尾矿库、垃圾固废（危废）处理场等；工业类项目包括火电、水泥、造纸、生物化工（医药、农药）、冶炼、化工、煤化工等。

2. 重庆市环境监理收费依据

（1）基价法收费标准

环境监理工作内容主要包括监理方案编制、施工期环境监理等，参与建设项目设计、施工、试生产、验收全过程，并形成监理报告。

环境监理收费包括建设工程施工阶段的环境监理（以下简称"施工环境监理"）服务收费和设计、试生产、验收等阶段的相关环境监理服务（以下简称"环境监理相关服务"）收费。即：环境监理收费＝施工环境监理收费＋环境监理相关服务收费。

① 施工环境监理收费按以下公式计算：

施工环境监理收费＝环境监理收费基价（表5-2）×行业调整系数（表5-3）×计价调整系数（表5-4）

计费额处于两个数值区间的，采用插值法确定环境监理收费基价。

② 环境监理相关服务收费以及建设项目工期超出合同约定期限的服务收费，一般按服务工作所需工日和《环境监理相关服务人员人工日费用标准》（表5-5）收费。

表5-2　环境监理收费基价

投资额/亿元	<0.5	1	2	10	40	100	>100
环境监理收费基价/万元	35	60	80	100	300	600	>600

表5-3　行业调整系数

项目分类	系数
石化、石油、天然气、火电、水电、铁路、公路、化工、冶金、有色	1.2

注：未标明行业，系数为1。

表5-4　计价调整系数

项目分类	系数
服务期>1年	1.3

表5-5　环境监理相关服务人员人工日费用标准

环境监理相关服务人员职级	人工日费用标准/元
一、高级专家	1000～1200
二、高级专业技术职称的监理与相关服务人员	800～1000
三、中级专业技术职称的监理与相关服务人员	600～800
四、初级及以下专业技术职称监理与相关服务人员	300～600

（2）成本加利润加税金加权方法

成本加利润加税金加权的方法以实际环境监理时间（工期）为计算依据，以费用构成表的形式进行收费。环境监理费用采取直接成本、间接成本、税金等折算成月费用，乘以监理时间得到总费用。环境监理费用构成见表5-6。

表5-6 环境监理费用构成

编号		费用名称		月费用/万元	环境监理时间/月	总费用/万元
直接成本	1	现场环境监理人员工资	总监理工程师			
			监理工程师			
	2	现场环境监理人员办公费				
	3	现场环境监理人员通信费				
	4	现场环境监理人员差旅费				
	5	采样检测费				
	6	交通工具使用费（包括过路费、油费、折旧费等）				
	7	环境监理相关技术资料编制、装订费用				
	8	其他				
		小计				
间接成本	1	管理费				
	2	利润				
	3	不可预见费用				
		小计				
		税金				
		合计				

3. 山西省环境监理服务收费指导标准

山西省环境监理服务收费标准见表5-7、表5-8。

表5-7 环境监理服务收费指导标准　　　　　　　　　　　　　单位：万元

序号	环保投资额	收费标准	审查费
1	200以下	2 ~ 5	0.2 ~ 0.5
2	200 ~ 500	5 ~ 10	0.5 ~ 1.0
3	500 ~ 1000	10 ~ 20	1.0 ~ 2
4	1000 ~ 3000	20 ~ 30	2 ~ 3
5	3000 ~ 5000	30 ~ 40	3 ~ 4
6	5000以上	40 ~ 80	4 ~ 5

注：1.表中数字下限为不含，上限为包含。

2.环保投资额为环境影响报告中估算的环保投资额。

3.环境监理服务收费和环境监理报告技术审查收费根据估算环保投资额在对应区间内采用插入法计算。

4.环境监理报告技术审查费不包含专家参加审查会议的差旅费。

表5-8　环境监理服务收费环境敏感程度调整系数

环境敏感程度	调整系数
敏感	1.2
一般	0.8

二、没有环境监理收费依据的省份

　　环境监理费用通常参考工程监理相关服务收费标准，或由建设单位和环境监理单位协商确定，如《安徽省建设项目环境监理试点工作实施办法》明确规定，建设项目环境监理收费参照国家发改委《建设工程监理与相关服务收费管理规定》（发改价格〔2007〕670号）执行，具体收费由建设单位与建设项目环境监理单位协商确定；江苏省、厦门市根据环境监理建设项目的具体范围，监理费用由建设单位和监理单位协商确定。湖南省的环境监理收费一般是参考重庆、内蒙古等外省（区、市）收费标准确定基准价，再由环境监理单位和建设单位根据项目投资额、敏感程度、环境监理方式（驻场为主、巡视为主）、项目工期等因素修订环境监理的费用。

　　1. 安徽省

　　依据《安徽省建设项目环境监理试点工作实施办法》，建设项目环境监理收费参照国家发改委《建设工程监理与相关服务收费管理规定》（发改价格〔2007〕670号）执行，具体收费由建设单位与建设项目环境监理单位协商确定。

　　2. 江苏省

　　根据《江苏省建设项目环境监理工作方案》，江苏省已明确环境监理建设项目的具体范围，监理费用由建设单位和监理单位协商确定。

　　3. 厦门市环保局同安分局

　　依据《开展建设项目环境监理试点工作实施方案》第七条规定，建设项目环境监理收费参照国家发改委《建设工程监理与相关服务收费管理规定》（发改价格〔2007〕670号）执行，具体收费由建设单位与建设项目环境监理单位协商确定。

　　4. 浙江省

　　依据《建设项目环境监理试点工作实施方案》，无价格规定。

　　5. 湖南省

　　目前湖南省的环境监理收费一般是参考重庆、内蒙古等外省（区、市）收费标准确定基准价，再由环境监理单位和建设单位根据项目投资额、敏感程度、环境监理方式（驻场为主、巡视为主）、项目工期等因素修订环境监理的费用。

三、以实际环境监理工作量报价

　　按照环境监理单位的实际工作量进行费用报价，报价含资料收集费用、宣传培训费用、项目周边情况前期调查费用、相关技术资料复核费用、现场环境监理费用、报告编制费用及其他费用等。具体工作明细如表5-9所列。

"想一想"

对几种报价方式进行比较，说说你偏重于哪种报价方式？为什么？

任务小结

本次通过学习环境监理费的计算，使大家了解了环境监理项目的收费机制。

表5-9 环境监理费用预算表（含项目调试环境监理）

序号	项目名称	单价/元	单位	年数量	年费用/元	合计费用/元	备注
1	资料收集、分析整理、调研						
2	宣传及教育培训						
2.1	宣传、培训手册（含培训）						
3	项目周边环境敏感目标核查						
3.1	项目所在区域及厂址所在位置区域环境状况						
3.2	受纳项目废水水域和弃渣场地						
3.3	区域内环境敏感保护目标，如饮用水源保护区、人员聚集区、学校、医院和车站等						
3.4	项目区域风景名胜区及森林植被情况						
4	技术资料复核						
4.1	设计文件及图纸复核						
4.2	审核施工承包合同中的环境保护专项条款						
4.3	施工组织设计方案中的环保施工方案复核						
4.4	环评资料及批复的专家复核						
4.5	各种环保设备安装前的规格、技术要求审核						
4.6	污染防治方案、环境监测方案的审核						
5	现场监理						
5.1	环境监理总工程师						
5.2	环境监理工程师						
5.3	环境监理员						
6	报告编制						
6.1	环境监理方案						

序号	项目名称	单价/元	单位	年数量	年费用/元	合计费用/元	备注
6.2	环境监理细则						
6.3	环境监理月报						
6.4	环境监理季报						
6.5	环境监理年报						
6.6	施工期环境监理总报告						
6.7	影像资料汇编						
6.8	项目调试环境监理报告						
7	其他费用						
7.1	文印费						
7.2	监理人员现场工作补贴（含交通费）						
7.3	设备仪器使用费（电脑、DV、相机等）						
8	以上共计（1+2+3+4+5+6+7）						
9	管理费						
10	税金						
11	利润						
12	小计（8+9+10+11）						
合计	1+2+3+4+5+6+7+8+9+10+11						

项目六

建设工程环境监理现场工作

● **项目导航**

环境监理工作的主要目的是减缓或消除水利、交通、电力、化工、矿产资源开发等建设项目施工期对环境的影响。了解建设项目施工期对环境的影响因素及特征，是环境监理工作的基础。

水利、交通、电力、化工、矿产资源开发等建设项目，在施工期对环境的影响因素及特征各具特点、不尽相同。总的来说，其对环境的影响按照环境要素可以分为水环境影响、环境空气影响、声环境影响、生态环境影响等。

● **技能目标**

（1）根据不同施工工序判断施工期各类环境问题的类型及特点；

（2）能够识别不同施工废水、废气、固体废物、噪声等的主要环境影响；

（3）能够提出不同施工环境问题的常见治理措施；

（4）能够对施工期所产生的各类环境影响和防治措施开展监理。

● **知识目标**

（1）施工期各类环境问题的主要类型；

（2）施工期废水、废气、固体废物、噪声等的主要环境影响；

（3）施工期不同类型环境问题的防治措施；

（4）施工期各类环境影响和防治措施的环境监理要点。

● **本章配套素材请扫描此处二维码查阅**

任务一　施工行为环境监理

▶ 情景导入

　　某区域历史遗留重金属污染综合治理工程主要内容有：①在桃竹山建设1座库容 $5×10^4m^3$ 的安全填埋场，将岭被窝、桃竹山冶炼厂遗留固废、受污染土壤集中安全填埋；②在岭被窝建设1座库容 $6×10^4m^3$ 的安全填埋场，将岭被窝周边废渣及受污染土壤集中安全填埋；③将桃竹山、岭被窝遗留 $28×10^4$ 吨含砷废渣交由有处置资质的企业综合利用；④小吉冲水电站上游建设1座挡渣墙，将河道内及周边尾砂集中填埋处置；⑤对清理后的厂区及周边区域进行生态恢复。请环境监理单位就治理工程内容通过本任务学习给出合理化环保保护措施建议。

💡 **"想一想"**

　　请扫码观看视频《施工前环保审核的主要内容》，思考建设工程施工期环境监理工作的主要目的是什么？

📖 **任务知识**

一、水环境

（一）水环境影响

　　建设项目施工期对当地水环境的影响主要来自施工作业中的生产废水和施工人员生活污水两方面。施工作业的生产废水主要指工程中机修及洗车、钻孔作业、材料清洗、物料流失等产生的污水。施工人员生活污水主要指施工现场工作人员生活区排放的污水。

　　1. 机修及洗车污水对水环境的影响

　　建设项目施工期的汽车维修站及施工设备维修站的污水，常含有泥沙和石油类物质，若不经过处理直接排入建设项目周围水体，将造成水体的石油类污染。

　　2. 钻孔作业对水环境的影响

　　钻孔作业需要使用大量的新鲜水，产生一定量的钻渣和泥浆。钻渣和泥浆含水率高，特别是泥浆的含水率高达90%以上，如果进入河流、湖泊等天然水体，将会对水体造成污染。特别是在河道水体中进行钻孔作业时，将引起河水扰动，使底泥浮起，局部悬浮物（SS）增加，河水变得较为浑浊等。钻孔作业对当地水环境具有潜在的、较为强烈的影响。

3. 材料清洗、物料流失对水环境的影响

物料经雨水冲刷或随意排放、砂石料在清洗中等会进入天然水体，尤其是靠近河道施工的工程项目建设过程，容易发生由于物料流失而造成水体污染的问题。例如：建筑材料堆放、管理不当，特别是易流失的物资如黄沙、土方等露天堆放，遇暴雨时可能被冲刷进入水体；建材在运输过程中散落，也会随雨水进入附近的水体；水泥拌和后没有及时使用造成的废弃物等部分建筑材料也会随雨水进入附近的水体；含油污水若直接排入水域中，则会引起施工区域附近水面油污漂浮，将会引起水体的石油类污染，影响水质。

4. 生活污水对水环境的影响

工程项目在建设过程中，施工人员集中生活，特别是大型施工场地，施工人员可达数百人。施工工人生活区产生的污水，主要污染因子为COD（化学需氧量）、SS、动植物油等，直接排入水体将会造成水环境污染。

（二）水环境影响减缓措施

对施工期的污水必须采取控制和处理措施，做到达标排放。建设单位和施工单位应重视施工污水的管理，杜绝不处理和无组织排放，排放地域应征得当地环保部门和有关方面的同意，以防止施工污水排放对环境的影响。

1. 施工污水影响减缓措施

① 机修及洗车废水：a.汽车维修站及施工设备维修站的废水通常采用隔油池进行处理，当污水进入隔油池后，泥沙沉淀于池的底部，浮油漂浮于水面，利用设置在水面的集油管收集去除;隔油池的形式有平流式、波纹板式、斜板式等;b.大型洗车场废水应进行循环利用，冲洗车体用水和冲洗底盘用水水质也有所不同，所以洗车废水处理除除油外，还要与沉淀、过滤工艺相结合，以达到循环使用的目的。常用的洗车废水处理工艺流程见图6-1。

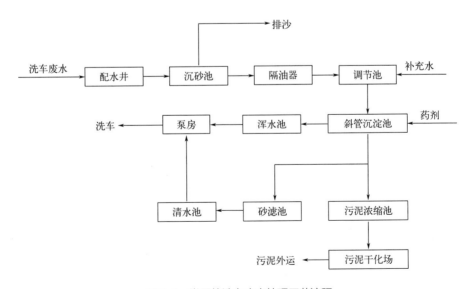

图6-1 常用的洗车废水处理工艺流程

② 钻孔作业产生的污泥含水率高，必须进行沉淀和干化等处置。

③ 加强对职工环境行为的管理和监督，严防废水、废油、废酸等随意倾倒。

④ 加强对物料等存放地点和储存方式的管理，防止物料流失。

2. 生活污水影响减缓措施

施工营地的生活污水应经过处理后达标排放。常用的生活污水处理方法为生化处理法。

（1）生活污水处理的典型工艺

生活污水处理按处理程度分为一级、二级和三级。一级处理的任务是从污水中除去悬浮状态的固体污染物，多采用物理处理法中的各种处理单元如化粪池；二级处理的任务是大幅度地除去污水中呈胶体和溶解状态的有机污染物，通常采用好氧生物处理法；三级处理的任务是进一步除去二级处理未能去除的污染物，包括微生物，未能降解的有机物磷、氮和可溶性无机物，经三级处理后的污水可达到回收复用的标准，可用于绿化、冲洗地面等。

典型的生活污水处理工艺流程见图6-2。此工艺主要应用于处理大水量的污水。

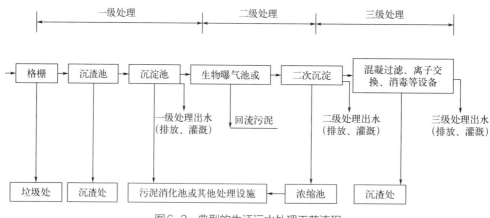

图6-2 典型的生活污水处理工艺流程

由于建设项目施工营地施工人员数量相对较少，生活污水处理程度一般采用一、二级处理即可。施工营地的污水处理设施在实际使用过程中广泛采用的是好氧生物处理法、干厕和化粪池。

（2）好氧生物处理法

好氧生物处理法按工艺流程可分为A/O（厌氧/好氧或缺氧/好氧）法、A^2/O（厌氧-缺氧-好氧）法、SBR法（序批式活性污泥法）等。

A/O生物接触氧化法实际上可分为两类：一类是厌氧/好氧工艺；另一类是缺氧/好氧工艺。厌氧状态和缺氧状态之间存在着根本的差别：在厌氧状态下既无分子态氧，也没有化合态氧，而在缺氧状态下则存在微量的分子态氧［DO（溶解氧）浓度＜0.5mg/L］，同时还存在化合态氧。A/O法工艺流程见图6-3。

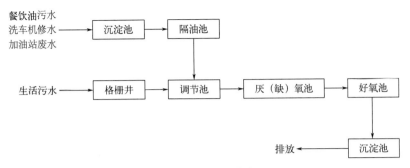

图6-3 A/O法工艺流程

A²/O工艺（图6-4）不仅能高效地除BOD（生化需氧量），还能有效地除磷脱氮，使出水水质接近杂用水标准。A²/O工艺可将经过简单预处理（格栅）的原污水，经过厌氧、缺氧、好氧三个生物处理过程，同时去除其中的COD、N、P，处理出水可进行综合利用。

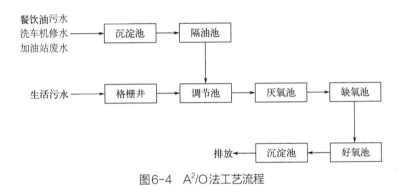

图6-4 A²/O法工艺流程

SBR工艺（图6-5）是序批式活性污泥法，SBR反应池集均化、初沉、生物降解、沉淀等功能于一体，它的操作模式由进水、反应、沉淀、出水和待机等基本过程组成。

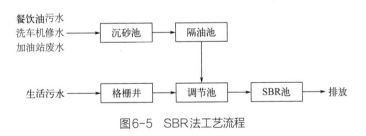

图6-5 SBR法工艺流程

SBR法特点为：a.无二级沉淀池和污泥回流设备，产生剩余污泥量少；b.结构简单，运转灵活，可随时调整运行计划;c.自控要求高。

（3）干厕

在一些干旱或半干旱地区的施工营地内，如果使用人数较少，则修建干厕不失为一种因地制宜的环保措施。干厕中沉积的粪便经长时间的自然厌氧消化后是最好的农田肥料，而其上部清液也可作农田肥液用。

（4）化粪池

相对于干厕而言，化粪池适用于水冲式厕所排水或设有水冲式厕所的建筑排水的处理。在我国一些工程项目建设营地的生活污水处理中，多数采用化粪池处理。

化粪池处理污水的机理为：污水从一端流入后，在池内缓慢流动，污水中的悬浮固体得以沉淀分离，贮存于底部，在常温下进行厌氧消化。由于污泥的消化过程完全是在自然条件下进行的，所以效率低，历时长，一般需6～12个月，所需污泥储存容积较大。上部流动的污水则在池内停留12～24h后排出。

化粪池主要去除污水中的悬浮物，对溶解性有机污染物的去除有限，出水难以达到排放标准，通常作为生活污水初步处理的设施。

为解决常规化粪池出水水质较差的缺陷，近年来研究开发了改良式化粪池，将折板式厌氧反应器或厌氧滤池的工程原理应用于化粪池，使常规化粪池上清液得以充分与厌氧污泥接触，增大溶解性有机物的分解去除效率。除具有施工简便、易于管理、无需动力、不占地（埋地）等常规化粪池的优点外，还能有效改善出水水质，一般可以达到《污水综合排放标准》二级的水平，适用于受纳水体对排水水质要求较为宽松的场合。

由于化粪池出水一般难以达到排放标准的要求，所以在生活污水处理的工艺组合上，常将化粪池与其他处理工艺相结合。当施工营地距城市较远时，其环境特征有利于污水土地处理及稳定塘处理的实施，此时稳定塘可作为化粪池的后处理工艺。

（5）稳定塘

稳定塘是一种构造简单、管理维护容易、处理效果稳定可靠的污水处理方法。稳定塘可以作为化粪池的后处理工艺，也可单独使用。当施工营地附近有取土坑（或洼地）可以利用时，可将取土坑（或洼地）适当整修作为稳定塘，处理附属设施排水。

稳定塘对污水中污染物的去除机理是：污水在塘内经较长时间的停留和贮存，通过微生物（细菌、真菌、藻类、原生动物等）的代谢活动与分解作用，对污水中的有机污染物进行生物降解，最后达到稳定。

稳定塘分为厌氧塘、兼性塘、好氧塘和曝气塘四种。其中前三种塘对污染物的去除都是在自然条件下进行的，污染物的分解速率低，所需池容积较大。曝气塘是设有曝气设备的好氧塘或兼性塘，适用于土地面积有限，不足以建成完全以自然净化为特征的塘系统的场合。　　·

二、大气环境

（一）大气环境影响

建设项目施工期对大气环境的影响因素主要包括施工扬尘及路面铺浇沥青的烟气等。

1. 施工扬尘对环境空气的影响

施工扬尘包括车辆行驶引起的扬尘、露天堆场和裸露场地的风力扬尘、灰土拌和现场的风力扬尘等。施工扬尘将污染施工现场周围环境空气质量，影响施工人员的健康和作业。

（1）运输车辆行驶扬尘

在建设项目施工建设过程中，车辆行驶产生的扬尘占总扬尘的60%以上。车辆行驶产生的扬尘量，在完全干燥的情况下，可按下列经验公式计算：

$$Q=0.123（V/5）（W/6.8）^{0.85}（P/0.5）^{0.75}$$

式中　Q——汽车行驶的扬尘量，kg/（km•辆）；

　　　V——汽车速度，km/h；

　　　W——汽车载重量，t；

　　　P——道路表面粉尘量，kg/m²。

表6-1为一辆10t的卡车通过一段长度为1km的路面时，不同路面清洁程度、不同行车速度情况下的扬尘量。由表可见，在同样路面清洁程度条件下，车速越快，扬尘越大；而在同样车速情况下，路面越脏，则扬尘量越大。因此限制车辆行驶速度及保持路面的清洁程度是减少汽车扬尘的最有效手段。

表6-1　不同路面清洁程度、不同车速下的汽车扬尘量　　单位：kg/（辆·km）

车速/（km/h）	0.1kg/m²	0.2kg/m²	0.3kg/m²	0.4kg/m²	0.5kg/m²	1.0kg/m²
5	0.0511	0.0859	0.1164	0.1444	0.1707	0.2871
10	0.1021	0.1717	0.2328	0.2888	0.3414	0.5742
15	0.1532	0.2576	0.3491	0.4332	0.5121	0.8613
20	0.2042	0.3435	0.4655	0.5776	0.6829	1.1484

（2）材料堆场扬尘

施工扬尘的另一个主要来源是露天堆场和裸露场地的风力扬尘。由于施工需要，一些建筑材料露天堆放，一些施工作业点表层土壤需人工开挖且临时堆放，在气候干燥又有风的情况下会产生扬尘。起尘量可按堆场起尘的经验公式计算：

$$Q=2.1（V_{50}-V_0）^3 e^{-1.023W}$$

式中　Q——起尘量，kg/（t•a）；

　　　V_{50}——距地面50m处风速，m/s；

　　　V_0——起尘风速，m/s；

　　　W——尘粒的含水率，%。

起尘风速与粒径和含水率有关。因此，减少露天堆放和保证一定的含水率，以及减少裸露地面是减少风力起尘的有效手段。粉尘在空气中的扩散稀释与风速等气象条件有关，也与粉尘本身的沉降速度有关。不同粒径粉尘的沉降速度见表6-2。

表6-2 不同粒径粉尘的沉降速度

粉尘粒径/μm	沉降速度/（m/s）	粉尘粒径/μm	沉降速度/（m/s）	粉尘粒径/μm	沉降速度/（m/s）
10	0.003	80	0.158	450	2.211
20	0.012	90	0.170	550	2.614
30	0.027	100	0.182	650	3.016
40	0.048	150	0.239	750	3.418
50	0.075	200	0.804	850	3.820
60	0.108	250	1.005	950	4.222
70	0.147	350	1.829	1050	4.624

由表6-2可知，粉尘的沉降速度随粒径的增大而迅速增大。当粒径为250μm时，沉降速度为1.005m/s，因此可以认为当尘粒＞250μm时主要影响范围在扬尘点下风向近距离范围内，而真正对外环境产生影响的是一些微小粒径的粉尘。

（3）拌和扬尘

拌和扬尘主要发生在灰土拌和现场，产生的时间和浓度受施工时间和施工强度的影响，主要影响范围为灰土拌和现场周围150m范围内，下风向影响范围较大，能扩展到200m。拌和扬尘将污染施工现场空气环境，影响施工人员的健康和作业。

2. 沥青烟气对环境空气的影响

公路和其他需要使用沥青混凝土铺路的工程项目，产生沥青烟气。沥青混凝土路面施工阶段的环境空气污染除扬尘外，沥青烟气是主要污染源。

沥青铺浇路面时所产生的烟气，其污染物影响距离一般在50m之内。沥青混凝土拌和场只要选用先进的生产设备和配有相应的废气处理设施，而且选址适当、保证废气处理设施的正常运转，对建设项目所在地的环境影响不大。

（二）大气环境影响减缓措施

1. 运输扬尘影响减缓措施

汽车行驶会产生道路扬尘污染；运输过程中会撒落粉末、灰、土等材料，对空气产生二次污染。扬尘飘落在附近作物叶片上，还会影响植物光合作用和正常生长。应采取下列措施：

① 加强运输管理，保证汽车按规定车速行驶。

② 科学选择运输路线。

③ 运输道路应定时洒水，每天至少2次（上、下班）。如果施工阶段对汽车行驶路面勤洒水（每天4～5次），可以使环境空气中粉尘量减少，从而收到很好的降尘效果。洒水的试验资料如表6-3所列。当施工场地洒水频率为4～5次／d时，扬尘造成的TSP（总悬浮颗粒物）污染距离可缩小到20～50m范围内。

表6-3 施工阶段使用洒水车降尘试验结果

距路边距离/m		5	20	50	100
TSP浓度/（mg/m³）	不洒水	10.14	2.810	1.15	0.86
	洒水	2.01	1.40	0.68	0.60

④ 粉状材料应罐装或袋装，粉煤灰应湿装湿运。土、水泥、石灰等材料运输时禁止超载，并盖篷布，如有撒落，应派人立即清除。

2. 施工扬尘影响减缓措施

（1）灰土拌和扬尘和水泥混凝土拌和扬尘减缓措施

① 灰土拌和扬尘应采用下列措施：

a.合理安排拌和场并集中拌和，尽量减少拌和场。

b.灰土拌和场不得选在环境敏感点上风向，与其距离应在200m以上。

c.对拌和场操作人员实行卫生防护，为其配备口罩、风镜等。

② 水泥混凝土拌和扬尘应采用下列措施：

a.水泥混凝土集中拌和，封闭装罐运输。采用先进的水泥混凝土拌和装置和配套除尘设备。

b.水泥混凝土拌和场不得选在环境敏感点上风向，与其距离应在300m以上。

c.拌和场要为操作人员配备口罩、风镜等，实行轮班制，并定期体检。

（2）堆场扬尘减缓措施

在施工期，筑路材料的堆放对下风向的敏感点可能产生影响，如遇上大风、雨、雪天气，材料流失也会造成污染，应采用下列措施：

① 筑路材料堆放地点选在环境敏感点下风向，距离100m以上。

② 遇恶劣天气加篷覆盖。

③ 注意合理安排粉煤灰堆存地点及保护措施，减少堆存量并及时利用，必要时设围栏，并定时洒水防尘。

3. 沥青烟气影响减缓措施

① 沥青集中搅拌，合理安排沥青搅拌站，配置相应废气处理装置。

② 当公路建设工地靠近村庄、学校时，沥青铺浇时，应尽量避免风向正对这些环境敏感点的时段，并尽量在保证质量的前提下缩短施工时间，以免对人群健康产生影响。

三、声环境

（一）声环境影响

建设项目施工期对声环境的影响因子包括交通运输噪声和施工机械噪声。

1. 交通运输噪声

交通运输噪声以交通工具噪声为主。交通工具是由许多零部件或机械总成装备而成的。

在运行过程中，除了内燃机和机械传动机发出的噪声外，所有的零件都会产生振动和噪声，因此，交通工具噪声大致可分为燃烧噪声、进气和排气噪声、风扇运转噪声、机械噪声和车身噪声。汽车在公路上行驶时，还有轮胎与地面的摩擦噪声。列车在铁轨上行驶时，还会产生轨道的振动噪声。噪声大小还与车速、载重量、车况（新旧状况及保养状况）、路况（路面性能、粗糙度及平整度）、路面纵坡等因素有关。

2. 施工机械噪声

在建设项目施工期间，各种作业机械和运输车辆产生施工噪声，对声环境产生一定影响。由于施工机械不单是噪声源，同时也是振动源，因此下面对噪声源的论述同时适用于振动源。

在建设项目施工现场，在工程进度的不同阶段，会采用不同的机械设备，如在路基施工阶段采用挖掘机、推土机、装载机、凿岩机、平地机、压路机等；在路面阶段采用水泥混凝土拌和设备、沥青混凝土拌和设备、砂浆搅拌机、混凝土切缝机、起重机、沥青摊铺机等；在桥梁和互通立交桥施工中采用钻孔灌注桩机等。此外，柴油发电机（施工人员办公生活区供电设施的备用电源）、空压机、轴流风机、破碎机、大吨位载重汽车（整个施工过程）、爆破作业（开山段）等都是强噪声源。

以上大多数施工机械5m处的声级在80~90dB之间，运输车辆7.5m处的声级在80~86dB之间。表6-4为主要施工机械不同距离处的噪声级。当多台不同的机械同时作业时，声级将叠加，增加值在1~8dB之间，视施工机械的种类、数量、相对分布的距离等因素而不同。

表6-4 主要施工机械不同距离处的噪声级　　　　　　　　　单位：dB

施工机械	不同距离/m									
	5	10	20	40	60	80	100	150	200	300
装载机	90	84	78	72	68.5	66	64	60.5	58	54.5
振动式压路机	86	80	74	68	64.5	62	60	56.5	54	50.5
推土机	86	80	74	68	64.5	62	60	56.5	54	50.5
平地机	90	84	78	72	68.5	66	64	60.5	58	54.5
挖掘机	84	78	72	66	62.5	60	58	54.5	52	48.5
摊铺机	87	81	75	69	65.5	63	61	57.5	55	51.5
拌和机	87	81	75	69	65.5	63	6l	57.5	55	51.5

（二）声环境影响减缓措施

1. 交通运输噪声影响减缓措施

（1）合理规划施工场地

合理选择工程项目施工场地，避让敏感区，在规划时就避免产生噪声污染问题。交通运输路线应避免穿越城市市区和乡镇的中心区，施工现场尽可能避让学校、医院、城镇居民住宅区和规模较大的村庄等环境敏感点。噪声随传播距离的衰减和在传播途中的吸收衰减是声波的基本性质。对于线声源模型，在硬地面时，距行车线的距离增大1倍时，噪声级降低3dB。在软地面环境中，如接受点距地面高度小于3m，由于地面的吸收衰减作用，噪声衰减量为4.5dB。

（2）合理选择运输道路

在车辆行驶道路两侧的学校、医院、居民区的敏感路段，可采用禁止鸣笛、限制车速等方法。减噪路面（低噪声路面）是降低车辆行驶噪声的有效途径。低噪声路面与其他降噪措施相比，具有经济合理、保持原有环境风貌、降噪效果好和行车安全等优点。

（3）隔声

噪声传播途中遇到声屏障，会使声波反射、吸收和绕射而产生附加衰减。所以，应尽可能利用地貌地物，如土丘、山冈作声屏障，降低噪声。必要时，可降低路面高程，利用路堑边坡降低噪声。对于环境敏感路段，采用路堑形式能起到相当好的噪声防治效果。对不能达到相关环境标准的敏感区，建造声屏障，如在建筑物上安装隔声窗（含消声通风）等环保措施，是目前降低道路交通噪声的主要方式。

（4）劳动者防护

在高噪声作业环境中的工作人员应采取自身防护措施。工作时间应满足《工业企业设计卫生标准》（GBZ 1—2010）中日接触8h噪声限值85dB的要求。防护的措施包括轮流操作高噪声机械、佩戴防声耳罩等。

2. 施工机械噪声影响减缓措施

（1）合理选址

施工人员生活区、大型施工场地，以及水泥混凝土拌和场、沥青混凝土拌和场、碎石厂选址时，应尽可能远离学校、医院、幼儿园、敬老院、居民集中区等环境敏感点，最好距离200m以上。如果达不到此要求，可对强噪声源采取消声、隔声、减振等措施。

（2）选用低噪声、低振动的施工工艺

用钻孔灌注桩或静压桩代替冲击桩；用多点少量（炸药）代替大剂量爆破；用挖掘机代替爆破等。

（3）环境敏感点附近施工的噪声防治措施

在学校、医院、幼儿园、敬老院、居民集中区等环境敏感点附近施工时，应采取如下措施：

① 在施工场界设置临时隔声围护；

② 高噪声作业避开学校的上课时段、医院及敬老院的午间休息时段；

③ 夜间停止包括打桩在内的高噪声（高振动）作业，确需连续作业的，应报当地环保部门批准，并告知居民；

④ 利用学校的固定节假日、寒暑假进行某些特定的高噪声作业；

⑤ 夜间不准开山放炮。

四、固体废弃物

1. 固体废物环境影响

凡是人类一切活动过程产生的，并且对持有者已不再具有使用价值而被废弃的固体、半固体物质，统称为固体废物。各类生产活动中产生的固体废物称为废渣；生活活动中产生的固体废物称为生活垃圾。

工程项目建设施工过程产生的固体废弃物包括两类：一类是弃土、废渣等固体废物；另一类是生活垃圾。

固体废物对环境的影响巨大，其危害表现如下几个方面。

（1）占用土地，污染土壤

固体废物如不加以利用，就需占地堆放，据估算，每堆 10^4t 渣，需占用一亩（1亩≈666.7m^2）多地。长期堆放，势必产生和农业争地的突出问题。对人口众多、人均可耕地面积较少的我国来说，将是极大的威胁。

固体废物堆放时，经雨雪淋湿浸出的毒物进入土壤中，使土壤毒化、碱化，破坏土壤内的生态平衡，严重者导致土地寸草不生。其污染面积往往是堆放所占面积的数倍，如堆放不当还会造成更大的危害。污染物可在土壤中积累，被植被吸收后，可通过食物链危害人类。

（2）污染水体

固体废物可随天然降水或刮风进入地表水中，经土壤渗透进入地下水中，以及直接投入江河湖海等，造成水环境污染。即使是无害的固体废物排入河流、湖泊，也会造成河床淤塞，水面减少，甚至会导致一些水利工程设施效益降低或废弃。

（3）污染大气，影响环境卫生

固体废物在自然环境中堆放，由于气象条件和微生物等的作用，可能发生各种物理、化学及生化反应，使其腐败变质、散发臭气和产生各种有害气体，从而污染大气。固体废物中的粉末和细小颗粒因刮风可加大大气的粉尘含量。此外，固体废物特别是生活垃圾堆放的地点又是病菌、病毒、各种寄生虫、蚊、蝇等滋生的场所，有导致疾病传染的潜在危险。

总之，固体废物对人类及环境的危害是严重的，并且有多样性、长期性和潜在性。

2. 固体废物影响减缓措施

施工过程产生的固体废物应采取妥善的处置措施，避免长期堆放引起新的环境污染。

（1）弃土、废渣

弃土、废渣等固体废物应根据工程的实际情况，采取回填、造田、填埋等处置措施。

（2）生活垃圾

生活垃圾主要是各种食品及来自厨房的塑料餐具、杯、袋，以及其他生活日用品如玻璃、陶瓷、纸、布等废弃物，具有容易腐败、发臭的特点，所以应集中收集，及时外运。配置一定数量的垃圾箱，定点堆放并及时转运至市政垃圾处理场进行处理。

五、生态环境

（一）生态环境影响

建设项目施工期对生态环境的影响包括水土流失、植被破坏、野生动植物生境破碎、土地占用等。

1. 水土流失

工程施工中产生的水土流失主要是指由于施工过程中人为因素的影响，导致工程范围内植被、土壤和地形等发生变化，雨水不能就地消纳，而是顺势下流、冲刷土壤，造成水分和土壤同时流失的现象。

（1）水土流失种类

① 地基开挖、填筑过程产生的水土流失。工程地基开挖、填筑阶段，地表的植被被破坏，使土壤表层裸露，原地表坡度、坡长改变，从而使土壤抗蚀能力降低，诱发水土流失。破坏用地范围内的地表植被，产生新的裸露坡面，将使水土流失进一步加剧。

② 取土、弃土、弃渣产生的水土流失。工程建设过程中所产生的大量取土或弃土、弃渣，尤其是弃土、弃渣，由于受地形及运输条件的限制，可能被就近倾倒于沟谷、河坎岸坡上。这些松散的岩土，孔隙大、结构稀疏，若不采取有效的防治措施，将导致新的水土流失及生态环境的恶化，并可能影响项目的安全运营。

③ 施工便道、材料堆场及其他临时用地的水土流失。在工程项目施工过程中，施工区内的临时施工便道、临时土石堆场及其他临时用地，如缺少必要的水土保持措施，一遇暴雨或大风将不可避免地产生水土流失，并对周围环境造成不利的影响。

（2）水土流失的形成及特点

由于建设项目所在地的地质、植被、地形、植物覆盖度以及土地利用等因素的不同，项目建设过程引起的水土流失现象表现出不同的外部形式、发展程度和不同的潜在危险性，概括起来主要包括以下几种。

① 水力侵蚀。建设施工工作面、料场及施工过程中产生的砂、土等松散堆积物，因其结构疏松，孔隙大，在雨滴的打击和水流的冲刷下造成流失。

施工过程中大量的取土、取石或弃土、弃渣所产生的裸露坡面，以及路基修筑中产生的填、挖方裸露坡面等，其水力侵蚀的动力主要为雨滴击溅、坡面径流、沟槽冲刷三种外力，雨滴击溅引起溅蚀，后两者引起面蚀和沟蚀。

② 重力侵蚀。由于基地开挖和土方开采，改变了原有地形地貌，使原有地表土石结构

平衡遭到破坏，形成了新的陡峭的山坡土体和高边坡弃渣堆积。这些都为崩塌、滑坡、泻流等重力侵蚀创造了条件，在温度、暴雨、水分下渗、振动及人为活动的触发下，有可能发生坍塌、滑坡等重力侵蚀，产生新的水土流失。

③ 泥石流侵蚀。工程项目建设过程中剥离、搬运和堆置弃土弃渣为泥石流的产生提供了各种有利条件，特别是剥离地表和深层物质加速改变地面状况和地形条件（如植被、表土、坡度、坡面物质的松散性等），使尚处于准平衡状态的山坡向不稳定状态转变，使泥石流易于形成；工程项目建设过程中产生的废渣堆置在斜坡或冲沟上，因其质地疏松，孔隙大，在吸饱雨水后，易造成滑坡、泥石流等危害，危及下游的村庄、农田和道路等。

④ 风力侵蚀。建设项目所经地区如若多风，在施工过程中及工程结束后的几年内，由于地表植被尚未完全恢复，使得局部地表裸露，在风力作用下产生剥蚀，使表土流失，发生风蚀。

2. 植被破坏

项目建设过程中的地基建设、土地开发等活动将改变原有土地的利用类型，地表植被随之受到破坏，地表生态系统将受到破坏，一些珍贵的物种可能随之灭绝，造成不可逆转的后果。

3. 野生动植物生境破碎

工程项目建设会对项目所在地的野生动植物生活的环境造成影响，尤其是对地面动物生活的环境。建设面积大的建设项目（如交通等线性建设项目），施工过程容易导致自然生境的人为分割，使生境岛屿化，不利于生物多样性的保护。而且占用大量土地，使动植物的生存环境减少，影响野生动植物的活动范围。

为避免生境岛屿化造成的生物多样性受损，许多自然保护区需要建立与其他相邻自然保护区域自然地域的通道，使保护区内的生物与其他相邻保护区域或其他地区的生物进行遗传上的交流，这就是经常所说的"生物走廊"。国外一些交通类项目为动物保留了下穿"兽道"，其目的在于缓解交通类项目建设造成的生境隔离，为动物的觅食和交配等提供条件，从而避免影响动物种群之间的联系。

4. 土地占用

大型、特大型项目建设对土地利用的影响较为显著，将改变被征用土地的利用现状，其中对耕地的占用较为突出，一部分农民在耕地被占用之后，会出现贫困或就业困难的情况。从宏观上讲，工程项目占地会加速减少本已不多的耕地，加剧剩余耕地的压力。

（二）生态环境影响减缓措施

1. 水土流失减缓措施

《中华人民共和国水土保持法》确定了以预防为主的水土流失治理方针。水土流失的减缓措施以预防为主，开发建设与防治并重，边开发边防治，以防治保开发，采取必要的工程及生物措施，因地制宜，因害设防，达到恢复水土保持的目的。

通常采取的水土流失减缓措施如下：

① 区域有水土流失的潜在危害，一般采取植物固土防护措施。

② 自采料场和施工便道，以植物防护措施为主，混交密植林草，防止水土流失。

③ 对弃土弃渣场采取适当的植物防护和工程拦挡措施，防止其流失。

④ 合理安排施工时间，土石方的施工应避开雨季，尽可能安排在10月至次年5月期间，并在雨季来临之前将开挖回填土方的边坡排水设施处理好。如不能避开雨季施工，尽量减少土石方开挖，施工料应随取、随运、随用，减少雨水的冲刷侵蚀。

⑤ 采取植物措施和工程措施。裸露处应尽量植树、种草、排水，施工工地建立排水工程。水土保持是项目建设内容的一个组成部分，应在做好工程防护、生物措施以及绿化等水土保持设施的同时建设，使项目建设过程引起的水土流失减小到最低限度。

2. 植被破坏减缓措施

工程施工现场土地利用类型的改变，不可避免地改变地表的植被类型。减缓植被破坏的措施有：

① 合理安排施工现场，控制施工作业范围，尽量减少对原有植被的破坏。

② 加强对施工现场珍贵、濒危植物的保护，采取避让或移栽措施。

③ 工程施工过程结束，应做好施工现场植被的恢复工作。

3. 野生动植物生境破碎减缓措施

工程施工应尽量减小对野生动植物的影响，一般具体措施如下：

① 尽量少占用土地，限制施工作业范围，项目建设所在地应与动植物敏感区保持足够的缓冲区。

② 必要时，项目所在地的珍贵野生动植物，可采用迁移的方法加以保护。

4. 土地占用减缓措施

工程应尽量节约用地，尤其是耕地。工程项目建设过程节约用地的一般要求如下：

① 在施工招标时，应将耕地保护的条款列入招标文件中。合同段划分要以能够合理调配土石方、减少取弃土数量和临时用地数量为原则；项目实施中要合理利用所占耕地地表的耕作层，用于重新造地；要合理设置取土坑和弃土（渣）场，取土坑和弃土（渣）场的施工防护要符合要求，防止水土流失。

② 项目法人要增强耕地保护意识，统筹工程实施临时用地，加强科学指导；监理单位要加强对施工过程中占地情况的监督，督促施工单位落实土地保护措施。项目法人组织交工验收时，应对土地利用和恢复情况进行全面检查。

③ 施工单位要严格控制临时用地数量，施工便道、各种料场、预制场要根据工程进度统筹考虑，尽可能设置在施工用地范围内或利用荒坡、废弃地解决。施工过程中要采取有效的措施防止污染农田。项目完工后临时用地要按照合同条款要求认真恢复。

④ 进行工程项目绿化建设，要认真贯彻《国务院关于坚决制止占用基本农田进行植树

等行为的紧急通知》（国发明电〔2004〕1号）的有关要求，对建设项目所在地是耕地的，要严格控制绿化带宽度。在切实做好用地范围内绿化工作的同时，要在当地人民政府的领导下，配合有关部门做好绿色通道建设，对不符合规定绿化带宽度的，不得给予苗木补助等政策性支持。

⑤ 改建工程项目要贯彻因地制宜，充分利用土地资源的原则，尽量在原有基础上进行改造，减少占地，保护基本农田。

"说一说"

在了解了环境问题主要产生的环境影响及减缓措施等内容后，请大家说一说：针对情景导入案例，环境监理单位可以提出哪些相关措施建议？

任务小结

本次任务的学习，使大家了解了环境污染的主要防治措施及相关监理要点。

应用案例拓展

扫码观看视频《原长沙铬盐厂及湘岳化工厂核心污染区施工总结》。

项目技能测试

一、单选题

1.以下工程施工期对生态环境影响较大的建设项目是（   ）。

A.火力发电   B.水力发电

C.农药   D.造纸

2.某水力水电工程护岸工程施工过程中，环境监理人员发现工程下游600m处有一个自来水厂取水口，为当地居民生活用水水源地，施工单位在水下抛石施工中，为避免污染水源地，不可采取的环境保护措施是（   ）。

A.避开自来水厂取水时间

B.协调当地政府，施工时段自来水厂停止取水

C.安装隔声屏障，以免扰民

D.对施工段取水口的水质进行取样检测，密切关注

二、案例分析

某高铁某标段"施工组织设计"提出如下方案：

① 在区间路基和站场路基配备2台挖掘机，清除地表腐殖土和淤泥，每台挖掘机配备10台自卸车，腐殖土和淤泥由汽车运至25km外的荒坡遗弃。

② 工程后期站场、路基边坡等绿化工程配备5台运土车运载土壤，表土取自工程所在地外30km处的山坳。

如果你是监理单位，试就施工单位的表土处置与绿化方案提出合理建议。

任务二　环保工程"三同时"监理

 情景导入

　　某区域历史遗留重金属污染综合治理工程主要内容有：①在桃竹山建设1座库容$5 \times 10^4\,m^3$的安全填埋场，将岭被窝、桃竹山冶炼厂遗留固废、受污染土壤集中安全填埋；②在岭被窝建设1座库容$6 \times 10^4\,m^3$的安全填埋场，将岭被窝周边废渣及受污染土壤集中安全填埋；③将桃竹山、岭被窝遗留的$28 \times 10^4\,t$含砷废渣交由有处置资质的企业综合利用；④小吉冲水电站上游建设1座挡渣墙，将河道内及周边尾砂集中填埋处置；⑤对清理后的厂区及周边区域进行生态恢复。请你以环境监理工作人员的身份，分析可能会有哪些环境污染事件，对环保工程需如何开展"三同时"监理任务？

　　请认真学习本任务的基础知识，完成工作任务。

 "试一试"

　　请扫码观看视频《环保工程"三同时"监理》，请尝试列出环境保护"三同时"环境监理重点。

任务知识

一、污水处理设施

　　新建污水处理设施是否按照"三同时"要求与主体工程一起设计、施工，监理其建设的规模、处理容量、工艺流程是否与设计相一致。如依托利用原有污水处理设施，要充分考虑其处理容量、工艺流程是否满足要求，并保证项目运行后产生的污水能够顺利进入原有污染治理设施得到处理，避免暗排管线的建设；对环评文件及批复中要求的"以新带老"措施的落实情况进行检查。

　　1. 化工类建设项目（合成氨、尿素生产项目）污水处理设施

　　项目排水实行清污分流制。排水系统包括生产污水排水系统、生活污水排水系统、初期雨水排水系统、雨水-清净生产废水排水系统。

　　① 初期雨水收集及处理：根据一次降水最大初期雨水量，在污水处理站内设初期雨水池1座，设初期雨水提升泵2台，将初期雨水定量提升后经管道送到污水处理站进行处理。

　　② 事故消防污水收集及处理：为防止发生火灾时消防污水对地表水的污染，在排水总

管末端设消防污水收集池1座，有效容积满足环评批复或者实际设计规模的要求。定量提升后经管道送到污水处理站进行处理。

③ 气化过程气化炉和碳洗塔排放的高温废水，主要污染物为固体悬浮物和氨氮，进入灰水处理系统，大部分洗涤水循环使用，少量排放的废水送往污水处理站，处理达标后排放。

④ 两级降温塔产生的气体经冷凝后，返回洗涤塔重复利用，未冷凝的气体经碳洗塔洗涤后送往变换工段。

⑤ 灰水澄清槽上部的清水流入灰水池，一部分送往煤浆制备罐、渣水闪蒸罐和灰渣池以及开车等部位进行重复利用，另一部分排放至污水处理站进行处理。

⑥ 尿素装置CO_2压缩机级间分离器冷凝液，与冲洗废水一同送污水处理站处理。

⑦ 从循环水系统排出的废水其污染程度较低，水质变化较小，采用混凝沉淀、过滤、膜法脱盐等主要处理过程后作为循环水系统部分补充水。

⑧ 生活污水经化粪池处理后，排至污水处理站处理后达标排放。

⑨ 新建污水处理站，采用混凝沉淀和SBR法处理工艺处理后排至工业区集中处理厂做进一步处理，达到相应水质指标后大部分回用，少量排放。

⑩ 低温甲醇洗工段，甲醇蒸馏塔排出的含微量甲醇的水应送磨煤工段作为制煤浆用水，以节约磨煤用水量。

2. 交通运输类建设项目污水处理设施

① 在两侧阶地起伏较大的沿河路段，开挖路基的施工过程中，对可能产生雨水地面径流地段，应设置临时沉淀池，以拦截泥沙，防止河道淤塞，减少水土流失。沉淀池一般1m深，其规模依汇水量而定，位置依地貌、地形而定。必要时沉淀池的出水一侧应设置围栏。待路建成后，将沉淀池填平、绿化或还耕。

② 桥梁施工时在河流段挖地基或冲洗建筑材料，如冲洗砂石等引起水质浑浊，影响河流水质。为防止桥梁施工污染河水，可通过改进施工工艺来实现，如采用围堰法或沉井法施工。对于常年流量较大的河流，可采用沉井法施工以减轻对河流水质的污染。对于小流量的河流，由于其河床相对河面较宽，采用围堰法施工可有效防止施工引起的水质浑浊，以及施工垃圾等掉入河中对水质的污染。

③ 施工管理区生活污水应经过化粪池处理，经沤渍、沉淀、消毒后用于农田灌溉或绿化。禁止未处理随意排放。

④ 机械油料的泄漏及废油料倾倒进入水体后会引起水体污染，所以应加强油料的管理，开展职工环保教育，防患于未然。

⑤ 施工材料如沥青、油料、化学品不宜堆放在河流水体附近，应远离河流，并应备有临时遮挡的帆布，防止被大风吹入水中，或被暴雨冲刷而进入水体。

⑥ 施工期对路基及时压实，避免雨水冲蚀。在路面施工时，首先避免雨期施工产生沥青废渣，在施工中及时碾铺，防止冲刷。严禁将沥青废渣冲入河流。

⑦ 预制厂、拌和站生产废水应先经沉淀池处理后再排放，出水SS、COD和石油类浓度应符合《污水综合排放标准》（GB 8978—1996）一级标准要求。

3. 火电建设项目污水处理设施

按照"一水多用，节约用水"的原则，优化用水方案，实施统筹的水务管理，对电厂产生的各项废污水，依据其水质特点，采取技术上可行、经济上合理的治理措施，加强水的重复利用，减少污水排放量。灰场采用土工膜防渗措施，消除对地下水的影响。设计中注重清洁生产，考虑多项节约用水措施，严格控制用水指标，降低电厂水耗；充分考虑废污水重复利用、一水多用，从而使电厂在正常工况下没有污水排放。火力发电工程污水处理措施如下。

① 对含油污水和含有部分颗粒杂质的工业污水（淡水）进行集中工业污水处理，采用混凝沉淀和油水分离处理工艺。混凝沉淀处理为传统的成熟的去除颗粒杂质的工艺系统；油水分离技术早在20世纪80年代初就用于对环保要求较高的远洋船舶的污水处理，90年代开始逐渐广泛应用于新建电厂的含油污水处理，其优点是简单高效、占地少、出水水质好，而且系统不需调试，可随时直接启动运行。

② 生活污水处理系统采用生物接触氧化处理工艺。该处理工艺20世纪70年代初发展于日本，并逐渐成熟完善，80年代初引入我国市政行业的小型生活污水处理系统中，80年代末首次在大同电厂投运，并取得较好的运行效果，目前在国内大部分新建电厂中采用。该处理工艺适用于中等负荷（BOD_5浓度80 ~ 200mg/L）的生活污水，耐冲击负荷能力强，适应进水BOD_5和进水量变化较大的情况，出水水质较为稳定。

③ 含煤污水采用含煤污水一体化处理系统（CWE煤水处理装置），该系统目前在电厂中广泛应用，运行效果良好。

④ 脱硫污水是近年来随着环保要求的提高，引进脱硫装置后新增的污水类型。脱硫污水的水量、水质与脱硫工艺、烟气成分、灰及吸附剂等多种因素有关。其中的各种重金属离子对环境有很强的污染性，水质比较特殊，处理难度较大，个别污染物还需通过小型试验来确定处理药剂。由于脱硫污水通常呈微酸性，并含有一些重金属离子和少量固体杂质，因此，该类污水处理系统通常需采用化学及物理的综合处理办法，以去除污水中的重金属离子，并使污水得到澄清。

⑤ 干灰加湿及煤场喷洒用水对水质要求不高，化学污水经过化学污水处理站处理后可以满足要求，同时也消除了这部分污水排放对水环境的影响。

所以，环境监理的内容就是根据火力发电工程污水排放源，监督污水处理设施（措施）是否同步建设，保证污水处理设施（措施）按质、按量完成。

4. 矿产资源开发建设项目污水处理设施

① 是否为生活污水处理设施规划足够的用地。

② 生活污水处理设施是否与工程主体同时设计、同时施工、同时投产。

③ 生活污水处理设施是否按质、按时完成。

④ 采矿污水汇集后经沉淀井沉淀后达标排放；为节约水资源，污水经矿坑外沉淀池内投加絮凝剂充分沉淀、澄清后，可全部回用于井下洒水、湿式凿岩和井外防尘、绿化。

⑤ 砂石料冲洗污水含泥量不大时，一般采用一级或两级简易沉淀处理。沉淀池应保证有足够的沉淀时间，沉淀池尺寸设计应根据沉沙池设计规范进行设计，处理后的污水循环利用。沉淀池的选型可根据污水排放量和场地大小确定。

⑥ 对于水质要求严格，污水中泥沙含量大、颗粒很细，经二级沉淀处理仍不能达标排放的污水，可添加一定量的絮凝剂进行处理，也可采用成套处理设施处理。

⑦ 混凝土拌和、养护及混凝土灌浆污水一般采用沉淀处理后添加酸中和的处理方法，沉淀池的容积一般应为日污水产生量的2倍。对于接纳水体水域不敏感、碱性污水排放量不大的水利工程，混凝土拌和及养护污水可仅采用沉淀处理后就排放。

⑧ 机械设备维修、保养、冲洗产生的含油污水一般采用沉淀池和油水分离装置进行处理。油水分离装置可采用专用的油水分离设备，也可采用调节沉淀隔油池。油水分离装置的选型根据含油污水产生量和油污的产生量确定，并定期对油污进行回收，对沉淀池进行清淤。隔油池设计可参照《小型排水构筑物》设计。

⑨ 基坑开挖、道路铺垫等施工现场产生的含泥污水一般采用沉淀处理措施，沉淀池的容积根据沉沙池设计规范进行设计。

 "想一想"

建设项目污水处理设施建设的环境监理要点主要有哪些？

二、废气处理和回收装置

新建废气处理和回收装置是否按照"三同时"要求与主体工程一起设计、施工，监理其建设的处理能力、处理工艺是否与设计相一致，是否能满足各种废气的处理要求。如依托利用原有装置，要充分考虑其处理容量、处理工艺是否满足要求，所依托的装置是否合理、有效、可靠。

1. 化工类建设项目（合成氨、尿素生产项目）废气处理和回收装置

① 气化炉及水洗塔产生的废气含有大量的 CO_2、H_2S，直接送往火炬系统进行燃烧处理，高空排放。

② 煤运系统设置高效脉冲袋式除尘器，处理后废气粉尘含量满足环评批复要求，石灰石粉料仓仓顶设置集尘器和脉冲喷吹式布袋除尘器各1套，经处理后的废气粉尘含量满足环评批复要求。

③ 灰水处理系统除氧器排放的含微量 H_2S 的蒸汽，硫化氢含量低于《恶臭污染物排放标准》（GB 14554—93），高空排放。

④ 低温甲醇洗工段 H_2S 浓缩塔顶部排放的尾气，经用无硫甲醇洗涤脱硫后，含微量的 CH_3OH、H_2S，高空排放。废气中的 CH_3OH 排放浓度及排放量符合《大气污染物综合排放标准》（GB 16297—1996）表2中二级排放标准，H_2S 符合《恶臭污染物排放标准》（GB 14554—93）。

⑤ 硫回收工段，克劳斯硫回收工艺的硫回收率不小于90%；冷凝器产生的酸性气，采用 Na_2CO_3 稀溶液处理，处理效率不小于70%；经过吸收塔吸收后含 H_2S、SO_2 的气体，送火炬燃烧后高空排放。

⑥ 液氮洗工段产生的废气及氨合成工段产生的弛放气送全厂燃料气管网。

⑦ 尿素装置低压吸收塔排放气、尿素装置4bar（1bar=10^5Pa）吸收塔排放气、尿素装置造粒塔排放气，均高空排放。

⑧ 尿素贮运包装系统设置覆膜式高效脉冲袋式除尘器，处理后废气粉尘含量满足环评批复要求。

⑨ 锅炉烟气可采用循环流化床炉内脱硫工艺，SO_2 的排放浓度满足环评批复要求；经袋式除尘器除尘后，烟尘排放浓度满足环评批复要求。

2. 交通运输类建设项目大气污染源治理措施

① 工程沿线灰土拌和是施工期最大的流动污染源，应在地面风速大于四级时尽量停止施工作业，同时石灰等散体类材料装卸必须采取降尘措施。

② 混凝土拌和站是公路施工期间的主要固定污染源，因此，对拌和设备应进行良好密封，对从业人员必须加强劳动保护。沥青厂和拌和站选址应远离居民区，或在环境敏感点下风向200m以外。

③ 土方、水泥、石灰等散装物料运输和临时存放时，应采取防风遮挡措施，以免引起扬尘。根据天气情况，定期对裸露的施工道路和施工场所洒水。

④ 施工单位应选用符合国家标准的施工机械和运输工具，确保其废气排放符合国家标准。加强对机械设备的维护、保养，减少机械设备的空转时间，以减少尾气排放。

3. 火电建设项目大气污染源治理措施

火力发电工程的大气污染物是酸性气体、烟尘，所以脱硫除尘设施的安装是环境监理的重点。

① 监理脱硫除尘设施是否满足火力发电工程的要求。

② 监理脱硫除尘设施是否按质、按时建设。

③ 监理是否按规定预留永久性监测孔。

④ 监理是否安装在线监测系统。

⑤ 监理脱硫、除尘装置是否能满足脱硫、除尘处理效率要求。

4. 矿产资源开发建设项目大气污染源治理措施

① 采用原煤作为燃料的锅炉应安装除尘装置，净化烟气。

② 矿石在储存、破碎、筛分、干式磨矿、粉料运输及粉料成球过程中，在设备的进出料端皆产生粉尘，需要安装吸风收尘器、干式或湿式除尘器等除尘设备。

③ 冶炼过程产生的硫酸雾等酸性废气或氨等碱性废气，需要安装废气吸收装置。

 "想一想"

建设项目废气处理和回收装置的环境监理要点主要有哪些？

三、固体废物处理、处置措施

掌握工程固体废物的产生类别、成分、特性，以及处理、处置方式、去向。核查新建固废暂存设施是否按照"三同时"要求与主体工程一起设计、施工，设施是否达到环保要求，其处理能力和处理方式是否与环评及批复的要求相一致。依托现有工程的，应核查相关设施的可靠性、有效性。

（一）化工类建设项目（合成氨、尿素生产项目）固废处理、处置措施

① 气化炉排放的炉渣、灰水处理排放的细灰渣以及氨氮污水处理排放的滤渣中不含有毒有害物质，直接送往厂外渣场堆放，细灰渣可掺入锅炉用煤中使用。

② 液氮洗工段定期排放的废分子筛、氨合成塔定期排放的含铁的废催化剂以及硫回收工段定期排放的废催化剂均由生产厂家进行回收，综合利用。

③ 锅炉灰渣，不含有毒有害物质，全部综合利用。

④ 生活垃圾主要由办公单位、食堂、单身公寓、机修车间等部门排放，由当地环卫部门统一清运。

（二）交通运输类建设项目固废处理、处置措施

① 服务器固体废物收集装置。

② 沿线垃圾桶配备情况。

（三）火电建设项目固废处理、处置措施

① 灰场是否在沟口设初期挡灰坝，后期用灰渣加高坝体，并进行护坡，防止灰渣流入下游。

② 灰场上游是否设置挡水坝，将挡水坝上游洪水经坝下涵管导流至初期坝下游排走。

③ 灰场内是否设排水竖井，与涵管连通，将灰场内雨水通过涵管及时导流至初期坝下游排走，避免雨水与灰体长时间接触。

④ 干灰场堆灰是否按设计要求堆存，并按设计要求及时铺平、分层碾压，随时保持灰

面平整、密实，防止降水集中于低洼处，形成集中下渗；堆灰达到设计高程时应及时覆土造田。

⑤ 是否积极开拓灰渣综合利用途径，减少灰渣堆放量。

⑥ 灰场是否设土工膜防渗层等防渗措施，防止对地下水的影响。

⑦ 灰场是否按规定设置监测井，监测下游地下水水质变化情况。

（四）矿产资源开发建设项目固废处理、处置措施

1. 废石场

主要用来储存开采矿石过程中产生的碎石头等固体废物。废石场底部周边设置挡石墙，采用浆砌石砌筑，设计必须符合规范要求。废石渣场上部周边修筑截排水系统，运行期间确保排水系统畅通，雨水天气时上部雨水不能流入废石渣场内，以保证废石渣场的正常使用。

① 废石场是否按照规划实施；

② 废石场是否按质、按时建设；

③ 废石场的生态保护措施是否实施；

④ 废石场的生态恢复措施是否实施。

2. 尾矿库

尾矿库主要用来储存矿石精选、冶炼过程中产生的废渣。尾矿库主要由初期坝、后期坝、排洪系统等部分组成。

1）环境空气保护措施的环境监理

尾矿库运行期及尾矿库服务期满闭库后，库内积水逐渐减少，尾矿表面逐渐干化，成为干燥松散的堆积物，易起尘。

所以环境监理内容为尾矿库应加强尾矿库防尘措施的建设。

2）环境水体保护措施的环境监理

在正常情况下，尾矿库初期坝下渗水全部返回冶炼厂利用，不外排，不会对地表水造成影响；非正常排放主要是矿浆输送、尾矿水回水管道破裂、尾矿浆或尾矿水外排对地表水的影响，尾矿渗滤液还会对地下水造成污染。

所以环境监理内容为：

① 采取防范措施，改进排放工艺，采取干渣堆放是解决地表水污染的根本途径。

② 对库底采取防渗措施，缓解尾矿渗水对地下水的污染，主要措施有库底防渗、坝基坝肩防渗等。经此处理后，再在坝下修建截水沟，可基本阻绝库内水向库区下游渗流。

3）生态环境保护的环境监理

尾矿库占地面积较大，造成土地利用性质永久改变，植被被压占，局部生态系统受到一定影响。

所以环境监理内容为：在尾矿库坝坡面，应进行绿化生态恢复工作。生态保护绿化方式有覆土绿化和直接绿化。种植时增加一定量的灌木，并采用草、灌相结合的方法，增加

种植密度，起到固沙防风、恢复生态环境的作用。

4）尾矿库风险防护措施的环境监理

① 尾矿坝一旦发生溃坝破坏时，尾矿砂往往立即液化，进一步扩大坝的缺口，沿峪向下游倾泻，并挟带各种污染物，其危害程度和后果比水库溃坝严重，直接威胁下游居民的生命财产安全，并污染下游河流。

② 尾矿库排洪系统是通过库底的排洪涵洞穿坝将洪水排入下游河道。排洪涵洞发生事故有两个原因：一是涵洞发生垮塌，洪水冲击并挟带大量尾矿，呈泥石流排入下游河道，造成河道淤积，河水严重污染；二是排洪涵洞堵塞，洪水进入库内，易造成漫坝和溃坝事故。

环境监理内容如下。

① 督促建设单位严把质量关，保证尾矿库的工程质量。

② 尾矿库要合理选址，要求远离居民区，可采用移民的方式，杜绝尾矿库对下游居民造成风险。

③ 科学规划尾矿库排洪系统，杜绝事故风险。

④ 有移民时，需对移民情况进行监理。

四、噪声控制措施

装置本身应采用低噪声设备；了解并熟悉环保设计中制定的噪声防治方案（隔声墙、吸声屏障、减振座等），监督其实施情况；对一般机泵、风机等尽可能选择低噪声设备，将高噪声设备安置在室内，并采用减振、隔声、消声措施降低噪声；对蒸汽放空口、气体放空口、引风机入口加设消声器，并现场检验排口方向合理性；将无法避免的高噪声设备尽量安排在远离敏感目标和厂界的部位，确保厂界噪声达标。

📝 任务小结

环保工程"三同时"监理主要介绍交通、电力、化工、矿产资源开发等建设项目可能涉及的环保"三同时"措施，施工期如何落实这些措施，即"项目配套环保设施监理"，石化、化工、火力发电、农药、医药、危险废物（含医疗废物）集中处置、生活垃圾集中处置、水泥、造纸、电镀、印染、钢铁、有色及其他涉及重金属污染物排放的建设项目（工业重污染类建设项目）需重点关注"项目配套环保设施监理"。

🏗️ 应用案例拓展

请扫码观看《火电建设项目污水处理设施》《火电建设项目大气污染源治理措施》《固体废弃物影响减缓措施》《水环境影响》。

项目技能测试

以小组为单位课下讨论以下问题，课堂上进行陈述。

根据应用案例拓展，请完成以下列表信息填报：

序号	环评要求	实际落实情况	原因分析

项目七

建设工程环境监理文书撰写

- **项目导航**

    建设工程全过程管理主要包括立项、设计、招投标、施工、调试、验收、后评价等阶段。环境监理的相关人员，在从事建设工程环境监理工作中需要撰写大量的文书，包括：招投标阶段环境监理的投标文件、环境监理大纲；施工阶段环境监理工作计划、环境监理方案、环境监理实施细则、环境监理定期报告及日常工作记录等施工环境监理资料；调试与验收阶段的工程竣工记录、环境监理总结报告等。

- **技能目标**

    （1）记录会议信息，整理好监理日志、工程竣工记录、现场巡视记录等施工环境监理资料；

    （2）能看懂环境监测报告；

    （3）能制订施工环境监理工作计划；

    （4）能根据具体建设工程项目进行建设工程环境监理文书撰写。

- **知识目标**

    （1）掌握环境监理大纲的编制；

    （2）掌握环境监理方案的编制；

    （3）掌握环境监理实施细则的编制；

    （4）掌握环境监理总结报告的编制；

    （5）整理施工环境监理资料。

- **本章配套素材请扫描此处二维码查阅**

任务一 环境监理大纲的内容及编制

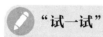 情景导入

  要科学地编制环境监理大纲，首先要对环境监理大纲的相关知识有一个系统的认知。某区域历史遗留重金属污染综合治理工程主要内容有：①废渣清运及生态修复工程。××县境内各乡镇共分布历史遗留废渣点16个，废渣$33.6×10^4$t，污染地表土壤$2.72×10^4$t。其中，$17.1×10^4$t废渣和$2.72×10^4$t渣场污染土壤需清运至固化车间固化后安全填埋。$16.5×10^4$t废渣清运至回收车间进行资源化回收。废渣的清运主要通过乡道、县道或省道，需新修施工便道8.3km，宽4.0m。废渣清运后要对原渣场进行生态修复。②废渣固化工程。××县通过稳定固化工程处理重金属废渣点8个，废渣$17.1×10^4$t，重金属废渣污染土壤$2.72×10^4$t，共$19.82×10^4$t。本工程主要对$19.82×10^4$t废渣使用水泥、稳定剂进行稳定固化。由于重金属废渣点分布较为分散，为了便于运输及作业，将固化车间布置在全封闭堆渣场附近，具体位置为全封闭堆渣场进场道路路边。③全封闭填埋场工程。填埋场选址在龙海镇龙海冶炼集聚区内，填埋场设计库容为$13.4×10^4$m^3，其中废渣固化量约$11.1×10^4$m^3，封场覆盖层量约为$1.36×10^4$m^3，底部防渗层量约为$0.94×10^4$m^3。填埋场设置进场道路、雨水集排系统、渗滤液集排系统、封场绿化系统、监测系统、渗滤液调节池等工程。④废渣回收资源化工程。××县通过回收工程处理重金属废渣点8个，回收$16.5×10^4$t废渣。废渣回收工程设计处理规模$18×10^4$t/a，占地5000m^2。回收工艺采用火法还原煅烧法回收锌，回收后的尾砂外送水泥厂、陶瓷厂作添加剂。根据建设单位安排，××县历史遗留含重金属废渣回收资源化工程将由其委托给具有相应资质单位的公司进行资源化处理，其处理资金也主要来源于地方配套财政资金。

  请以环境监理工作人员的身份，完成如下任务：

  （1）该工程环境监理工作范围和任务有哪些？

  （2）该工程环境监理组织、工作方式、工作目标怎么制定？

  （3）该工程环境监理措施怎么选取？

  请认真学习本任务的基础知识，完成工作任务。

✎ "试一试"

  请扫码观看视频《水电项目环境监理大纲的编制》，根据情景导入中的某区域历史遗留重金属污染综合治理工程介绍尝试编制环境监理大纲的提纲。

一、环境监理大纲的内容

建设项目环境监理大纲是监理单位在业主开始委托监理的过程中，特别是在业主进行监理招标过程中，为承揽到监理业务而写的监理方案性文件。

环境监理单位编制监理大纲有以下两个作用：一是使业主认可监理大纲中的监理方案，从而承揽到监理业务；二是为项目监理机构今后开展监理工作制定基本的工作方案。为使监理大纲的内容和监理实施过程紧密结合，监理大纲的编制人员应当是监理单位技术部门的人员，也应包括拟定的总监理工程师。总监理工程师参与编制监理大纲有利于监理方案的编制。监理大纲的内容应当根据业主所发布的监理招标文件的要求而制定，一般应该包括如下主要内容。

1. 对拟派往项目监理机构的监理人员做情况介绍

在监理大纲中，监理单位需要介绍拟派往所承揽或投标工程的项目监理机构的主要监理人员，并对他们的资格进行说明。

2. 拟采用的监理方案

监理单位应当根据业主所提供的工程信息，并结合自己为投标所初步掌握的工程资料，制定出拟采用的监理方案。监理方案的具体内容包括：项目监理机构的方案、建设工程环境目标的具体控制方案、项目监理机构在监理过程中进行组织协调的方案等。

3. 提供给业主的监理阶段性文件

在监理大纲中，监理单位还应该明确未来工程监理工作中向业主提供的阶段性监理文件，这将有助于业主掌握工程建设过程中的环境保护动态。

"想一想"

针对情景导入中的某区域历史遗留重金属污染综合治理工程，请试着组建项目监理机构，说说看吧。

二、环境监理大纲的编制

1. 编写依据

在编写建设工程环境监理大纲时首先要明确建设工程环境监理大纲的编写依据，确保所做的每项监理工作都符合法律的要求。

（1）法律、法规方面

国家颁布的有关环境保护的法律、法规，是建设工程环境监理法律、法规的最高层次。在任何地区或任何部门进行工程建设，都必须遵守国家颁布的工程建设方面的法律、法规、政策，以及工程所在地或所属部门颁布的与工程建设相关的环境保护法规、规定和政策。

（2）工程建设的各种标准、规范

工程建设的各种标准、规范也具有法律地位，也必须遵守和执行。

（3）建设工程外部环境调查研究资料

自然条件方面的资料包括建设工程所在地点的地质、水文、气象、地形以及自然灾害发生情况等。社会和经济条件方面的资料包括建设工程所在社会状况、环境敏感点、基础设施（交通设施、通信设施、公用设施、能源设施）等。

（4）政府批准的工程建设文件

政府批准的工程建设文件包括以下几个方面：政府工程建设主管部门批准的可行性研究报告、立项批文；政府环境主管部门批准的工程环境影响评价报告；政府规划部门确定的规划条件、土地使用条件、环境保护要求、市政管理规定。

（5）建设工程监理合同

在编写监理大纲时，必须依据建设工程监理合同的以下内容进行：监理单位和监理工程师的权利与义务，监理工作范围和内容，有关建设工程监理方案方面的要求。

（6）其他建设工程合同

在编写监理方案时也要考虑其他建设工程合同关于业主和承建单位权利与义务的内容。

（7）业主的正当要求

根据监理单位应竭诚为客户服务的宗旨，在不超出合同职责范围的前提下，监理单位应最大限度地满足业主的正当要求。

2. 工作范围

环境监理的工作范围，即工程所在区域与工程建设影响到的区域。

工作范围包括施工现场、生活营地、施工道路、业主办公区和业主营地、附属设施等，以及上述范围内的生产施工对周边造成环境污染和生态破坏的区域、对工程运营造成的环境影响采取环保措施的区域。

工作阶段：施工组织设计及施工准备阶段环境监理、施工阶段环境监理、调试阶段环境监理。

环境监理服务期限：从工程施工组织设计阶段开始至工程竣工环保验收通过时止。

3. 工作内容

① 对生产和生活污水的来源、排放量、水质指标、处理设施的建设过程和处理效果等进行监理，检查和监测是否达到了批准的排放标准的要求。

② 对固体废物处理措施进行环境监理。固体废物处理包括生产生活垃圾和生产废渣处

理，达到保证工程所在现场清洁整齐和不污染环境的要求。

③ 对大气污染防治措施进行环境监理。施工区域大气污染主要来源于施工和生产过程中产生的废气与粉尘。对污染源要求达标排放，对施工区域及其影响区域应达到规定的环境质量标准。

④ 对噪声控制措施进行环境监理。为防止噪声危害，对产生强烈噪声或振动的污染源，应按设计要求进行防治，要求施工区域及其影响区域的噪声环境质量达到相应的标准。重点是靠近生活营地和居民区施工的单位，必须避免噪声扰民。

⑤ 对野生动植物及海洋生态保护措施进行环境监理，包括迁移、隔离、改善栖息地环境、人工增殖等各方面的措施。

⑥ 对人群健康保证措施进行环境监理，包括保证生活饮用水安全可靠、预防传染疾病、提供必要的福利及卫生条件等方面的措施。

⑦ 对环境监测结果和工程建设环境影响报告书提出的环保措施进行环境监理。环境监测措施应落实，并为环境监理提供必要的监测数据。其他环境影响报告书提出的环保对策措施都应有效实施，补充环境影响报告书未提出的环保对策措施并有效实施。

4. 工作方式

按照建设项目工程实施常规，以及建设项目环境保护法律、法规等文件的要求，环境监理具体工作方式如下：

① 审查工程初步设计中环境保护措施是否正确落实了经批准的环境影响报告书提出的环境保护措施；参与施工图设计，并将环境保护内容列入其中。

② 协助建设单位组织工程施工、设计、管理人员的环境保护培训。

③ 审核招标文件、工程合同中有关环境保护的条款。

④ 对施工过程中的生态、水、气、声环境保护措施进行监理，减少工程建设对环境的影响，并对环境保护工程进行监理，按照有关标准进行阶段验收和签字。

⑤ 系统记录工程施工对环境的影响、环境保护措施的效果，以及环境保护工程建设情况。

⑥ 及时向环境监理总部反映有关环境保护措施和施工中出现的意外问题，并提出解决建议。

⑦ 编写建设工程环境监理工作计划和建设工程环境监理报告。

5. 工作目标

环境监理工作必须依据国家和相关主管部门制定的法律、法规、技术标准，经批准的设计文件和依法签订的监理、施工承包合同进行。按环境监理服务的范围和内容，履行环境监理义务。同时环境监理工作还必须独立、公正、科学、有效地服务于建设工程，使建设工程在设计、施工、营运各阶段都达到环境保护目标的要求。

在了解了环境监理大纲定义、作用、主要内容后，请大家查查有没有最新发布的与环境监理相关的法律法规、标准规范？

📝 **任务小结**

本次通过学习环境监理大纲定义、作用、主要内容（环境监理大纲编写依据、环境监理大纲工作范围、工作内容、工作方式、工作目标），使大家了解了环境监理大纲的编制。

🏗 **应用案例拓展**

请扫码阅读《××化工厂西厂区污染场地治理修复项目工程监理大纲》。

⚙ **项目技能测试**

一、单选题

1.向建设单位反映环境监理工作的报告一般包括环境监理定期报告、（　　）、环境监理阶段报告、环境监理总结报告。

A.环境监理费用审核报告　　　　　　B.环境监理季报、日报

C.环境监理专题报告　　　　　　　　D.环境监理验收报告

2.环境监理的工作范围为（　　）。

A.施工现场

B.生活营地

C.工程所在区域与工程建设影响到的区域

D.生产施工对周边造成环境污染和生态破坏的区域

3.监理大纲的内容应当根据业主所发布的（　　）要求而制定。

A.施工图　　　　　　　　　　　　　B.设计方案

C.监理招标文件　　　　　　　　　　D.施工组织设计

4.监理大纲的编制人员应当是监理单位技术部门的人员，也应包括拟定的（　　）。

A.监理工程师　　　　　　　　　　　B.总监理工程师

C.项目经理　　　　　　　　　　　　D.设计师

二、判断题

1.缺陷监理服务期限：从工程施工组织设计阶段开始至工程施工保修期满，保修阶段服务期限为自竣工之日起一年。（　　　）

2.根据监理单位应竭诚为客户服务的宗旨，在不超出合同职责范围的前提下，监理单位应最大限度地满足业主的正当要求。（　　　）

三、以小组为单位课下讨论以下问题，课堂上进行陈述。

1.如招投标文件中没提出要求，业主提出要求，环境监理大纲编制中是否要考虑？

2.一份完整的环境监测报告一般包含哪些内容？

任务二　环境监理方案的编制要求及编制

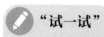 **情景导入**

　　要想科学地编制环境监理方案，首先要对环境监理方案的相关知识有一个系统的认知。根据任务一某区域历史遗留重金属污染综合治理工程建设项目的环境监理主要内容，以环境监理工作人员的身份，完成如下任务：

　　（1）该建设工程环境监理的工作内容有哪些？

　　（2）该建设工程环境监理的工作程序怎么制定？

　　（3）该建设工程环境监理的工作要点有哪些？

　　请认真学习本任务的基础知识，完成工作任务。

 "试一试"

　　请扫码观看视频《化工项目环境监理方案的编制》，根据情景导入中的某区域历史遗留重金属污染综合治理工程介绍尝试编制环境监理方案。

 任务知识

一、环境监理方案的编制要求

　　环境监理方案是环境监理工程师全面开展环境监理工作的指导性文件。监理单位在接受业务委托后，根据委托监理合同，结合工程的实际情况，广泛收集工程环保信息和资料，制定出施工环境监理方案。

　　在环境监理方案中，应结合所监理工程的专业特点和合同要求，在项目建设过程中体现监理单位的环境保护思想、工作思路和总体安排。因此，环境监理方案的编制应当符合下列基本要求：

　　① 环境监理方案的内容应具有针对性、指导性。每个监理项目各有其特点，环境监理单位只有根据项目的特点和自身的具体情况编制监理方案，而不是照搬以往的或其他项目的内容，才能保证监理方案对将要开展的监理工作具有指导意义和实用价值。

　　② 环境监理方案应具有科学性。在编制监理方案时，只有重视科学性，才能提高环境监理方案的质量，从而不断指导、促进环境监理业务水平的提高。

③ 环境监理方案应实事求是。坚持实事求是，是环境监理单位开展监理工作和市场业务经营的总原则。只有实事求是地编制监理方案，并在监理工作中认真落实，才能保证环境监理方案在监理机构内部管理中的严肃性和约束力，才能保证监理单位在项目监理中的良好信誉。

"想一想"

针对情景导入中的某区域历史遗留重金属污染综合治理工程，请试着说说该项目的特点。

二、环境监理方案的编制

环境监理单位根据项目环评、环评批复及工程基础资料等，通过现场踏勘编制环境监理方案。

环境监理方案一般包括以下内容。

1. 总则

包括工作由来、编制依据、项目环评及批复要求等。其中，编制依据包括：项目相关的环境保护法律法规、项目相关的环境技术标准和技术规范、建设项目的工程技术文件、建设项目的施工设计方案和建设项目环境监理的其他依据等。

2. 建设项目概况

介绍主体工程概况、附属设施概况、环保工程概况、其他环保设施要求，检查设计文件及施工方案是否满足环境保护要求，如实际建设方案与环评变化不大，则提出优化设计和改善设计的建议。

3. 监理工作目标、范围和时段

介绍环境监理工作预计达到的目标，结合项目特点，明确环境监理工作的范围、时段。

4. 环境保护敏感目标

将环境影响评价及环境评价批复中的环境保护敏感目标一一列表。

5. 主要环境影响及防止环境污染措施

① 施工期环境影响及防止环境污染措施包括工业废水或生活污水、空气污染、环境噪声、固体废物、生态环境破坏、其他环境影响及防止环境污染的措施。

② 试生产阶段环境影响及防止环境污染措施包括工业废水或生活污水、空气污染、环境噪声、固体废物、生态环境破坏、其他环境影响及防止环境污染的措施。

6. 项目环评报告及其批复要点

包括环评要点、环评批复要点、修编环评及其批复要点。

7. 环境监理工作内容

① 设计审核阶段内容：资料收集、设计文件环保审查。

② 施工阶段内容：施工阶段环保达标监理、环保设施监理、生态保护措施监理、环境管理监理、其他环境影响监理等。

③ 调试阶段内容：环保设施运行情况监理、生态保护措施监理、社会环境监理、环境风险防范措施监理、环境管理与监测计划监理等。

8. 环境监理工作程序

介绍环境监理的工作程序，根据项目进展选择对设计阶段、施工阶段和试生产阶段的工作程序进行说明。

9. 环境监理工作方式

提出环境监理实际开展所采取的工作方式，可以选择巡检、旁站等方式。

10. 环境监理工作制度

介绍环境监理实际采取的工作制度，如报告制度、环境监理会议制度、环境监理文件存档制度等。

11. 环境监理组织机构及职责

明确项目环境监理工作参与人员，并说明环境监理工作人员应履行的工作职责。

12. 环境监理工作要点

根据项目特点、环评及批复要求，详细说明本项目环境监理过程中的关注点及应达到的监理要求。

13. 成果提交方式

明确项目在申请调试、环保竣工验收时，环境监理单位将提交环境监理阶段报告、环境监理总结报告等环境监理工作成果。

 "查一查"

在了解了环境监理方案定义、编制要求、编制主要内容后，请大家查查环境监理常用工作制度。

 任务小结

本次通过学习环境监理方案定义、编制要求、编制主要内容（总则，建设项目概况，监理工作目标、范围和时段，环境保护敏感目标，主要环境影响及防止环境污染措施，项目环评报告及其批复要点，环境监理工作内容，环境监理工作程序，环境监理工作方式，环境监理工作制度，环境监理组织机构及职责，环境监理工作要点，以及成果提交方式），使大家了解了环境监理大纲的编制。

项目技能测试

一、单选题

1.（   ）是环境监理工程师全面开展环境监理工作的指导性文件。

A.环境监理方案　　　　　　　　　　　　B.环境监理大纲

C.环境监理专题报告　　　　　　　　　　D.环境监理验收报告

2.下列选项不属于环境监理方案编制基本要求的是（   ）。

A.环境监理方案的内容应具有针对性、指导性

B.环境监理方案应具有科学性

C.环境监理方案应实事求是

D.应在工程总监理工程师的主持下，组织专业监理工程师，在相应工程施工开始前编制完成

二、判断题

1.监理单位在接受业务委托后，根据委托监理合同，结合工程的实际情况，广泛收集工程环保信息和资料，制定出施工环境监理方案。（   ）

2.环境监理工作完成后，监理单位应及时编制施工环境监理方案。（   ）

三、以小组为单位课下讨论以下问题，课堂上进行陈述。

1.编制环境监理方案，怎样保证其科学性？

2.讨论施工阶段环境监理工作程序。

任务三　环境监理实施细则的编制要求及编制

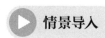 **情景导入**

根据任务一某区域历史遗留重金属污染综合治理工程建设项目的环境监理主要内容，以环境监理工作人员的身份，完成如下任务：

（1）该建设工程环境监理工作范围和工作重点有哪些？

（2）该建设工程环境监理工作流程怎么制定？

（3）该建设工程环境监理控制要点有哪些？

请认真学习本任务的基础知识，完成工作任务。

✎ **"试一试"**

请扫码观看视频《交通项目环境监理实施细则的编写》，根据情景导入中的某区域历史遗留重金属污染综合治理工程介绍尝试编制环境监理实施细则的提纲。

📖 **任务知识**

一、环境监理实施细则的编制要求

施工环境监理实施细则是在监理方案的基础上，由各专业环境监理工程师针对建设项目各分项工程编制的操作性文件。

① 环境监理实施细则应符合环境监理方案的要求，并结合工程项目的专业特点，做到详细具体，具有可操作性。

② 环境监理实施细则的编制应在工程总监理工程师的指导下，组织专业监理工程师，在相应工程施工开始前编制完成。其编制依据必须是已批准的环境监理方案，与专业工程相关的环境保护标准、设计文件和技术资料，以及施工组织设计规范等。

③ 环境监理实施细则应根据实际情况进行必要的补充、修改和完善。

💡 **"想一想"**

针对情景导入中的某区域历史遗留重金属污染综合治理工程，请试着说说工程特点。

二、环境监理实施细则的编制

环境监理实施细则是在环境监理方案的基础上，对各项监理工作如何实施和操作进一步细化和具体化。因此，环境监理实施细则应包括专业工程的特点、监理工作的流程、监理工作的控制要点、监理工作的工作方法及具体措施等内容。

1. 工程特点与环境保护、水土保持要求

① 工程概况。

② 环境监理工程师应熟悉了解施工图中专门列入的环境保护内容，掌握设计文件中环境保护措施及要求，督促施工单位严格执行本项目环评报告书的审查意见复函和国家、地方法律法规及要求。

2. 工作范围及工作重点

① 环境监理工程师审查施工组织设计时，应对施工单位在工程施工中的环境保护措施、方案、实施办法进行审核，确定是否符合相关规定，由环境监理工程师提出审核意见，报环境监理总工程师批准。

② 审查施工单位现场的环境保护组织机构专职人员、环境保护措施及相关制度的建立是否符合要求。

③ 督促施工单位与当地环保部门建立正常的工作联系，了解当地的环境保护要求和相关标准，取得当地环保部门的支持。

④ 施工过程中环境监理工程师对施工单位环境保护措施进行跟踪检查，对环境保护工程项目进行检查及验收。

3. 环境监理工作流程

环境监理工作流程见图7-1。

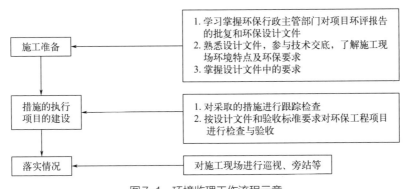

图7-1　环境监理工作流程示意

4. 控制要点

（1）控制临时工程的影响

① 施工单位修建临时施工道路、征地或租用土地要取得当地环保部门的批准，办理相

关环境保护、水土保持手续。

②修建过程中对树木的砍伐，要办理相关手续。

③对原地形地貌的破坏，施工完成后必须予以恢复。

④临时便道的修建，如对地表水系造成影响，施工中必须采取相应的保护措施，施工结束后对原来的地表水系要予以恢复。

⑤施工弃渣不得弃入当地河、湖，不得影响现有地表水系，应集中在指定弃渣场地。

（2）施工作业环境保护措施的检查

①施工作业方案必须符合环保的要求。

②钻孔作业不得向河湖中和岸边弃渣，应集中运至指定弃渣区域。

③修建临时工程，必须征得当地有关部门的批准，并符合有关环保要求。

④进行泥浆护壁钻孔施工等特种施工，应有专门的环境保护措施如泥浆池、沉淀池，废弃泥浆不得向河湖倾倒，应采取相应措施集中到指定地点弃放等。

⑤严禁向河湖倾倒建筑垃圾。

（3）取土场、弃土（渣）场的使用和恢复

①施工中取土及弃渣应在设计文件中指定的位置进行，工程开工前，施工单位应办好相关的征地手续。

②检查取、弃土场便道扬尘对环境影响的控制措施。

③施工取土场及弃渣场建立良好的排水系统，弃渣场挡护结构应符合设计文件的规定，即先砌后使用。

④施工结束后，应根据周边地貌特点，对取土场予以恢复，在取土场及弃渣场周围应按设计要求进行地表绿化。

（4）施工污水排放的处理

①隧道施工中，污水不经处理不得直接排入洞外地表，也不得直接排入附近河湖中。应设污水沉淀池、气浮池，施工中产生的废渣、废液应按有关环保要求进行处理，不得随意弃置、排放。

②施工营区的生活污水，必须建立适当的污水处理措施，不得直接排入附近河湖之中。

③污水处理完要经有关部门检验达标后再按设计要求处理。

（5）施工营区的环境保护

①施工营地要进行适当绿化，以便与周围环境相协调。

②生活垃圾、固体废物必须集中放置并运至当地的垃圾处理点，不得随意丢弃。

③施工营区有专人进行卫生清扫，搞好环境卫生。

（6）施工现场周围水系的环境保护

施工中应尽量保护当地水系，如有破坏，应采取工程措施予以恢复，防止地表水土流失或造成堵塞、排水不畅。

（7）施工影响区的恢复

施工结束后，应按照原地貌特点，进行土地复耕、地貌恢复，并进行绿化，清除一切施工垃圾。硬化的地面、地表临时建筑予以凿除。

（8）混凝土搅拌站的环境保护

① 污水处理：施工中的污水、设备清洗污水要经处理才可排放，并应建立排水系统。

② 原材料堆放要符合设计要求。

③ 混凝土搅拌机要适当封闭，防止扬尘污染。

（9）隧道内施工环境保护

① 隧道内施工要建立良好的通风系统。

② 督促施工单位定期对排放的有害气体及污水进行检测。

③ 弃渣运输尽量采取减少污染环境的手段。

④ 现场作业人员劳动保护应符合有关规定。

⑤ 监控地下水的影响情况，记录隧道壁渗水情况，有异常的要及时报告建设单位和环保行政主管单位。

⑥ 督促施工单位采取有效措施防止地下水的渗漏。

5．主要工作方法和措施

（1）巡视与指令

① 环境监理工程师应经常对施工现场进行巡视，了解各项环境保护措施的落实状况。对重点工序或重点施工地段进行检查，了解环保进展。

② 对巡视中发现的问题，及时下达工程师环境监理通知单，指令施工方改正，并对整改结果进行复查。

（2）设计文件中的环境保护项目按设计要求进行检查和验收

① 路基边坡植草及地表排水系统。

② 弃渣场挡墙的砌筑及岸坡防护。弃渣场的植被绿化。

③ 站场排污设施、排水系统。

（3）主要措施

① 环境保护与工程主体同步验收，环境保护不达标工程不同意验收。

② 经济措施：工程量清单中技术措施费列有环境保护费用，如环境保护达不到要求，环境监理工程师对该项费用不予计价支付。

③ 报告：对环境保护不重视或不采取有效措施的单位，及时向建设单位、环保主管部门报告，建议列入不良记录中。

6．环境监理组织机构及职责

明确项目环境监理工作参与人员，并说明环境监理机构的组织机构、工作人员应履行的工作职责分工、环境监理人员的守则。

7. 某工序或分项工程环境监理实施细则（重点）

根据工序或分项工程的特点，详细说明存在的环境问题，该工序或分项工程的环境监理工作内容，该工序或分项工程的环境监理工作程序、工作方式，环境监理过程中的关注点及应达到的监理要求。

"查一查"

在了解了环境监理实施细则定义、环境监理实施细则编制要求、环境监理实施细则的主要内容后，请大家查查取土场、弃土（渣）场的使用和恢复控制要点。

任务小结

本次通过学习环境监理实施细则定义、环境监理实施细则编制要求、环境监理实施细则的主要内容，使大家了解了环境监理实施细则的编制。

应用案例拓展

请扫码阅读《环境监理实施细则应用案例》。

项目技能测试

一、单选题

1.施工环境监理实施细则是在（　　　）的基础上，由各专业环境监理工程师针对建设项目各分项工程编制的操作性文件。

A.监理大纲 　　　　　　　　　　B.监理方案

C.监理季度报告 　　　　　　　　D.监理总结报告

2.工程量清单中技术措施费列有（　　　），如环境保护达不到要求，环境监理工程师对该项费用不予计价支付。

A.安全管理费 　　　　　　　　　B.环境保护费用

C.施工管理费 　　　　　　　　　D.项目措施费

3.施工（　　　）不得弃入当地河、湖，不得影响现有地表水系，应集中在指定弃渣场地。

A.弃渣 　　　　　　　　　　　　B.取土

C.树木 　　　　　　　　　　　　D.建筑垃圾

4.（　　　）作业不得向河湖中和岸边弃渣，应集中运至指定弃渣区域。

A.施工
B.弃土
C.钻孔
D.巡视

二、判断题

1.环境监理实施细则的编制应在工程总监理工程师的主持下，组织专业监理工程师，在相应工程施工后编制完成。（　　　）

2.临时工程修建过程中对树木的砍伐，要办理相关手续。（　　　）

三、以小组为单位课下讨论以下问题，课堂上进行陈述。

生活垃圾深度综合处理（清洁焚烧）项目施工阶段，生态环境监理细则重点应包含什么？

任务四　环境监理定期报告的编制

▶ 情景导入

根据任务一某区域历史遗留重金属污染综合治理工程建设项目的环境监理的主要内容，以环境监理工作人员的身份，完成如下任务：

（1）该工程是否需要做月报、季报？

（2）如需做，该工程定期报告的主要内容有哪些？

请认真学习本任务的基础知识，完成工作任务。

✎ "试一试"

请扫码观看视频《物流项目环境监理月报的编写》，根据情景导入中的某区域历史遗留重金属污染综合治理工程介绍尝试编制环境监理月报的提纲。

📖 任务知识

环境监理单位应根据工作进度，定期编制监理工作月报、季报、年报等报告并提交至建设单位。报告主要内容如下：

① 工程概况；

② 环境保护执行情况；

③ 主体工程、环保工程进展；

④ 施工营地、工程环保措施落实情况；

⑤ 环境事故隐患或环保事故；

⑥ 存在的主要问题及建议。

📝 任务小结

本次通过学习环境监理定期报告分类、环境监理定期报告主要内容，使大家了解了环境监理定期报告的编制。

以小组为单位课下讨论以下问题，课堂上进行陈述。

生活垃圾深度综合处理（清洁焚烧）项目环境监理季度报告的编制重点应包含什么？

任务五　环境监理总结报告的编制

 情景导入

根据任务一某区域历史遗留重金属污染综合治理工程建设项目的环境监理的主要内容，以环境监理工作人员的身份，完成如下任务：

（1）该建设工程环境监理工作总结的主要内容有哪些？

（2）该建设工程主要环境影响有哪些？

（3）该建设工程污染防治措施有哪些？

请认真学习本任务的基础知识，完成工作任务。

"试一试"

请扫码观看视频《矿山项目环境监理总结报告的编写》，根据情景导入中的某区域历史遗留重金属污染综合治理工程介绍尝试编制环境监理总结报告的提纲。

任务知识

环境监理工作完成后，监理单位应及时进行施工环境监理工作总结，并向建设单位提交环境监理总结报告，其主要内容包括：工程概况，环境监理组织机构工作情况和环境监理设施状况的概述，委托监理合同履行情况概述，环境监理任务或环境监理目标完成情况的评价，尚存的主要环境问题及建议继续监测或处理的方案等。

一、工程概况

1. 工程简介

2. 项目建设基本情况

3. 工程施工进展情况

4. 工程位置、任务、规模

5. 主要建设内容、工程量、开工和完工时间

二、环境概况

1. 主要环境保护目标

2. 工程量指标

三、环保投资

对照环评提出的各项环保投资，评述投资的到位情况。

四、工程主要环境影响

1. 水环境影响

2. 海洋生态与渔业资源影响

3. 声环境影响

4. 环境空气影响

5. 陆域生态环境影响

6. 社会环境与景观影响

7. 固体废物环境影响

8. 环评批复主要意见

五、环评报告中提出的污染防治措施

1. 废水治理措施

2. 废气治理措施

3. 固废治理措施

4. 噪声治理措施

5. 其他

六、工程施工期环境监理开展情况

1. 工程环境监理工作依据

2. 工程环境监理单位和人员

3. 工程环境监理范围和内容

4. 工程环境监理程序

5. 工程环境监理涉及的环保管理体系

6. 施工期环境监理的工作方式及制度

7. 环境监理工作目标及方法

8. 沟通协调

9. 与地方环保局的沟通联络，建设单位和环保部门监督检查情况

七、工程环境监理工作成果和取得的环境绩效

包括：废气治理措施落实情况及小结、废水治理措施落实情况及小结、噪声措施落实情况及小结、固体废物措施落实情况及小结、应急措施落实情况及小结、环评批复意见落实情况及小结、其他环境恢复措施情况及小结、环保事件的处理；环境污染或破坏事件引起社会反响或受到环保部门查处的，说明事件的情况、处理结果和责任追究情况等。

八、存在问题、经验、结论及建议

包括：总结监理工作经验、存在问题和局限性、项目建设情况结论，以及项目环保工程"三同时"落实情况结论、建议。

九、图表及现场照片

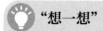

"想一想"

朋友们，针对任务一情景导入中的某区域历史遗留重金属污染综合治理工程，请试着说说图表及现场照片应该怎么选择。

"查一查"

在了解了环境监理总体报告主要内容后，请大家查查常用的污染防治措施。

任务小结

本次通过学习环境监理总体报告主要内容，包括工程概况、环境概况、环保投资、工程主要环境影响、环评报告中提出的污染防治措施、工程施工期环境监理开展情况等，使大家了解了环境监理总结报告的编制。

应用案例拓展

请扫码阅读《环境监理总体报告应用案例》。

项目技能测试

一、单选题

1.工程竣工记录包括施工过程中的验收记录和（　　　）两部分。

A.技术档案　　　　　　B.合同文件

C.图纸资料　　　　　　D.竣工验收阶段记录

2.（　　　）是指监理工程各阶段、各环节及有关单位的会议记录等。

A.日常工作记录　　　　B.监理日志

C.会议信息　　　　　　D.竣工记录

二、判断题

1.竣工环保总结报告是监理单位在工程结束后，向业主和上级主管部门提交的环境监理工作总结报告。（　　　）

2.环境监理工作完成后，监理单位应及时进行施工环境监理工作总结，向建设单位提交施工环境监理工作总结。（   ）

三、以小组为单位课下讨论以下问题，课堂上进行陈述。

生活垃圾深度综合处理（清洁焚烧）项目工程施工期环境监理应该怎么开展？

任务六　施工环境监理资料体系

▶ 情景导入

根据任务一某区域历史遗留重金属污染综合治理工程建设项目的环境监理主要内容，以环境监理工作人员的身份，完成如下任务：

（1）该建设工程施工环境监理资料主要有哪些？

（2）该建设工程会议信息有哪些？

（3）该建设工程环境监理现场巡视检查记录怎么填写？

请认真学习本任务的基础知识，完成工作任务。

✐ "试一试"

请扫码观看视频《施工阶段的主要环境监理资料》，根据情景导入中的某区域历史遗留重金属污染综合治理工程介绍尝试编制施工环境监理资料目录。

📖 任务知识

建设项目环境监理的资料体系应和主体工程施工监理是一致的，环保达标监理的资料主要包括以下内容。

一、日常工作记录

监理工程师日常的环境监理检查工作应在监理日志中做好记录，如每一天的主要工作、进度和环境质量情况等。

二、会议信息

会议信息是指监理工程各阶段、各环节及有关单位的会议记录等。如环境例会，每月召开一次环保会议纪要，环境监理单位对近一段时间的环境保护工作进行回顾性总结，环境监理工程师对该月环境保护工作进行全面评议等。总之，每次会议都要形成会议纪要，将其思想充分地体现到工程的建设当中去。

三、监理月报

1. 施工环境监理月报

监理单位的施工环境监理月报应包含两大部分内容，即环保达标监理内容和环保设施、措施落实情况监理内容。具体内容如下：

① 本月主要施工内容，完成的环保设施、措施。

② 本月生态保护和污染防治情况，上月遗留的环保问题以及处理情况。

③ 环保监测的结果。

④ 本月环境保护存在的问题，以及处理计划。

⑤ 下月施工计划，以及根据下月施工内容提出的污染防治计划。

2. 对施工单位月报的要求

为使监理工程师及时掌握施工过程的环保情况，施工单位应在月报中增加环境保护章节，包括以下内容。

（1）施工中的环境保护情况

① 本月施工单位污染源统计，如废气、废水、噪声、固体废物等，是否有增减或变化。

② 针对以上污染源采取的防治措施，以及根据污染源的变化拟订的处置计划。

③ 本月施工单位排放污染物（打桩泥浆、罐车清洗水、碎石清洗水、生活垃圾、建筑垃圾、弃土弃料等）的种类及排放地点、排放方式、排放去向，以及生态保护情况。

（2）执行情况

① 施工环境监理检查情况，内容包括本月监理工程师现场检查情况、发现的问题，以及收到通知单或联系单后的整改措施落实情况等。

② 其他情况。

 "想一想"

针对情景导入中的某区域历史遗留重金属污染综合治理工程，请试着说说施工单位月报的主要内容。

四、工程竣工记录

工程竣工记录包括施工过程中的验收记录和竣工验收阶段记录两部分。竣工验收阶段记录应包括验收检查、验收监测、验收评定级、验收资料等各方面内容。信息的汇总、归档和管理将根据业主要求，参照国家和地方有关部门的规定，结合本工程特点进行整理、分类、造册、归档，并经常召开专题会议，检查、督促承包人及时整理合同文件和技术档案资料，确保工程信息、档案分类清楚完整，技术档案图纸资料与实物同步。

五、工程建设环保文件

工程建设环保文件应包括施工环境保护的方案、环境保护的措施和环境保护的检查等。

六、环境监测报告

环境监测报告包括两部分：一部分是由建设单位委托有资质的环境监测单位定期进行监测后，由监测部门分期提交的监测结果报告；另一部分是监理单位根据现场情况自主进行监测的结果报告。两者都应进行归档。

七、施工单位、监理单位竣工环保总结报告

竣工环保总结报告是监理单位在工程结束后，向业主和上级主管部门提交的环境监理工作总结报告，其内容如下：

① 工程基本情况；

② 监理单位及监理工作起止时间；

③ 投入的环境监理人员，环境监理设备和设施；

④ 工程环境保护的费用分析；

⑤ 工程施工中环境保护管理的执行情况；

⑥ 工程建设中存在的环境问题的处理意见和建议；

⑦ 工程竣工后环境保护管理的方法与措施；

⑧ 工程照片（有必要时）。

八、其他环境监理资料

其他环境监理资料是指没有列入上述监理文件与资料中的文件和资料。一般包括环境监理现场巡视检查记录、环境监理工作指令、工程变更令等。

 "查一查"

在了解了施工环境监理资料体系后，请大家查查施工中常用的环境监理用表。

📝 **任务小结**

本次通过学习施工环境监理资料体系内容：（日常工作记录、会议信息、监理月报、工

程竣工记录、工程建设环保文件、环境监测报告、施工单位、监理单位竣工环保总结报告），使大家了解了环境监理资料的填写与整理。

⚙ 项目技能测试

一、单选题

1.建设工程监理文件档案资料管理的对象是（　　　　），它是工程建设监理信息的主要载体之一。

A.监理文件档案资料　　　　　　　　　　B.技术档案

C.合同文件　　　　　　　　　　　　　　D.信息资料

2.工程环境监理资料的管理应由（　　　）负责，并指定专人具体实施。

A.专业监理工程师　　　　　　　　　　　B.环境监理总工程师

C.监理工程师　　　　　　　　　　　　　D.项目经理

二、判断题

1.工程环境监理文件资料管理是工程监理信息管理的一项重要工作。（　　　）

2.环境监理文件和档案收文在收文登记表上进行登记，最后由项目环境监理部收文人员签字。（　　　）

三、以小组为单位课下讨论以下问题，课堂上进行陈述。

生活垃圾深度综合处理（清洁焚烧）项目工程施工期环境监理现场巡视检查记录怎么填报？

环境保护监理通知单

合同号：   编号：

施工单位：   监理单位：

事由	
致_____（施工单位）： 　　　　　　　　　　　　　　　　　驻地监理工程师：　　　日期：	
签收意见： 　　　　　　　　　　　　　　　签名：　　　　　日期：	

本表监理单位专用，一式两份，施工单位签收后归档保存。

环境监理通知回复单

合同号：   编号：

施工单位：   监理单位：

事由	
致_____（监理驻地办）： 内容： 附件 　　　　　　　　　　　　　　项目经理：　　　　　　日期：	
签收意见： 　　　　　　　　　　　　　　签名：　　　　　　　　日期：	

本表监理单位专用，一式两份，施工单位签收后归档保存。

环境保护监理联系单

合同号：   编号：

施工单位：   监理单位：

致：

事由：

内容：

签收单位：

签名：   日期：

本表监理单位、施工单位两用，一式两份，归档保存。

工程环境污染/生态破坏事故报告单

合同号：   编号：

施工单位：   监理单位：

致_____（监理驻地办）：

_____年_____月_____日_____时在_____部位（详见设计图纸），发生环境污染、生态破坏事故，报告如下：

1. 问题（事故）经过及原因的初步分析：

2. 造成环境污染/生态破坏情况：

3. 补救措施及初步处理意见：

待进一步调查后，再另做详细报告，并提出处理方案上报审查。

施工单位：

项目经理：   日期：

监理单位意见：

现场监理工程师：   日期：

驻地监理工程师：   日期：

抄报：

本表监理单位填报，一式四份，建设单位、监理单位、施工单位、设计单位各一份，重大环境污染事故报当地环境保护行政主管部门。

工程环境事故处理方案审批表

合同号：   施工单位：

编号：   监理单位：

致_____（监理驻地办）：

    _____年_____月_____日_____时在_____部位（详见设计图纸），发生环境污染、生态破坏事故，已于_____月_____日提出《工程环境事故报告单》。现提出处理方案，请予审查。

1. 工程环保事故详细报告

2. 工程环保事故处理方案

施工单位：

项目经理：   日期：

监理单位意见：

现场监理工程师：   日期：

驻地监理工程师：   日期：

建设单位意见：

负责人：   日期：

抄报：

本表由施工单位填报，一式四份，建设单位、监理单位、施工单位、设计单位各一份，重大事故报当地环境保护行政主管部门。

环境监理检验申请批复单

合同号：　　　　　　　　　　　　　　　　施工单位：

编号：　　　　　　　　　　　　　　　　　监理单位：

致　　　　　（监理驻地办）：

　　我方已按合同要求完成了　　　　　　　　工程，经自检环境保护合格，请给予检查和验收。

　　附件：

项目经理：　　　　　　　日期：

监理单位审查意见：

驻地监理工程师：　　　　　日期：

本表由施工单位填写，一式四份，建设单位、监理单位、施工单位、设计单位各一份。

环境监理工程停工通知单

合同号：   施工单位：

编号：   监理单位：

致_____（施工单位）：
 	
    你部承担施工_____工程，_____部位，由于_____原因，现通知你部_____暂时停止施工。
 	
                              驻地监理工程师：   日期：

施工单位签收意见：
 	
                              施工单位：
 	
                              项目经理：   日期：

抄报（抄送）：

本表由施工单位填写，一式三份，建设单位、施工单位、监理单位各一份。

环境监理报告单

合同号：   施工单位：

编号：   监理单位：

主送	
	报告单位：
抄送：	
签字	签字：_____ 日期：_____（盖章）

本表用于监理单位向建设单位或施工单位报告工作，一式两份。

临时用地环境影响报告单

合同号：　　　　　　　　　　　　　　施工单位：

编号：　　　　　　　　　　　　　　　监理单位：

致＿＿＿＿＿＿＿＿＿（监理驻地办）：

　　我部今上报关于＿＿＿＿＿＿＿＿＿临时用地对环境影响的报告，请予审核。

　　　　　　　　　　　　　施工单位：

　　　　　　　　　　　　　项目经理：　　　　　　日期：

临时用地位置	用途	面积	使用期限	周边自然环境		周边自然环境		恢复目标和计划进度
				类别	最小距离	类别	最小距离	

附件：

监理工程师审核意见：

　　　　　　　　　　　　　监理工程师：　　　　　　日期：

本表施工单位专用，一式两份，监理单位签收后归档保存。

取（弃）土场整治恢复报告单

合同号：   施工单位：

编号：   监理单位：

致＿＿＿＿＿＿＿＿（监理驻地办）：

　我部已完成取（弃）土场整治恢复。

　请予检验。

附件：

施工单位：

项目经理：   日期：

监理工程师检验意见：

监理工程师：   日期：

本表施工单位专用，一式两份，监理单位签收后归档保存。

临时土地整治恢复报告单

合同号：   施工单位：

编号：   监理单位：

致 ＿＿＿＿＿＿＿（监理驻地办）：

我部已完成土地整治恢复。

请予检验。

附件：

施工单位：

项目经理：   日期：

监理工程师检验意见：

监理工程师：   日期：

本表施工单位专用，一式两份，监理单位签收后归档保存。

拌和站排放达标检验报告单

合同号：   施工单位：

编号：   监理单位：

致＿＿＿＿＿＿＿（监理驻地办）： 我部已完成开工前的环保措施实施达标工作。 请予检验。   　　　　　　施工单位： 　　　　　　项目经理：　　　　　日期：
自检记录：
监理工程师检验意见：   　　　　　　监理工程师：　　　　　日期：

本表施工单位专用，一式两份，监理单位签收后归档保存。

污水处理工程检验报告单

合同号：　　　　　　　　　　　　　　施工单位：

编号：　　　　　　　　　　　　　　　监理单位：

致 _____（监理驻地办）：

污水处理工程已完成，经自检各项指标合格。

请予检查。

施工单位：

项目经理：　　　　　　　　日期：

自检记录				
土建			设备安装	
几何尺寸	质量	漏水情况	单项运行	联合运行
电器			技术档案	
容量	质量	安装		

污水处理效果								
流量/（m³/d）	pH		COD/（mg/L）		SS/（mg/L）		石油类	
	出水	进水	出水	进水	出水	进水	出水	进水

监理工程师检验意见：

（注：可制作同样表格作为审验记录）

监理工程师：　　　　　　　　日期：

本表施工单位专用，一式两份，监理单位签收后归档保存。

围堰拆除申请单

合同号：　　　　　　　　　　　　　　　　　　施工单位：

编号：　　　　　　　　　　　　　　　　　　监理单位：

致＿＿＿＿＿＿＿＿＿＿（监理驻地办）：

我部已完成围堰拆除准备工作。拟定于＿＿＿＿月＿＿＿＿日开始拆除。请予检查。

附件：

施工单位：

项目经理：　　　　　　　　　　　　日期：

监理工程师检验意见：

监理工程师：　　　　　　　　　　　　日期：

本表施工单位专用，一式两份，监理单位签收后归档保存。

环境监理施工期现场检查旁站日记

检查日期： 　　　　工程名称： 　　　　　　　　　　编号：

一、现场检查总体情况：

二、隐蔽工程情况：

　1．管网情况：

　2．烟道情况：

　3．排污口规整情况

　4．其他

三、环保措施执行情况：

　1．生态环境保护：

　2．废水防治：

　3．噪声防治：

　4．废渣处置：

　5．施工扬尘防治：

　6．在线监测：

　7．采样口、采样平台设置：

　8．其他：

四、环境安全及风险防范措施落实情况：

五、污染治理工程进展情况：

六、其他：

（注：表中罗列内容供参考，可根据现场实际情况进行记录。）

现场检查环境监理工程师（签字）：_____

项目八

建设工程环境监理后期管理

- **项目导航**

    建设工程环境监理后期管理主要包括建设工程环境监理资料管理和信息管理两大任务。建设工程环境监理资料管理主要包括监理文件档案管理基本概念、施工阶段主要环境监理资料、环境监理资料管理的主要内容、管理的意义、管理方法等；建设工程环境监理信息管理主要包括信息管理的概念、目标、原则、任务、内容、环境监理信息传输与控制、管理的基本环节、管理系统的应用和实施等。

- **技能目标**

    （1）会收集、认读建设工程环境监理文件档案资料；

    （2）会根据需要做好建设工程环境监理后期资料管理；

    （3）会传输、控制和管理环境监理信息；

    （4）会应用建设工程信息管理系统。

- **知识目标**

    （1）掌握监理文件档案管理基本概念；

    （2）熟悉环境监理资料管理的主要内容、管理方法；

    （3）掌握建设工程环境监理信息系统分类的工作方法及工作程序；

    （4）熟悉建设工程环境监理信息系统的内容；

    （5）掌握建设工程环境监理信息传输、控制和管理的方法。

- **本章配套素材请扫描此处二维码查阅**

任务一　建设工程环境监理资料管理

　　要想科学地进行建设工程环境监理资料管理，首先要对环境监理资料管理的相关知识有一个系统的认知。某区域历史遗留重金属污染综合治理工程主要内容有：①在桃竹山建设1座库容$5×10^4m^3$的安全填埋场，将岭被窝、桃竹山冶炼厂遗留固废、受污染土壤集中安全填埋；②在岭被窝建设1座库容$6×10^4m^3$的安全填埋场，将岭被窝周边废渣及受污染土壤集中安全填埋；③将桃竹山、岭被窝遗留的$2.8×10^5t$含砷废渣交由有处置资质的企业综合利用；④小吉冲水电站上游建设1座挡渣墙，将河道内及周边尾砂集中填埋处置；⑤对清理后的厂区及周边区域进行生态恢复。以环境监理工作人员的身份，完成如下任务：

　　（1）该项目工程环境监理资料包括哪些？

　　（2）工程环境监理资料管理的主要工作任务是什么？

　　（3）该项目为什么要进行建设工程环境监理资料管理？

　　请认真学习本任务的基础知识，完成工作任务。

✎ "试一试"

　　请扫码观看视频《环境监理文件档案资料发文与登记》，根据情景导入中的案例梳理监理文件档案管理基本概念、施工阶段主要环境监理资料、环境监理资料管理的主要内容、环境监理文件档案资料管理的意义、环境监理文件档案资料管理方法。

📖 任务知识

一、建设工程环境监理文件档案资料管理的基本概念

1. 监理文件档案资料管理的基本概念

　　建设工程监理文件档案资料的管理，是指监理工程师受建设单位委托，在进行建设工程监理的工作期间，对建设工程实施过程中形成的与监理相关的文件和档案进行收集积累、加工整理、立卷归档和检索利用等一系列工作。建设工程监理文件档案资料管理的对象是监理文件档案资料，它是工程建设监理信息的主要载体之一。

2. 施工阶段的主要环境监理资料

① 施工准备阶段的主要资料：委托环境监理合同、工程环境监理方案、环境监理细则、设计交底与图纸会审会议纪要、施工组织设计中的环境保护内容报审表、施工营地的设置方案图、工程进度计划、环保设备的质量证明文件。

② 项目监理部进场档案资料：环境监理进场通知单、环境监理人员组织机构。

③ 施工过程中的现场环境监理资料：环境监理规划、环境监测资料、环保工程设计变更资料、环境监理整改通知单、环境监理业务联系单、污染物排放审批单、会议纪要、往来函件、环境监理日志、环境监理月报、环境监理专题报告、工程污染事故报告、工程污染事故处理方案报审、施工阶段环境监理报告。

3. 环境监理资料管理的主要内容及要求

工程环境监理资料必须及时整理、真实完整、分类有序；工程环境监理资料的管理应由环境监理总工程师负责，并指定专人具体实施；工程环境监理资料应在各阶段环境监理工作结束后及时整理归档；工程环境监理档案的编制及保存应按照有关规定执行。

"想一想"

针对情景导入中的某区域历史遗留重金属污染综合治理工程，请试着建立资料管理档案，说说看吧。

二、建设工程环境监理文件档案资料管理的意义

① 对环境监理档案资料进行科学管理，可以为建设项目环境监理工作的顺利开展创造良好的前提条件，同时可以极大地提高环境监理的工作效率。

② 环境监理档案是环境监理工作的重要组成部分，它是环境监理工作开展情况及环保工作决策、审批、确立过程的真实记录，同时也反映了环境监理工作管理的水平、人员素质、监理工作的质量。

③ 做好环境监理档案资料管理是工程竣工环保验收的可靠保证。

④ 做好环境监理档案资料管理便于对工作进行总结、完善，不断提高环境监理工作质量。

三、建设工程环境监理文件档案资料管理的方法

① 环境监理档案的收集、整理、归档、保管和使用工作由环境保护监理档案管理办公室负责。

② 环境监理档案的保管应当严格按照规定的保管期限进行，保管期限到期后应及时归档。

③ 环境监理档案应按照规定的类别和格式存放，并定期进行清理和检查。

④ 档案的使用（发文登记、收文登记、传阅登记、借阅登记、更改登记与作废登记）应当遵守相关法律法规，确保档案真实、准确、完整，不得擅自复制或泄露档案内容。

⑤ 定期对存放在档案室内的档案进行清理和检查，及时发现不符合要求的档案，及时进行整改和完善。

⑥ 环境监理档案资料安全管理。环境监理档案室应当设置有效的安全措施、建立安全管理制度，确保档案管理安全；环境监理档案室的负责人应定期对档案室的安全状况进行检查，及时发现安全隐患，及时采取措施进行整改。

四、做好建设工程环境监理档案资料管理的有效措施

① 在思想上对档案管理工作高度重视，在建设工程环境监理工作开展初始就做好资料管理规划，建立项目档案管理制度。

② 做好项目档案管理人员的管理培训，提高档案管理人员的工作水平，强化档案管理人员的工作意识，认清档案管理工作在建设工程环境监理工作中的重要意义。

③ 根据建设单位及环保部门的要求，采用科学的仪器和设备，满足档案管理工作的需要。

④ 严把档案资料质量，项目发文必须经环境监理总工程师审查，同意后签发。档案资料的内容与形式均满足档案整理规范要求，即内容完整、准确、系统，字迹清楚，图样清晰，图表整洁，声像材料标注的内容清楚，以及签字（章）手续完备。

⑤ 围绕档案管理规范，加强安全防范意识，认真做好安全防范工作，防止意外发生，避免对档案资料产生不利影响。

⑥ 环境监理总工程师定期组织档案资料管理人员对档案资料进行梳理，有问题及时发现、及时处理，保证资料完整性，做到闭合管理。

🔍 **"查一查"**

在了解了环境监理资料管理的基本概念、意义、方法、措施后，请大家查查有没有环境监理档案资料管理出现重大失误导致严重后果或环境监理档案资料管理先进的典型案例？

📝 **任务小结**

本次通过学习环境监理资料管理的基本概念、目的意义、管理方法、有效措施，大家

应该掌握监理文件档案管理的基本知识，学会收集、认读建设工程环境监理文件档案资料，能根据需要做好建设工程环境监理后期资料管理。

项目技能测试

一、单选题

1.建设工程监理文件档案资料管理的对象是（　　），它是工程建设监理信息的主要载体之一。

A.监理文件档案资料　　　　　　　　B.环境监理季报资料

C.环境监理专题资料　　　　　　　　D.环境监理验收资料

2.建设工程环境监理方案是（　　）阶段的文档资料。

A.环境监理项目部进场　　　　　　　B.施工过程中

C.施工前期准备阶段　　　　　　　　D.施工结束

3.环境监理档案应按照规定的类别和格式存放，并定期进行（　　）和检查。

A.维护　　　　　　　　　　　　　　B.销毁

C.清理　　　　　　　　　　　　　　D.登记

4.（　　）定期组织档案资料管理人员对档案资料进行梳理，有问题及时发现、及时处理，保证资料完整性，做到闭合管理。

A.环境监理工程师　　　　　　　　　B.环境监理项目经理

C.环境监理总工程师　　　　　　　　D.环境监理资料管理员

二、判断题

1.档案的使用（发文登记、收文登记、传阅登记、借阅登记、更改登记与作废登记）应当遵守相关法律法规，确保档案真实、准确、完整，不得擅自复制或泄露档案内容。（　　）

2.环境监理档案的保管应当严格按照规定的保管期限进行，保管期限到期后应及时清理。（　　）

三、以小组为单位课下讨论以下问题，课堂上进行陈述。

1.施工阶段环境监理资料管理分哪几个小阶段？

2.如何做到环境监理档案资料管理有效管理？

任务二 建设工程环境监理信息管理

▶ **情景导入**

要想科学地进行建设工程环境监理信息管理，首先要对建设工程环境监理信息管理的相关知识有一个系统的认知。某区域历史遗留重金属污染综合治理工程主要内容有：①在桃竹山建设1座库容$5\times10^4m^3$的安全填埋场，将岭被窝、桃竹山冶炼厂遗留固废、受污染土壤集中安全填埋；②在岭被窝建设1座库容$6\times10^4m^3$的安全填埋场，将岭被窝周边废渣及受污染土壤集中安全填埋；③将桃竹山、岭被窝遗留的2.8×10^5t含砷废渣交由有处置资质的企业综合利用；④小吉冲水电站上游建设1座挡渣墙，将河道内及周边尾砂集中填埋处置；⑤对清理后的厂区及周边区域进行生态恢复。以环境监理工作人员的身份，完成如下任务：

（1）该项目工程环境监理信息管理包括哪些？

（2）建设工程环境监理信息管理的主要工作任务是什么？

（3）该项目为什么要进行建设工程环境监理信息管理？

请认真学习本任务的基础知识，完成工作任务。

✎ **"试一试"**

请扫码观看视频《工程环境信息分类》，根据情景导入中的案例梳理数据信息的基本概念、环境监理信息系统、环境监理信息分类与信息管理、建设工程信息管理的基本环节、环境监理信息传输与控制、建设工程信息管理系统的应用和实施的主要内容。

📖 **任务知识**

一、系统与环境监理信息系统

1. 数据和信息的基本概念

（1）数据

在日常工作中我们会大量接触到各种数据，数据和信息既有联系又有区别。数据是客观实体属性的反映，是一组表示数量、行为和目标，可以记录下来加以鉴别的符号。

数据，首先是客观实体属性的反映，客观实体通过各个角度的属性的描述，反映其与其他实体的区别。例如，反映某个建筑工程质量时，我们将设计单位和施工单位资质、人员、施工设备、使用的材料、构配件、施工方法、工程地质、天气、水文等各个角度的数据收集汇总起来，就可以很好地反映该工程的总体质量。这是各个角度的数据，即建筑工程这个实体的各种属性的反映。

数据有多种形态，我们这里所提到的数据是广义的数据概念，包括文字、数值、语言、图表、图形、颜色等多种形态。计算机对此类数据都可以加以处理。例如施工图纸、管理人员发出的指令、施工进度的网络图、管理的直方图、月报表等都是数据。

（2）信息

信息和数据是不可分割的。信息来源于数据又高于数据，信息是数据的灵魂，数据是信息的载体。

信息是对数据的解释，反映了事物（事件）的客观规律，为使用者提供决策和管理所需要的依据。

通常人们在实际使用中往往把数据也称为信息，原因是信息的载体是数据，甚至有些数据就是信息。信息也是事物的客观规律，我们掌握信息实际上就是掌握了事物的客观规律。

我们使用信息的目的是为决策管理服务。信息是决策和管理的基础。决策和管理依赖信息，正确的信息可以保证决策的正确，不正确的信息则会造成决策失误，工程建设管理则更离不开系统信息的支持。

2. 系统与环境监理信息系统

（1）系统

所谓系统是由若干相互联系而又相互制约的要素有组织、有秩序地组成的具有特定功能和目标的统一体。

系统具有整体性、相关性、目的性、层次性和环境适应性五个特性。信息的产生和应用是通过信息系统实现的，信息系统是整个建设工程系统的一个子系统，信息系统具有所有系统的一切特征，了解系统有助于了解信息系统和使用信息系统。信息是一切工作的基础，信息只有组织起来才能发挥作用。信息的组织是由信息系统完成的。

（2）环境监理信息系统

所谓环境监理信息系统是由人和计算机等组成，以系统思想为依据，以计算机为手段，对环境监理整体工作进行数据收集、传递、处理、存储、分发、加工从而产生信息，为环境监理决策、预测和管理提供依据的系统。环境监理信息系统是建设工程信息系统的一个组成部分。建设工程信息系统由建设方、勘察设计方、建设行政管理方、建设材料供应方、施工方和监理方各自的信息系统组成，环境监理信息系统只是环境监理方的信息系统，是主要为环境监理服务的信息系统。环境监理信息系统是建设工程信息系统的一个子系统，也是环境监理单位整个管理系统的一个子系统。作为前者，它必须从建设工程信息系统中得到所必需的政府、建设、施工、设计等各方面提供的数据和信息，也必须送出相关单位需要的相关的环境数据和信息；作为后者，它主要从环境监理单位得到必要的指令，帮助和解决所需要的数据和信息，向环境监理单位和环境行政管理部门汇报建设工程项目的环境信息。

此外，为了使参加建设工程的各方在信息使用过程中做到一体化、规范化、标准化、通用化、系列化，建设领域信息系统的集成化是发展的必然趋势。环境监理起步晚，目前还没有见到自成独立系统软件，环境监理单位在环境监理信息系统中采用工程管理软件时应注意软件的标准化。

（3）信息管理系统对信息管理的要求

信息管理系统对信息管理的要求主要有两点，即及时和准确。

1）及时

所谓及时就是信息管理系统要灵敏、迅速地发现和提供管理活动所需的信息。这里包括2个方面：

① 要及时地发现和收集信息。现代社会的信息纷繁复杂，瞬息万变，有些信息稍纵即逝，无法追忆。因此，信息的管理必须最迅速、最敏捷地反映出工作的进程和动态，并适时地记录下已发生的情况和问题。

② 要及时传递信息。信息只有传输到需要者手中才能发挥作用，并且具有强烈的时效性。

因此，要以最迅速、最有效的手段将有用的信息提供给有关部门和人员，使其成为决策、指挥和控制的依据。

2）准确

信息不仅要求及时，而且必须准确。只有准确的信息，才能使决策者做出正确的判断。失真甚至错误的信息，不但不能对管理工作起到指导作用，相反还会导致管理工作的失误。

为保证信息准确，首先要求原始信息可靠。只有可靠的原始信息才能加工出准确的信息。信息工作者在收集和整理原始材料的时候必须坚持实事求是的态度，克服主观随意性，对原始材料认真加以核实，使其能够准确反映实际情况。其次是保持信息的统一性和唯一性。一个管理系统的各个环节，既相互联系又相互制约，反映这些环节活动的信息有着严密的相关性。所以，系统中许多信息能够在不同的管理活动中共同享用，这就要求系统内的信息应具有统一性和唯一性。因此，在加工整理信息时，既要注意信息的统一，又要做到计量单位相同，以免在信息使用时造成混乱现象。

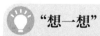 **"想一想"**

针对情景导入中的某区域历史遗留重金属污染综合治理工程，请试着建立环境监理信息系统，说说看吧。

二、信息分类与信息管理

（一）信息的分类

1. 工程进度信息

如项目总进度计划、工程进度目标分解、工程计划进度与实际进度偏差、工程进度控制的调整等。

2. 环境监理信息

随着工程的进行，环境监理信息包括环境保护总体目标与具体项目控制目标的达成信息，环境质量控制流程，环境质量抽查数据，环境质量事故记录和处理报告，环境监理工程师每天根据工作情况做出的工作记录（环境监理日志），日常环境监理中环境保护落实情况的照片、音频、视频资料等，重点描述现场环境保护工作的检查表，发现的环境问题及问题发生的责任单位，分析产生问题的主要原因和环境监理工程师对问题的处理意见等。

3. 上报信息

环境监理报告是工程建设中环境保护工作的一项主要信息内容。环境监理报告包括环境监理工程师的月报和季报、竣工环境监理报告、调试阶段环境监理总结报告以及发现环境问题的专题报告等。

4. 整改信息

环境监理工程师在现场检查过程中发现环境问题时下发的整改通知单、通知承包商需采取的纠正或处理措施，环境监理工程师对承包商某些方面的规定或要求，承包商对环境问题处理结果的答复以及其他方面的函件等。

5. 会议信息

指监理项目各阶段、各环节及有关单位的会议记录等。如环境监理例会，每月召开一次环境监理例会，形成会议纪要，承包商对近一段时间的环境保护工作进行回顾性总结，环境监理工程师对该月各承包商的环境保护工作及存在的问题、现场整体环境保护工作进行全面评议等，总之每次会议都要形成会议纪要。

（二）信息分类编码原则

在信息分类的基础上，可以对项目信息进行编码。信息编码是将事物或概念（编码对象）赋予一定规律性的，易于计算机和人识别与处理的符号。它具有标识、分类、排序等基本功能。项目信息编码是项目信息分类体系的体现，对项目信息进行编码的基本原则包括以下几点。

1. 唯一性

虽然一个编码对象可有多个名称，也可按不同方式进行描述，但是，在一个分类编码标准中，每个编码对象仅有一个代码，每一个代码表示一个编码对象。

2. 合理性

项目信息编码结构应与项目信息分类体系相适应。

3. 可扩充性

项目信息编码必须留有适当的后备容量，以便适应不断扩充的需要。

4. 简单性

项目信息编码结构应尽量简单，长度尽量短，以提高信息处理的效率。

5. 适用性

项目信息编码应能反映项目信息对象的特点，便于记忆和使用。

6. 规范性

在同一个项目的信息编码标准中，代码的类型、结构及编写格式都必须统一。

（三）环境监理信息管理

1. 信息管理的概念

所谓信息管理是指对信息的收集、加工整理、储存、传递与应用等一系列工作的总称。

信息管理的过程包括信息收集、信息传输、信息加工和信息储存。信息收集就是对原始信息的获取。信息传输是信息在时间和空间上的转移，因为信息只有及时准确地送到需要者的手中才能发挥作用。信息加工包括信息的形式变换和信息的内容处理。信息的形式变换是指在信息传输过程中，通过变换载体，使信息准确地传输给接受者。信息的内容处理是指对原始信息进行加工整理，深入揭示信息的内容。经过信息内容的处理，输入的信息才能变成需要的信息，才能被适时有效地利用。信息送到使用者手中，有的并非使用完就没用了，有的还需留作事后的参考和保存，这就是信息存储。通过信息的存储可以从中揭示出规律性的东西，也可以重复使用。

信息管理的目的就是通过有组织的信息流通，使决策者能及时、准确地获取相应的信息。为了达到信息管理的目的，就要把握好信息管理的各个环节，并要做到了解和掌握信息来源，对信息进行分类；掌握和正确运用信息管理的手段（如计算机）；掌握信息流程的不同环节，建立信息管理系统。

2. 信息管理的目标

建设项目信息的加工、整理和存储是数据收集后的必要过程。收集的数据经过加工、整理后产生信息。信息是指导施工和环境保护管理的基础，要把管理由定性分析转到定量管理上，信息是不可缺少的要素。

通过对工程资料数据的收集、整理、分析，使工程施工随时处在受控状态，确保环境保护目标在主动动态控制过程中实现。

3. 信息管理的原则

对于大型项目，建设工程产生的信息数量巨大，种类繁多。为了便于信息的收集、处理、查找、传递和利用，环境监理工程师在进行信息管理实践中逐步形成了以下基本原则。

（1）标准化原则

要求在项目的实施过程中对有关信息的分类进行统一，对信息流程进行规范，产生的控制报表力求做到格式化和标准化，通过建立健全的信息管理制度，从组织上保证信息生产过程的效率。

（2）有效性原则

环境监理工程师所提供的信息应针对不同层次管理者的要求进行适当加工，针对不同管理层提供不同要求和浓缩程度的信息。例如对于项目的高层管理者而言，提供的决策信息应力求精练、直观，尽量采用形象的图表来表达，以满足其战略决策的信息需要。这一原则是为了保证信息产品对于决策支持的有效性。

（3）定量化原则

建设工程产生的信息不应是项目实施过程中产生数据的简单记录，应该是经过信息处理人员的比较与分析。采用定量工具对有关数据进行分析和比较是十分必要的。

（4）时效性原则

考虑工程项目决策过程的时效性，建设工程的成果也应具有相应的时效性。建设工程的信息都有一定的生产周期，如环境监理月报、季度报表、年度报表等，这都是为了保证信息产品能够及时服务于决策。

（5）高效处理原则

通过采用高性能的信息处理工具（建设工程信息管理系统），尽量缩短信息在处理过程中的延迟。环境监理工程师的主要精力应放在对处理结果的分析和控制措施的制定上。

（6）可预见原则

建设工程产生的信息作为项目实施的历史数据，可以用于预测未来阶段的情况。环境监理工程师应通过采用环境影响预测和监测设备为项目的建设内容可能对周围环境产生的影响及程度做出必要的预测，作为采取事先控制措施的依据。这在建设项目环境监理中是十分重要的。

4. 信息管理的任务

环境监理工程师作为建设项目的环境管理者，承担着项目环境方面等相关信息管理的任务，负责收集项目实施情况的信息，做各种信息处理工作，并向上级、向外界提供各种信息，其信息管理的任务主要包括。

（1）信息的收集并系统化，编制项目手册

项目管理的任务之一就是按照项目的任务，按照项目的实施要求，设计项目实施和项目管理中的信息与信息流，确定它们的基本要求和特征，并保证在实施过程中信息顺利流通。

（2）及时与业主沟通信息，使业主了解工程环境保护工作情况

定期向业主书面报告（如工程环境监理月报）环保工作的执行情况；对工程建设中出现的环保工作影响工程目标的问题，及时通过信息传递，报告业主；对于超出合同约定的各种变更，均应得到业主的批准指令。

（3）项目报告

项目报告及各种资料的规定，例如资料的格式、内容、数据结构要求。

（4）按照信息系统流程，保证系统运行并控制信息流

按照项目实施、项目组织、项目管理工作过程建立项目管理信息系统流程，在实际工作中保证这个系统正常运行，并控制信息流。

（5）文件档案管理工作

有效的基础管理需要更多地依靠信息系统的结构和维护。信息管理影响组织和整个项目管理系统的运行效率，是人们沟通的桥梁，环境监理工程师应对它有足够的重视度。

5. 信息管理的内容

环境监理记录是环境监理的主要信息源，信息的收集主要来自监理日记、现场记录、环境保护主管部门批复、业主有关指令、设计单位有关文件和其他方面的信息，汇总环境监理记录是每个环境监理工程师必须做的一项工作，同时环境监理记录也是环境监理工程师对监理工作作出决定、判断的重要基础资料。需要汇总、统计、存档的信息内容有以下几个方面。

（1）日常工作记录

① 会议记录：历史性会议记录，如第一次工地会议、监理例会、工地协调及其非例会会议的记录，由固定人员对每次会议做详细记录，并归档保存。

② 环境监理工程师（或监理员）的日报表：凡是其所负责的工地及其职责范围内的主要工作都应做记录，如一天中的主要工作、工作进度和环境质量情况等。

③ 环境监理总工程师日志：应记录每天工作的重大决定、对承包人的指示、发生的问题及解决的可能办法、与工程有关的特殊问题、与施工单位的口头协议、对下级的指示、工程进度或存在问题。

④ 环境监理月报：环境监理总工程师每月以报告书的格式向业主报告当月完成工程环境保护方面管理、监理工程等情况的详细情况，并对下一步工作的设想提出建设性意见。

⑤ 环境监理总工程师巡视记录：主要记录总监巡视现场时发现的主要问题及处理意见。

⑥ 天气记录：主要记录每天的温度变化、风力、雨雪情况及其他特殊天气情况，还应记录因天气变化而损失的工作时间。

⑦ 对施工单位的指示：环境监理工程师的正式函件及口头指示均应做好记录，同时记录口头指示得到正式确认的方式和时间，还有的指示体现在各种函件记录表格中，对此也要保留。

⑧ 发送记录：给施工单位的图纸和补充图纸的送发均应记录，以免遗漏而延误工程，由此而引起施工单位的索赔。

⑨ 通知：对给有关施工单位的报告或通知、正式例行报告、报表、各种正式函件、口头通知，均应做记录。

（2）工程竣工记录

包括施工过程中的验收记录和竣工验收阶段记录两部分。竣工验收阶段记录应包括验收检查、验收监测、验收评定及验收资料等方面的内容。根据业主要求，参照国家和地方有关部门的规定，结合本工程特点进行信息的整理、分类、造册、归档，并经常召开专题会议，检查、督促承包人及时整理合同文件和技术档案资料，确保工程信息、档案分类清楚、完整，技术档案图纸资料与实物同步。

（四）环境监理信息传输与控制

1. 信息处理流程

信息处理流程包括信息的加工、整理和存储。信息的加工、整理和存储流程是信息系统流程的主要组成部分。信息系统的流程图有业务流程图、数据流程图，一般先找到业务流程图，通过绘制的业务流程图再进一步绘制数据流程图，通过绘制业务流程图可以了解具体处理事务的过程，发现业务流程的问题和不完善处，进而优化业务处理过程。数据流程图则把数据在内部流动的情况抽象化，独立考虑数据的传递、处理、存储是否合理，发现和解决数据流程中的问题。数据流程图的绘制从上而下层层细化，经过整理、汇总后得到总的数据流程图，根据总的数据流程图可以得到系统的信息处理流程图。信息处理流程根据具体工程情况决定，大型工程复杂些，小型工程简单些。图8-1以环境监理部对施工阶段的信息业务处理流程为例说明信息处理流程。

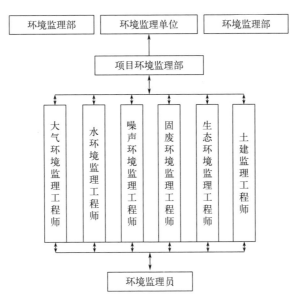

图8-1　环境监理部对施工阶段的信息业务处理流程

类似的其他数据处理流程图也可用同样的方法产生。数据加工主要由相应的软件来完成，对于使用者来说主要是找到数据间的关系和数据流程图，以此决定选择必要的、适合的软件和数学模型来实现数据信息的加工、整理和存储过程。

2. 信息传输流程

建设工程是一个由多单位、多部门组成的复杂系统。参加过程建设的各单位必须规范相互之间的信息流程，使各方需要数据信息时，能够从相关的部门、相关的人员处及时得到。同时，有关各方也必须在规定的时间提供规定形式的数据和信息给其他部门使用，达到信息管理规范化。环境监理内部信息流程见图8-2。

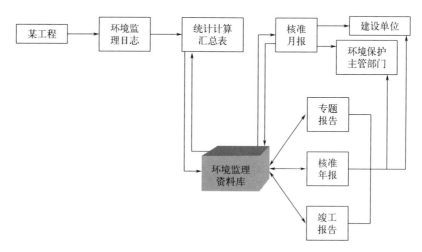

图8-2 环境监理内部信息流程

信息传输要迅速、准确，每月按实际工程情况，对工程环境方面的问题进行分析、判断、报送业主。必要时运用电子邮件进行信息的快速传输。

（1）内部传递

① 环境监理工程师对外来资料要制定一套严格的传递流程，文件传递流程为资料员（登记）→环境监理总工程师（批示）→资料员→环境监理工程师（签证或提出处理意见）→环境监理总工程师（审批或签字、批示盖章）→资料员（盖章、发送及存档），确保文件被监理部所有相关人员知晓，确保文件去向明确。

② 环境监理总工程师可通过会议、内部文件等形式将工程有关各方的信息传递给各监理人员，监理人员应依照执行并将情况向环境监理总工程师反馈，环境监理总工程师应经常检查和过问。

③ 现场监理人员每日应将工程现场环境保护工作情况逐级汇报给环境监理总工程师，并按规定的格式形成书面统计材料。

（2）外部传递

来自业主的函件或其他信息，环境监理总工程师应及时传送或转达给承包单位，让业主意图得以贯彻落实；对于环境监理月报，环境监理工程师应在约定的时间报送业主。

（3）信息的分发和检索

通过对收集的数据进行分类加工处理产生信息后，要及时提供给需要使用数据和信息的部门。信息和数据要根据需要来分发，信息和数据的检索则要建立必要的分级管理制度，一般由使用软件来保证实现数据和信息的分发、检索，关键是要决定分发和检索的原则。

分发和检索的原则是：需要的部门和使用人，有权在需要的第一时间内，方便地得到所需要的以规定形式提供的一切信息和数据，而保证不向不该知道的部门（人）提供任何信息和数据。

（4）分发程序设计时应考虑的主要内容

建立分发制度要根据环境监理工作特点来进行，进行分发程序设计时考虑的主要内容有：

① 了解使用部门（人）的使用目的、使用周期、使用频率、得到时间、数据的安全要求；

② 决定分发的项目、内容、分发量、范围、数据来源；

③ 决定分发信息和数据的结构、类型、精度，以及如何组合成规定的格式；

④ 决定提供的信息和数据的介质（纸张、显示器显示、磁盘或其他形式）。

（5）检索设计时应考虑的主要内容

① 允许检索的范围、检索的密级划分、密码的管理；

② 检索的信息和数据能否及时、快速地提供，采用什么手段实现；

③ 提供检索需要的数据和信息输出形式，能否根据关键字实现智能检索。

（6）信息的存储

信息的存储一般需要建立统一的数据库，各类数据以文件的形式组织在一起，组织的方法一般由单位自定，但是要考虑规范化。根据建设工程实际，可以按照下列方式组织。

① 按照工程组织。同一工程按照投资、进度、质量、合同的角度组织，各类进一步按照具体情况细化。

文件名规范化，以定长的字符串作为文件名。例如按照类别、工程代码、开工年月等组成文件名。

② 按照存储方式组织。各建设方协调统一存储方式，在国家技术标准有统一的代码时尽量采用统一代码。

（7）建立网络数据库

有条件时可以通过网络数据库形式存储数据，使建设各方数据共享，减少数据损失，保证数据的唯一性。

（8）信息管理的控制措施

建设工程项目的信息管理应采用计算机辅助管理，以确保信息管理有条不紊地开展。

（9）使用计算机管理

配备计算机及网络设备，专线与业主、承包商进行信息交换。参与工程建设的环境监理工程师需要具有计算机操作能力，能熟练运用计算机完成自己的本职工作，及时向监理部提供相关资料。

（10）建立信息系统数据库

根据信息系统管理内容的不同建立信息系统管理的数据库，完成对数据库信息的统一录入，利用P3等应用程序编制管理程序对数据库进行统一管理、统一维护、统一使用，以保证数据信息的安全性、准确性、保密性。

（五）建设工程信息管理的基本环节

建设工程信息管理存在建设工程全过程中，基本环节有信息的收集、传递、加工、整理、分发、检索、存储。

1. 施工阶段的信息收集

（1）施工准备期

施工准备期是指从建设工程合同签订到项目开工这个阶段。本阶段是施工期环境监理信息收集的关键阶段。环境监理工程师应从以下几点入手收集信息。

① 中标通知书、施工合同：中标通知书和施工合同是业主与承包商在施工过程中签订的全部工作内容的总和，内容最丰富，信息量最多，是环境监理的重要依据。

② 建设监理合同与监理大纲：了解和掌握所监理的建设工程项目的组织管理模式，便于环境监理单位采取相应的环境监理模式，在业主授权的范围内对工程施工期的环境监理工作不至于与建设监理重复或漏项。收集业主、建设监理单位主要负责人及部门的联系方式。

③ 施工图设计和施工图预算：特别要掌握环保设施结构特点，工程难点、要点，工艺流程特点，设备特点；了解环境工程预算体系（按单位工程、分部工程、分项工程分解）。

④ 施工单位项目经理部组成、联系方式，进场人员资质；进场设备的规格型号，保修记录；施工场地的准备情况；施工单位质量保证体系及施工单位的施工组织设计，特殊工程的技术方案，施工进度网络计划图表；进场材料、构件管理制度；安全环保设施；数据和信息管理制度；检测和检验，试验程序和设备；承包单位和分包单位的资质等信息。

⑤ 建设工程临时工程如临时道路、取弃土场、场地、营地的具体位置；有关地质、水文、气象、环境质量信息；纳污水体、环境敏感区情况；地上、地下管线，地下洞室，地上原有建筑物及周围建筑物，树木、道路；建设红线、标高、坐标；水、电、气管道的引入标志；地质勘察报告、地形测量图及标桩等环境信息。

⑥ 施工图的会审和交底记录；开工前的交底记录；对施工单位提交的施工组织设计按照项目环境监理部要求进行修改的情况；施工单位提交的开工报告及实际准备情况。

⑦ 需要遵循的环保、建筑相关法律、法规和规范、规程，有关质量监测、检验、控制的技术法规和验收标准。

在施工准备期，信息的来源较多、较杂，由于各参建方的相互了解还不够，环保信息渠道没有建立，收集信息有一定的困难。因此，更应该组建工程环保信息合理的收集流程，确定合理的信息源，规范各方面的信息行为，建立必要的信息秩序。

（2）施工期和竣工期

施工期信息来源相对比较稳定，主要是施工过程中随时产生的数据：一是业主下发的有关环境保护、文明施工方面的各种文件、会议纪要、通知和管理制度；二是建设监理单位在历次工地例会或建设监理中对环境保护文明施工的具体要求与措施；三是由施工单位层层收集上来的每月施工作业汇报，比较单纯，容易实现规范化。项目环境监理部应收集如下方面的信息：施工单位人员、设备及水、电、气等能源的动态信息；施工期中长期气象信息，特别是气候对施工质量影响较大的情况下的气象数据；建筑原材料、半成品、成品、构配件等工程物质的进场、加工、保管、使用信息；项目经理部管理程序，废水、废气、噪声、固体废物、危险废物存放、污染防治、生态保护控制措施；工序间交接制度；污染事故处理制度；事故组织设计及技术方案执行情况；工地文明施工及安全措施；施工中需要执行的国家和地方规范、规程、标准及施工合同的执行情况；施工中应做的环境监测、环保设备安装调试和测试数据等有关信息；施工索赔相关信息等。

竣工期的环保信息是建立在施工期平常信息积累的基础上的，是日常建设各方环保信息的最后汇总和总结。主要收集的信息有：工程准备阶段文件；环境监理文件如监理规划、监理实施细则，有关环保问题和污染事故处理记录，各种控制和审批文件、环境监理报告、总结等；竣工资料；竣工图；竣工环境保护验收资料等。

2. 建设工程信息的加工、整理、分发、检索和存储

建设工程信息的加工、整理和存储是数据收集后的必要过程。

（1）信息的加工和整理

信息的加工主要是对建设各方得到的数据和信息进行鉴别、选择、核对、合并、排序、更新、计算、汇总、存储，生成不同形式的数据和信息，提供给有不同需求的各类人员使用。

（2）信息的分发和检索

信息在对数据进行分类加工处理产生后，要及时提供给需要使用数据和信息的部门。

（3）信息的存储

环境信息的存储一般需要建立统一的数据库。各类数据以文件的形式组织在一起，其组织方法，环境监理单位可根据实际情况自定，但要考虑规范化，尽量和各建设方协调一致。在国家技术标准有统一代码时，尽量采用统一代码，或通过网络数据库形式存储，使各建设方数据共享，保证数据的唯一性。

三、建设工程信息管理系统的应用和实施

1. 建立完善的信息管理系统的组织软件

① 建立统一编码；

② 输入、输出进行规范和统一；

③ 建立完善的信息流程；

④ 注重基层数据的收集和传递；

⑤ 进行合理的任务分工；

⑥ 建立数据保护制度，确保信息的安全性、完整性和一致性。

2. 建立信息系统教育软件

① 项目领导的培训；

② 开发人员的学习和培训；

③ 使用人员的培训。

3. 开发和引进建设工程信息管理系统软件

① 统一规划、分步实施；

② 开发团队的合理构成；

③ 注意开发方法和工具的选择；

④ 注重现代工程建设理论的支撑和渗透作用。

4. 建立建设工程信息管理系统的硬件平台

① 注意有关设备性能的可靠性；

② 采用高性能的网络硬件平台。

🔍 **"查一查"**

在了解了环境监理信息系统、环境监理信息分类与信息管理、建设工程信息管理的基本环节后，请大家查查建设工程环境监理信息管理系统先进的典型案例。

📝 **任务小结**

本次通过学习数据信息的基本概念、环境监理信息系统、环境监理信息分类与信息管理、建设工程信息管理的基本环节、环境监理信息传输与控制、建设工程信息管理系统的应用和实施，大家应该掌握环境监理信息管理的基本知识，能根据需要做好建设工程环境监理信息管理系统。

⚙️ **项目技能测试**

一、单选题

1. 环境监理信息系统是由人和计算机等组成，以系统思想为依据，以计算机为手段，对

（　　）整体工作进行数据收集、传递、处理、存储、分发、加工产生信息，为环境监理决策、预测和管理提供依据的系统。

A. 环境监理
B. 建设工程监理
C. 施工监理
D. 验收监理

2. 环境监理信息重点描述（　　）环境保护工作的检查表、发现的环境问题及问题发生的责任单位，分析产生问题的主要原因和环境监理工程师对问题的处理意见等。

A. 施工过程中
B. 现场
C. 施工前期准备阶段
D. 施工结束

二、多选题

1. 信息管理是指对信息的（　　）传递与应用等一系列工作的总称。

A. 收集
B. 加工、整理
C. 储存
D. 登记

2. 环境监理工程师在进行信息管理实践中逐步形成了（　　）。

A. 标准化原则
B. 有效性原则
C. 定量化原则
D. 时效性原则

3. 施工准备期，环境监理工程师应从（　　）入手收集信息。

A. 中标通知书、施工合同
B. 建设监理合同与监理大纲
C. 施工图设计和施工图预算
D. 施工图的会审和交底记录

三、以小组为单位课下讨论以下问题，课堂上进行陈述。

1. 建设工程环境监理信息管理分哪几个基本环节？
2. 如何做到环境监理信息传输与控制？

项目九

建设工程环境监理
典型范例

任务一　交通运输类建设项目环境监理

一、交通运输类建设项目概况

环境监理涉及的交通类工程项目主要包括公路工程、铁路工程、隧道工程、桥梁工程、管道工程等。

（一）道路工程

道路工程的建设内容包括：路基施工和路面施工两部分。

1. 路基施工

（1）作业流程

临时设施建设—材料设备进场及设备安装—施工测量—施工前的复查和试验—清理地基—挖方及借土—填料质检—分层填筑—摊铺平整—洒水或风干碾压—检测—重复填土至设计标高—削坡整形。

（2）环境因素

① 临建搭设可能导致植被、耕地、地下文物破坏，机械噪声，废气排放，扬尘，固体废物排放，废水排放，材料及能源消耗等。

② 施工前的复查和试验有试验废液、废渣排放等。

③ 施工测量可能践踏耕地，形成废弃物等。

④ 清理地基时造成植被破坏、机械噪声、废气排放、扬尘、固体废物排放、材料及能源消耗，以及运土车发生遗撒等。

⑤ 挖方及借土过程造成地面植被破坏、地下管线和文物破坏、水土流失、机械噪声、废气排放、扬尘、爆破振动噪声、固体废物和废水排放，以及材料及能源消耗等。

⑥ 洒水或风干碾压、检测、重复填土至设计标高及削坡整形过程造成机械噪声、废气排放、扬尘、废渣土和废水排放、材料及能源消耗，以及使用的核子密度湿度仪含有射线源等。

⑦ 紧急情况下的环境因素包括可能发生的油品、爆破用炸药、化学品等易燃、易爆或有毒材料意外遗撒、泄漏、着火，恶劣天气，临时停电，发电机自燃，核子密度湿度仪遗失或用电设备发生意外事故产生大量废气、固体废物，污染大气、土地、地下水。

2. 路面施工

（1）作业流程

① 水泥混凝土路面施工作业流程为：施工准备（包括整修基层、测量放样、材料质检、混凝土配合比设计、试验等）—立模—纵横缝处理及设置钢筋—混凝土搅拌及运输—混凝土摊铺及振捣—拉纹、养护、切缝、拆模、灌注伸缩缝。

② 沥青混凝土路面施工作业流程为：施工准备—沥青混合料拌和—沥青混合料运输—摊铺—碾压—工作缝处理。

（2）环境因素

1）水泥混凝土路面施工环境因素

① 施工准备过程的环境因素：材料进场时产生的粉尘、噪声、固体废物污染；机械保养过程中产生的废油、废渣、噪声污染；基层检验时产生的噪声、废渣、土地污染；测量放样时产生的废弃物、资源破坏及浪费等。

② 立模过程的环境因素：噪声污染，立模不当引起废弃物增多及资源浪费等。

③ 纵横缝处理及设置钢筋过程的环境因素：噪声污染，废水及废弃物污染，钢筋等材料的浪费等。

④ 混凝土搅拌及运输过程的环境因素：搅拌产生的粉尘、噪声、废水、废渣污染；运输产生的噪声、遗撒、粉尘污染等。

⑤ 混凝土摊铺及振捣过程的环境因素：噪声污染；废水、固体废物污染等。

⑥ 拉纹、养护、切缝、拆模、灌注伸缩缝过程的环境因素：噪声污染；废水、固体废物污染；粉尘污染等。

2）沥青混凝土路面施工环境因素

① 施工准备过程的环境因素：材料进场时产生的粉尘、噪声、固体废物污染；机械保养过程产生的废油、废渣、噪声污染；基层检验时产生的噪声、废渣、土地污染；测量放样时产生的废弃物、资源破坏及浪费等。

② 沥青混合料拌和过程的环境因素：噪声、废水、废渣、废油、有毒有害气体等排放及资源浪费等。

③ 沥青混合料运输过程的环境因素：噪声、遗撒有毒有害气体污染等。

④ 摊铺过程的环境因素：噪声、废气、废渣、粉尘污染等。

⑤ 碾压过程的环境因素：噪声、废气污染等。

⑥ 工作缝处理过程的环境因素：废水、废渣、噪声等污染及资源浪费等。

⑦ 旧路面翻修出现噪声、废气、废渣、粉尘等污染。

⑧ 紧急情况下的环境因素：混凝土输送出现意外故障致凝固产生固体废物，现场临时停电导致设备安全事故，存储和使用沥青、油品、化学品等产生意外的火灾、有毒气体排放、烫灼、泄漏，恶劣天气和其他突发事件产生的其他污染源等。

（二）隧道工程

在开挖隧道之前，应对开挖区进行生态摸底，应对动物巢穴进行转移，严格界定开挖线，禁止任意破坏植被。在开挖隧道工程中应动态控制振动、粉尘、噪声、固体废物等环境影响。隧道交工前应及时进行周边植被的恢复和再生活动。各项污染物排放场应符合施工所在地政府要求。隧道工程的施工方法较多，常用的方法为新奥施工法。

1. 新奥施工法

（1）工作流程

技术准备—设备选择—测量准备—洞口施工—开挖—出渣运输—施工支护—衬砌—施工防排水—通风—施工供水—照明—通风防尘。

（2）环境因素

① 扬尘污染。包括洞口段开挖施工的扬尘、地表施工的扬尘、钻眼爆破的扬尘、车辆来回往复的扬尘、其他爆破时产生的扬尘。

② 噪声及振动污染。包括车辆往复的噪声排放、爆破钻孔时的噪声排放、通风空压机噪声、爆破产生的噪声、施工支护时的噪声、喷射混凝土的噪声及振动。

③ 废液污染。包括施工废水、生活污水的排放，施工机械漏油对地下水的污染，润滑清洗用油的排放，导管注浆对地下水的污染。

④ 固体废物的污染。包括开挖隧道产生的固体废物、生活垃圾、机械设备清洁产生的废弃物等。

⑤ 应急和突发事件。包括可能发生的油品、炸药、化学品等易燃、易爆及有毒材料的意外遗洒（撒）、泄漏、着火，临时停电、通风突然停止等事故产生废气、固体废物，污染隧道内外的施工环境。

2. 其他施工方法

（1）盾构隧道施工法

盾构隧道施工法是指使用盾构机，一边控制开挖面及围岩不发生坍塌失稳，一边进行隧道掘进、出渣，并在机内拼装管片形成衬砌，实施壁后注浆，从而不扰动围岩而修筑隧道的方法。比较适于在软土地层中构筑隧道，在城市和地下施工时常用此种方法。

盾构法构筑隧道经常会引起地表的下陷，引起地表环境的变化，严重时还会引发工程事故。下陷量的大小受土质、隧道埋深、洞径及掘进方法的影响，变化范围很大。

目前采取在掘进的同时对开挖工作面施加一定压力的方法，如泥水加压式、土压式、泥土加压式、有限范围气压式，以上这些不同方式对开挖工作面施加一定压力后，可以使地层更加稳定，减少了地表下陷量。但是，当地质条件非常恶劣时或工程环境的要求较高时，仅靠这些还是不能满足要求的，还要采取其他辅助方法，近年来采用的是化学注浆法和冻结加固法。

（2）沉管隧道施工法

沉管隧道施工法亦称预制管段法或沉放法，先在隧址以外的船台上或临时干坞内制作隧道管段，并将两端用临时手段封闭起来，制作后用拖轮运到隧址指定位置上去。这时已于隧位处预先挖好一个水底基槽，待管段定位就绪后，向管段里灌水压载，使之下沉，然后把沉设的管段在水下连接起来，经覆土回填后，便筑成了隧道。

沉管施工法的优点是施工质量有保证，工程占用资源、消耗材料较少，造价低，操作条件好，对地质条件适应性强等。

沉管施工法需要对现场进行浚挖，一般来讲，浚挖作业仅暂时影响环境，并且受季节的影响很大，季节影响常常比浚挖的影响还大。

为了能预测工程对环境的生态影响，必须详细了解所发生的生态和生物作用。这些情况不仅限于现场，而且还包括受现场活动影响的其他一些地区。所以在浚挖进行前，应对工程进行环境影响评估，避开水中生物的产卵与繁殖季节，减少对生态的破坏。

（三）桥梁工程

1. 作业流程

施工准备—基础施工—系染、桥墩与桥台施工—梁板制作、桥梁架设与安装施工—桥面铺装与附属工程施工。

2. 环境因素

（1）施工准备阶段的环境因素

包括场地平整机械噪声排放、扬尘、意外损坏建筑物、地下管道、破坏文物、发生泄漏、污染大气、废物遗失；土方储存与运输扬尘、遗撒、植被破坏；临建搭设中材料运输噪声排放、运输遗撒、扬尘、边角余料等建筑垃圾固体废物遗失。

（2）基础（含桩基）施工阶段的环境因素

包括桩基成孔、清孔，钢筋笼安放及混凝土浇筑中打桩机械产生的噪声排放，机械加油时遗撒，设备运行时漏油，污染土地、污染水体，清孔泥浆、废水污染土地、污染水体；钢筋加工机械噪声、废水、废油、粉尘、弧光、固体废物等污染；混凝土拌制、浇筑中的噪声排放、扬尘、水电消耗、混凝土遗撒、洗搅拌机水污染；水泥、砂子运输与储存扬尘、遗撒；混凝土运输场遗撒、洗车水污染、失效混凝土遗弃；土方回填噪声排放、扬尘。

（3）系梁、桥墩与桥台施工阶段的环境因素

系梁、桥墩、盖梁与桥台模板支拆扬尘、噪声排放、脱模剂遗撒、废脱模剂遗弃；钢筋加工机械噪声、废水、废油、粉尘、弧光、固体废弃物等污染；混凝土拌制、浇筑中的噪声排放、扬尘、水电消耗、混凝土遗撒、洗搅拌机水污染、混凝土养护水消耗；水泥、砂子运输与储存扬尘、遗撒；混凝土运输遗撒、洗车水污染、失效混凝土遗弃。

（4）梁板制作、桥梁架设与安装施工阶段的环境因素

梁板模板支拆噪声、废油、粉尘、固体废弃物等污染；钢筋加工机械噪声、废水、废油、粉尘、弧光、固体废弃物等污染；混凝土拌制、浇筑中的噪声、扬尘、水电消耗、混凝土遗撒、洗搅拌机水污染、混凝土养护水消耗；水泥、沙子运输与储存扬尘、遗撒；混凝土运输遗撒、洗车水污染、失效混凝土遗弃。梁板架设与安装工程中的噪声、扬尘、固体废弃物及有毒有害气体的排放等污染；资源消耗。

（5）桥面铺装与附属工程施工阶段的环境因素

桥面铺装与附属工程模板支拆噪声排放、扬尘、脱模剂遗撒、废脱模剂遗弃、固体废

物等；钢筋加工机械噪声、废水、废油、粉尘、弧光、固体废物等污染；混凝土拌制、浇筑中的噪声排放、扬尘、水电消耗、混凝土遗撒、洗搅拌机水污染、混凝土养护水消耗；水泥、砂子运输与储存扬尘、遗撒；混凝土运输遗撒、洗车水污染、失效混凝土遗弃。

（6）工程收尾阶段的环境因素

工程场面清理及临建拆除噪声、扬尘、废水、废油、固体废物等污染；征地复耕扬尘、废水、植被破坏，运输扬尘、遗撒。

（7）紧急情况下的环境因素

项目部根据机械油料、沥青、化学品等易燃、易爆或有毒材料意外遗洒（撒）、泄漏、着火，恶劣天气，临时停电，用电设备发生意外事故产生大量废气、废弃物污染大气、土地、地下水等应制订应急计划，并做好应急准备。自然环境恶劣、特殊天气或发生意外事故时严禁施工。

（四）场地管道工程

1. 工程建设内容

管道工程的建设内容包括给排水管道安装工程、采暖管道安装工程和工艺管道安装工程三部分（见表9-1）。

表9-1 管道工程建设内容

序号	管道工程	内容
1	给排水管道安装工程	室外给水管道、室内给水管道、室外排水管道、室内排水管道安装等主体工程及阀门、卫生器具、消火栓、热水器等辅助工程
2	采暖管道安装工程	室外直埋供热管道、室外架空供热管道、室外地沟供热管道、室内供热管道安装等主体工程及阀门、散热器、伸缩器、疏水器、计量器等辅助工程
3	工艺管道安装工程	室外直埋工艺管道、室外架空工艺管道、室外地沟工艺管道、室内工艺管道安装等主体工程及安全阀、伸缩器、疏水器等辅助工程

2. 工程建设的环境因素

（1）土建施工活动中的环境因素

① 管道土方开挖中机械与石方爆破噪声排放、扬尘、废物遗弃对环境的污染；土方储存与运输噪声排放、扬尘、遗撒、植被破坏对环境的影响；土方回填噪声排放、扬尘、遗撒对周边环境的污染。

② 混凝土基础、柱子、框架浇筑、吊装，管沟垫层、沟盖板预制安装中模板支拆扬尘、噪声排放、脱模剂遗撒、废脱模剂遗弃对环境的污染；混凝土拌制、浇筑中的设备噪声排放、倒水泥扬尘、混凝土遗撒、清洗搅拌机水排放对环境的污染，水电消耗；水泥、砂子运输与储存扬尘、遗撒对环境的污染；混凝土运输遗撒、清洗运输车水排放、失效混凝土遗弃对环境的污染。

③ 土方机械加油时遗撒，设备运行时漏油，污染土地、水体；废油、废油手套、废油桶遗弃对环境的污染。

（2）安装施工活动中的环境因素

① 管道接口材料拌制时水泥、石膏粉、石棉绒遗撒，扬尘，水消耗；石膏粉、石棉绒运输与储存扬尘、遗撒对厂界的污染；接口拌制材料运输遗撒、废接口材料遗弃；铅口加热中热辐射、一氧化碳与二氧化硫排放；防腐漆遗撒污染土地，废涂料、涂料桶、涂料刷、手套遗弃。

② 人工除锈噪声排放、浮锈烟尘、废弃物遗弃对环境的污染；机械除锈中电的消耗、设备噪声排放、扬尘、油遗撒、废物遗弃对环境的污染。

③ 在钢筋混凝土墙或砖墙开槽和钻管道套管洞中水、电消耗，设备噪声排放，扬尘对环境的污染，废水污染土地、污染环境。

④ 试压冲洗中水、电的消耗，试压用水乱排污染土地、地下水，废弃物遗弃污染土地、地下水。

⑤ 管口套丝、试验吹扫用空压机漏油污染土地、水体，废油、废油手套、废油桶遗弃对环境的污染。

（3）紧急情况中的环境因素

① 管道土方开挖中意外损坏建筑物、地下管道，破坏文物，发生泄漏污染大气；废弃物遗弃对环境的污染。

② 炸药库意外发生火灾、爆炸产生扬尘、废弃物，损坏物体，污染土地、水体、大气。

③ 围堰、土石坝体施工完毕后意外发生围堰或土石坝体浸水、涌流、坍塌，冲坏设施，污染河面，污染环境。

④ 涂料储存和油刷，以及焊接意外发生火灾，污染土地、地下水、空气，废物遗弃对环境的污染。

⑤ 设备发生故障零部件或设备报废，加大水电消耗，浪费水、电资源，报废设备或零部件遗弃；设备漏油污染土地、地下水。

⑥ 冬季试压冲洗中冻坏管道，试压冲洗中意外跑水冲坏管沟、损坏管子，污染土地、水体，废物遗弃、浪费水资源；管道漂浮损坏管子、废物遗弃对环境的污染，浪费资源。

（五）辅助构筑物工程

1. 辅助构筑物工程建设的要求

① 除征地红线范围内的耕地占用外，工程施工原则上不得侵占现有耕地，施工过程中应积极与当地居民进行共建活动，施工完毕后，能复耕的应复耕，能造地的要造地，尽量保护耕地。能复耕的土地应事先将所取之土集中堆放，并采取覆盖、围挡、洒水等措施，用于防尘，并在能复耕时及时以原土进行复耕。

② 施工前应做好取、弃土场等工程临时占地的设计和恢复措施，做好土石方平衡，减

少运土量和运土距离，尽量减少土地占用，保护耕地。规划施工场地的平整时应根据设计总平面图、勘测地形图、场地平整施工方案等技术文件进行，尽量做到填挖方量趋于平衡、总运输量最小、便于机械化施工和充分利用建筑物挖方填土，并防止利用地表土、软弱土层、草皮、建筑垃圾等做填方。

③ 项目办公区、生活区宜利用闲置房，料场、拌料场地应选在红线范围内或建在闲置场地、边角地或荒地上，不得占用耕地。施工平面布置尽量利用永久征地，严格按总平面规划设置各项临时设施，减少对耕地或林木的损坏。

④ 施工中生产设施和场地，如堆料场、材料加工场、混凝土厂等，均宜远离居民区（其距离不宜＜1000m），而且应设于居民区主要风向的下风处。当无法满足时，应采取适当的防尘及消声等环保措施，积极为施工机械正常运转创造良好的外部环境。设备的安装放置应平稳，施工场地及临时道路应尽量做到平整、硬化。开工前应协助业主与市政管理部门进行联系，得到批准后再将现场的雨水、污水管网与市政管网相连。

⑤ 临时设施建设过程中其他环境因素及控制方法应满足临时设施搭拆使用的一般规定。

2. 施工现场临时设施

施工现场的临时设施较多，这里主要指施工期间临时搭建、租赁的各种房屋设施。临时设施必须合理选址、正确用材，确保满足使用功能和安全、卫生、环保、消防要求。

施工现场搭建的生活设施、办公设施、两层以上及大跨度临时房屋建筑物应当进行结构计算，绘制简单施工图纸，并经企业技术负责人审批方可搭建。临时建筑物设计应符合《建筑结构可靠度设计统一标准》（GB 50068—2018）、《建筑结构荷载规范》（GB 50009—2012）的规定。临时建筑物使用年限定为5年。工地危险品仓库按相关规定设计。临时建筑及设施设计可不考虑地震作用。在一般情况下，可以按表9-2参考选用。

表9-2 施工现场办公、生活临时设施建设标准

序号	用途	内容	达到的标准/（m²/人）
1	办公室	按施工管理人数，办公室内布局应合理，每人配备1个文件柜，技术资料、文件宜归类存档，并保持室内清洁卫生	3 ~ 4
2	会议室	25 ~ 60m²	
3	宿舍	按高峰年（季）现场居住施工人平均数，每间人员不少于15人，室内高度不低于2.5m，通道宽度不小于0.9m，床铺搭设不得超过2层	2 ~ 2.5
4	食堂	按就餐职工人均数设置	0.3 ~ 0.8
5	浴室	按高峰年平均施工人数设置	0.07 ~ 0.1
6	厕所	必须设置水冲式厕所或移动式厕所。厕所大小按高峰年平均施工人数确定	0.02 ~ 0.07
7	医务室	按高峰年平均施工人数设置	0.05 ~ 0.07
8	开水房	6 ~ 15m²	
9	工人休息室	按高峰年平均施工人员数设置	0.15

3. 临时道路

① 施工现场的临时道路应通畅，有循环干道，满足运输、消防要求。

② 主干道应当硬化平整且有排水设施，次要道路硬化材料可以采用混凝土、预制块或用石屑、炉渣、砂石等压实整平，保证不沉陷、不扬尘，防止将泥土带入市政道路。

③ 道路两侧设排水设施，排水坡度宜为0.1% ～ 0.2%，若两侧为明沟排水，采用坡度3‰。主干道宽度不宜小于3.5m，载重汽车转弯半径不宜小于15m，如条件限制，应当采取其他可行措施。

④ 施工现场主要道路应尽可能利用永久性道路，或先建好永久性道路的路基，在土建工程结束之前再铺路面，以减少材料的浪费和对土壤的破坏。

⑤ 路基：砂质土可采用碾压土路的办法。当土质黏或泥泞、翻浆时，可采用加骨料碾压的办法。骨料应就地取材，如碎砖、炉渣、卵石、碎石及大石块等。

⑥ 路面：宜就地取材，采用混凝土路面、级配碎石路面、炉渣或矿渣路面、砂石路面等。

⑦ 为保证路面不积水，路面应高出自然地面100 ～ 200mm，道路两侧设置排水沟，沟底宽度不小于400mm。

4. 料场、渣场、施工场、取土场地

① 施工现场的材料存放区、大模板存放区等场地必须平整夯实。

② 施工现场必须设置渣场，渣场的大小应与建筑物的规模相适应，大小应至少能够容纳建筑施工高峰期一周的废渣量且不得小于6m³。现场至少应有普通建筑垃圾站、可回收利用垃圾站、有毒有害废弃物回收站，分类进行回收。

二、施工期环境监理内容

对交通运输类工程项目来说，施工期环境监理对环保工作的重视和负责程度关系到项目在施工阶段环保工作的落实效果。一般说来，项目施工期的环境监理内容主要有：土石方施工、材料进场与设备安装、固体废物处理与处置过程等。

项目所在地区的环境因素包括自然环境、生态环境、社会环境和人民生活环境。对于交通类工程项目，施工期对环境的影响因素主要有以下几类。

① 对生态环境的主要影响因素：水土流失、植被破坏。

② 对声环境的主要影响因素：施工机械噪声、交通噪声。

③ 对水环境的主要影响因素：挖泥、取砂、材料冲洗引起水质浑浊；施工机械的含油污水及油料泄漏造成油污染；施工人员的生活污水、垃圾直接排入水体；沥青、油料、化学品等因保管不善进入水体。

④ 对大气环境的主要影响因素：灰土拌和、扬尘、沥青烟、废气。

⑤ 对社会环境的主要影响因素：临时占地及施工作业对周边农田的损坏，对沿线河道、

人工渠道的施工干扰，加重了地区道路的负荷。

1. 土石方施工工程的环境监理内容

① 挖方施工所产生的废弃土方、石渣等固体废弃物不得随意堆置。弃土堆放应少占耕地，当沿河弃土时，不得阻塞河道、挤压桥孔和造成河岸冲刷。在开挖路堑弃土地段前，应提出弃土的施工方案并报有关单位批准后实施。弃土方案应包括弃土方式、运输方案、弃土位置、弃土形式、坡脚加固处理方案、排水系统的布置及计划安排等内容。方案改变时，应报批准单位复查。施工现场原则上不存放土方，土方回填作业时安排外运土方进场。如果施工现场具备土方临时堆放场地，而且出于成本节约考虑进行土方现场堆放的，可采取植草、覆盖、表面临时固化或定期淋水降尘等措施控制扬尘。临时道路应硬化并远离居民区，取土场、弃土场地应进行覆盖，配备相应数量的洒水车视现场具体情况进行洒水降尘。

② 施工过程应对施工机械噪声、尾气排放进行控制，推土机、挖掘机、装载机等噪声应控制在55 ~ 75dB；夜间禁止施工。根据建筑施工场界环保噪声标准日夜施工要求的不同，应合理协调安排分项施工的作业时间，施工应安排在6:00 ~ 22:00进行，以减少夜间作业时间。由于工期紧必须夜间施工的，必须按规定申请夜间施工许可证，要会同建设单位一起向工程所在地区、县环境保护行政主管部门提出申请，经批准后方可进行夜间施工。建设单位应当会同施工单位做好周边居民工作，并公布施工期限；对施工机械进行定期保养，减少磨损，降低噪声；禁止乱鸣喇叭等高噪声设备。施工前选择施工机械时，必须选择尾气排放达标的施工机械。在高考期间和有关规定的时间内，除应按照国家有关环境噪声要求对施工现场的噪声进行严格控制外，还应严禁夜间施工。

③ 土方工程施工期间应修建临时排水设施。在路堑开挖前应做好截水沟，并视土质情况做好防渗工作。临时排水设施应与永久性排水设施相结合，流水不得排入农田、耕地，污染自然水源，也不得引起淤积和冲刷。清洗施工机械、设备及工具的废水、废油等有害物质以及生活污水，不得直接排放到河流、湖泊或其他水域中，也不得倾泻到饮用水附近的土地上，以防污染水质和土壤。施工现场应根据生产废水排放量的多少设立相应体积的沉淀池，经过沉淀后的污水可直接由污水管网排出，沉淀池内的泥砂定期清理干净，并妥善处理。在风景区、饮水区或其他国家规定的地区施工时，沉淀后的污水应经当地环保部门监测达到国家一级或二级排放标准后才能排放。达不到排放标准要求的应用专门的密封严密的运输工具运到附近的污水处理厂处理，以防滥排废水污染风景区、饮水区的土壤和水源。

④ 为防止水土流失，改善环境，保护生态平衡，根据工程具体条件，对路基施工挖方及借土过程形成的坡面或沿河截水坡岸应因地制宜地采用经济合理、耐久实用的防护措施。坡面防护包括植物防护、工程防护和坡岸防护，施工必须适时、稳定，防止水、气温、风沙作用破坏边坡的坡面。

i.植物防护一般采用铺草、种草和植灌木（树木）等形式，应根据当地气候、土质、含水量等因素，选用易于成活、便于养护和经济的植物种类。铺、种植物时，坡面应平整、密实、湿润；铺、种植物后，应适时进行洒水施肥、清除杂草等养护管理，直到植物成长覆盖坡面。

ii.工程防护适用于不适宜草木生长的陡坡面，一般采用抹面、喷浆、勾（灌）缝、坡面护墙等形式。在施工前，应将坡面杂质、浮土、松土石块及表层风化破碎岩体等清除干净；当有潜水露出时，应做引水或截流处理。

iii.坡岸防护有干浆砌片石和混凝土形式。组织施工前应慎重研究施工方案，避免工期过长而引起沿岸农田、村庄和上、下游路基的冲刷。施工时待坡面密实、平整、稳定后，方可铺砌（包括垫层）。铺砌时应自下而上进行，砌块应交错嵌紧，严禁浮塞。砂浆在砌体内必须饱满、密实，不得有悬浆；使用的砂浆或混凝土必须有配合比和强度试验，并按照有关规定留够试件；石质强度应符合设计要求；坡岸砌体两端及顶部或岩坡衔接应牢固、平顺、密贴，防止水进入坡岸背面。

2. 材料进场与设备安装工程的环境监理内容

（1）材料进场要求

① 进场材料均应符合国家及地方政府环保要求。为了做好材料及资源消耗控制，施工项目应加强材料及资源管理，制定详细的节约材料及资源的技术措施和管理措施，并通过多种形式向员工宣传节约资源、能源的知识、技术、措施和方法。

② 施工过程中严格执行技术交底，同时根据具体需要对作业人员进行技能培训，通过提高作业人员的操作技能来减少材料及资源消耗。

③ 施工过程中通过自检、互检、交叉检等检查验收方式严格执行项目中间验收，发现有偏差及时纠正，杜绝材料和资源浪费。

④ 水泥、电缆电线等材料进场时应对品种、规格、外观、质量、安全或环境验收文件等进行检查验收，以免使用不合格材料导致质量、安全和环境问题。

⑤ 材料保管应防雨、通风，露天存放时必须加盖，以免受潮变质。水泥等粉料和利用于回填的土方等应加覆盖或进行封闭存放，防止被风吹散产生扬尘。

⑥ 发电用油、易燃品和炸药等易爆品等物料，应专门存放；储存和使用时在方圆10m以内严禁有易燃物，并在存放地附近设置禁火标志，以防火灾引发安全和环境事故。

⑦ 材料运输应防止遗撒和扬尘。运输粉状、有防潮要求的材料应使用带覆盖装置的车辆，车厢应关闭严密，装运应高出车辆槽帮上沿10～15cm。施工现场离居民区较近时，应在现场出口处设立洗车槽，车辆出去前进行清洗，达到目视无尘或无泥要求，以避免将施工现场的泥土带入居民区产生扬尘；清洗废水应经两级沉淀后才能排出，并应尽可能就地循环再利用。

（2）设备要求

① 为工程项目配置机械设备时，应选用经国家质量监督检验部门认定的产品；选用技

术先进、结构合理、质量优良、安全可靠的设备，以保证设备产生的噪声和废气在施工界域边缘低于国家噪声标准要求，严禁使用国家明令限制或淘汰的设备、产品。在进行工艺和设备选型时须考虑节省资源和预防污染，优先采用技术成熟、资源能源消耗低的工艺和设备。所有现场机械设备进场时必须对各项指标（如噪声、废气、油污泄漏等）进行检测，符合有关要求方可进场。

② 针对机械施工的噪声具有突发、无规则、不连续、高强度等特点，应采取合理安排施工工序等措施加以缓解，如噪声源强大的作业可放在昼间（6:00 ~ 22:00）进行。对距居民区方圆150m以内的施工现场，施工噪声大的器具应在夜间（22:00 ~ 6:00）停止施工。

③ 加强机械设备的维护保养，定期进行机械设备技术状况检查，及时消除隐患，发现设备有异常时应立即停机并查明原因，排除故障后方可继续施工生产，严禁设备"带病"作业。设备操作人员在每班工作前应对其操作的设备进行例行检查，检查机械和部件的完整情况；油、水数量，仪表指示值，仪表操纵和安全装置（转向、制动等）的工作情况，关键部位的紧固情况，以及有无漏油、水、气和电等不正常情况。必要时要添加润滑油和冷却水，以确保机械正常运转，减少机械噪声和废气的产生。

④ 每天使用的工具应清扫整洁。损坏的设备不得随意遗弃，应按"可回收废弃物"、"不可回收废弃物"分类处理。

⑤ 施工现场沿线处于风景区、饮水区内时应设置沉淀池、排水沟等，对污水进行集中沉淀处理；排水沟以确保流畅为宜并与沉淀池接通，连线排水沟宜设置适量的1.5 ~ 2.0m³的沉淀池；沉淀池、排水沟深度不宜低于农田、地表水平面，以防未经沉淀的施工废水与农田、地表水渗通。

⑥ 预制厂、搅拌站及其他加工用房、材料用房、临时用电用房等应满足工程需要，并按混凝土、钢筋工程和临时设施建设的一般要求控制环境影响。

⑦ 根据工程沿线的自然环境，预测当地可能的恶劣、特殊天气，以防地下管线、缆线和文物的恶意、突然损坏，核子密度湿度仪遗失以及其他可能发生的意外事故和突发事件，应制定应急方案，并做好应急准备，配备有效的灭火器材和抢险工具，设置消防通道等其他相关设施。

（3）材料监理内容

每周对各种易燃易爆危险化学品的储存条件、安全距离、堆放高度、堆放情况、防火防潮情况、禁火标识等检查一次，发现异常情况时，应采取措施纠正，避免发生火灾，造成环境污染。

（4）设备安装监理内容

各种施工设备的保养状况每月检测一次，当发现异常情况时，及时安排检修、保养，降低消耗，防止油遗撒污染土地。每周对每批作业中的设备噪声排放、热辐射各监测一次，当发现超标时及时采取措施，更换噪声低的设备，或增加隔声或隔热材料厚度，或更换其他隔声或隔热材料，以减少噪声、热辐射。每周对材料仓库、搅拌站、预制厂、沉淀池、配电室、消防材料、易燃材料堆放区方圆10m内热源、安全和应急设施进行检查或监测，发现问题时应采取纠正措施。

3. 固体废物处理与处置过程的环境监理内容

（1）固体废物的处理与处置过程

施工期固体废物主要包括建筑垃圾和施工人员生活垃圾，其中建筑垃圾多用于施工场地和临时用地的场地平整，生活垃圾集中收集后送各路段附近的弃土场填埋处理。施工期建筑垃圾和施工人员生活垃圾如果无序倾倒可能造成固体废物污染。

（2）环境监理的内容

① 施工现场产生的固体废物应及时处理与处置，避免其阻碍施工进度和质量。

② 在回收固体废物时，应将施工垃圾和生活垃圾分类存放，以回收可再利用的物品。

③ 施工车辆运输砂石、土方、渣土及其他建筑垃圾时应采取密闭、覆盖措施，避免泄漏、遗撒，并按规定到指定地点倾倒，防止固体废物污染环境。

三、环保设施建设的环境监理

（一）污水处理设施

① 在两侧阶地起伏较大的沿河路段，开挖路基的施工过程中，对可能产生雨水地面径流地段，应设置临时沉淀池，以拦截泥沙，防止河道淤塞，减少水土流失。沉淀池一般为1m深，其规模依据汇水量而定，位置依地貌、地形而定。必要时沉淀池的出水一侧应设置围栏。待路建成后，将沉淀池填平、绿化或还耕。

② 桥梁施工时在河流段挖地基或冲洗建筑材料，如冲洗砂石等导致水质浑浊，影响河流水质。为防止桥梁施工污染河水，可通过改进施工工艺来实现，如采用围堰法或沉井法施工。对于常年流量较大的河流，可采用沉井法施工以减轻对河流水质的污染。对于小流量的河流，由于其河床相对河面较宽，采用围堰法施工可有效防止施工引起的水质浑浊，以及施工垃圾等掉入河中对水质的污染。

③ 施工管理区生活污水应经过化粪池处理，经沤渍、沉淀、消毒后用于农田灌溉或绿化，禁止未处理随意排放。

④ 机械油料的泄漏及废油料倾倒进入水体后会引起水体污染，所以应加强油料的管理，开展职工环保教育，防患于未然。

⑤ 施工材料如沥青、油料、化学品不宜堆放在河流水体附近，应远离河流，并应备有临时遮挡的帆布，防止被大风吹到水中，或被暴雨冲刷进入水体。

⑥ 施工期对路基及时压实，避免雨水冲蚀。在路面施工时，首先避免雨期施工产生沥青废渣，在施工中及时碾铺，防止冲刷。严禁将沥青废渣冲入河流。

⑦ 预制厂、拌和站生产废水应先经沉淀池处理后再排放，出水SS、COD和石油类浓度

应符合《污水综合排放标准》（GB 8978—1996）一级标准要求。

（二）大气污染源治理措施

① 工程沿线灰土拌和是施工期最大的流动污染源，应在地面风速大于四级时尽量停止施工作业，同时石灰等散体类材料装卸必须采取降尘措施。

② 混凝土拌和站是公路施工期间的主要固定污染源，因此，对拌和设备应进行良好密封，对从业人员必须加强劳动保护。沥青厂和拌和站选址应远离居民区，或在环境敏感点下风向200m以外。

③ 土方、水泥、石灰等散装物料运输和临时存放，应采取防风遮挡措施，以免引起扬尘。根据天气情况，定期对裸露的施工道路和施工场所洒水。

④ 施工单位应选用符合国家标准的施工机械和运输工具，确保其废气排放符合国家标准。加强对机械设备的维护、保养，减少机械设备的空转时间，以减少尾气排放。

（三）噪声污染防治措施

① 施工期的噪声主要来自施工机械和运输车辆。施工单位必须选用符合国家有关标准的施工机具和运输车辆，尽量选用低噪声的施工机械和工艺。振动较大的固定机械设备应加装减振机座，加强对各类施工设备的维护和保养，保持机械设备良好运转，以降低噪声。

② 强烈的施工噪声长期作用于人体，会诱发多种疾病并引起噪声性耳聋。为了施工人员的健康，对于产生高强噪声的施工机械，施工单位要合理安排工作人员轮流操作，以减少施工人员接触高噪声的时间，注意保养机械，使筑路机械维持其最低声级水平。对在辐射高强声源附近的施工人员，除采取发放防声耳塞的劳保措施外，还应适当缩短劳动时间。

③ 筑路机械施工的噪声具有突发、无规则、不连续、高强度等特点。据调查，施工现场噪声有时超出4类噪声标准，一般可采取变动施工方法缓解。如噪声源强大的作业时间可放在昼间（6:00 ~ 22:00）进行或对各种施工机械操作时间作适当调整。为减少施工期间的材料运输、敲击等施工活动声源，应要求建筑商文明施工、加强管理，缓解噪声对人员的伤害。

④ 在施工路线150m范围内有集中村镇居民区的路段，产生强噪声的施工机械夜间（22:00 ~ 6:00）应停止施工作业。必须连续施工作业的工点，施工单位应视具体情况及时与当地环保部门联系，按规定申领夜间施工证，同时发布公告以争取群众理解，并采用移动式或临时声屏障等措施。

⑤ 施工便道应远离居民区、学校等环境敏感点。在施工便道50m范围以内有民众集中区时，应禁止夜间在该便道上运输建筑材料。对必须进行夜间运输的便道，应设置禁鸣和限速标志牌，车辆夜间通行时速度应控制在30km/h以内。

⑥ 料场、拌和场、沥青搅拌站等的选址应在环境敏感点200m以外。

⑦ 强振动施工（如桥墩夯实、振荡式压路机操作等）在村庄附近时，或爆破施工时，

对施工现场附近的土木民房应进行防护，防止坍塌事故发生。对受工程施工振动影响较大的民房应采取必要的防护措施。

（四）生态环境保护与恢复

1. 水土保持措施

（1）规范施工

① 工程施工中应做到挖填平衡，开挖、回填、碾压、采取护坡防护措施应同时进行。

② 减少疏松地面裸露时间，合理安排施工时间，尽量避开雨季和汛期。

③ 山丘区施工要控制爆破药量，减少边坡弃渣。对开挖边坡、回填边坡的工程，应在工程达到设计稳定后即开展防护工程施工，作好坡面、坡脚排水系统的施工。

④ 工程跨越河流时，施工应安排在枯水期进行，同时应先布设好排水和拦挡措施，工程结束后应及时恢复原排水设施。

（2）主体工程水土保持

① 在路基两侧开挖排水沟，将沟壁夯实，结合地形在排水沟出口处设沉沙池，水流经沉沙池沉淀后排向附近沟道，在雨季用防水雨布覆盖路堤坡面。

② 在桥梁与路基连接端的坡面应设临时挡渣墙，可用袋装石渣或块石堆砌挡渣墙，挡渣墙的尺寸应根据地形而定。

（3）弃土场水土保持

① 合理确定土石方开挖方式，开挖土石不得随意就近抛弃，应选择合适的堆放位置或用于回填。

② 在弃土、弃渣前，应先在弃土、弃渣场设置挡渣措施及排水工程。

（4）临时工程水土保持

1）施工场地

① 工程预制件工作均在施工场地内进行，施工场地在平整前，应先将表层熟土剥离，剥离厚度20cm，剥离熟土应堆放在场地内较高的一角，对表面应加以夯实，在雨季应覆盖纺织布防水，待施工结束后将熟土用于土地表层覆盖。在施工场地周边开挖排水沟，在排水沟出口处设沉沙池，水流经沉砂池沉淀后排向附近的沟道。

② 施工结束后，对预制厂产生的硬化层进行清除，清除的硬化层用于回填路基或附近的施工便道，或选择适宜的山沟堆砌，并进行挡护和防水。对施工场地进行土地整治恢复。

③ 工程施工时临时用地使用完后，应及时退还农民复耕。施工单位应保证临时用地达到耕种条件。

2）施工便道

① 主体工程设计时，应充分利用已有的交通道路，同时也可对现有道路进行扩建以满足施工要求。对部分路段应新修施工便道，尽量结合地形地貌，保持填挖平衡。

② 为了防止地表径流对施工便道的破坏，减轻施工便道开挖形成的水土流失，在施工

便道高边坡侧修建排水沟，应将水流排向附近自然沟道。排水沟修建与施工便道施工应同时进行。

③ 在施工便道路基防护工程和排水工程的基础上，应结合公路沿线地形、地质条件和施工特点进行分段防护绿化。

2. 植被保护与恢复措施

① 在爆破施工作业时，应根据施工地点地质状况，考虑爆破方法、药量、距离，确定爆破最大振幅，避免爆破振动过大，导致山体失稳，进而影响施工周围地表植被生长。

② 施工期临时用地应尽量选择在工程征地范围内，如平面交叉区等，施工营地尽量租用已有房屋和场地。凡因工程施工破坏植被而裸露的土地（包括路界内外）均应在施工结束后立即整治，恢复植被或造田还耕。

③ 施工过程中，积极与当地土地管理部门协商，将弃土场与农业开发规划设计和农田基本建设相结合，工程结束后及时进行平整复垦或绿化造地。

④ 弃土堆放坡度应考虑不同材料的稳定因素。复原措施应进行渣体夯实和稳固，上覆熟土复耕或栽种植物绿化。

⑤ 禁止种植带有病虫害的植物。

3. 绿化措施

（1）边坡绿化

落差在2m以下的边坡采用边坡植草绿化方式，落差在2m以上的路堑边坡采用台阶式绿化方式，绿化物种可采用适宜在当地环境中生长的植物。

（2）护坡道绿化

护坡道绿化所需的植物物种应就近选用当地优势树和草种。

（3）临时用地绿化

临时用地原则上施工结束后，要松土还林还耕。原来属于林灌丛地的可选用当地的土生林、灌木加以绿化，减少施工产生的地表裸露面。

4. 野生动物保护措施

（1）宣传野生动物保护法规，打击捕杀野生动物的行为

提高施工人员的保护意识，严禁捕猎野生动物。施工人员必须遵守《中华人民共和国野生动物保护法》，严禁在施工区及其周围捕猎野生动物，特别是国家保护类动物，在施工时严禁对其进行猎捕，严禁施工人员和当地居民捕杀两栖类与爬行类动物。

（2）防止动物生境污染

从保护生态与环境的角度出发，应在工程建设开发前，尽量做好施工规划前期工作。施工期间加强弃渣场防护，加强施工人员的各类卫生管理（如个人卫生、粪便和生活污水），避免生活污水的直接排放，减少水体污染；做好工程完工后生态环境的恢复工作，减少植被破坏。随着道路的修筑和绿化造林，山、水、林、鸟将构成新的景观。

5. 沿线土地资源的保护措施

① 桥梁构件预制场、灰土拌和站、沥青搅拌站和建材堆放场等临时用地尽量选择在工程征地范围内，施工结束后，应尽量将临时用地翻土平耕，造田还耕。占用的基本农田表层20cm土壤单独堆放，用于新开垦耕地、劣质地或其他耕地的土壤改良。

② 弃土场的施工防护要符合要求，防止发生新的水土流失。

③ 除部分施工便道留给地方作为农用便道之外，其余施工便道应及时进行农耕恢复工作。

④ 施工营地应尽可能地租用当地民房或公共房屋，或布设在公路用地范围之内；应防止生活污水、垃圾污染水环境。

6. 临时用地的恢复措施

① 对沿线占用荒地的弃渣场，工程结束后立即平整、绿化，采用灌草丛结合的方式恢复植被。

② 对沿线占用农田的弃渣场，工程结束后上覆熟土复耕。

③ 对其他施工场地、施工便道等临时占地，工程结束后应立即平整，依据原有土地使用功能进行恢复。

④ 施工营地应该尽量选择在工程征地范围内，不得随意占用耕地。尽可能租用民房，不另外建营地。

⑤ 使用耕地时将表层土壤收集保存，施工结束后可以覆土还耕。

（五）社会环境保护

① 确保耕地总量动态平衡。经批准占用的耕地，按照"占多少，垦多少"的原则，认真执行耕地补偿制度。建设单位对工程占用的耕地和基本农田，按规定交纳征用土地的耕地开垦费，专款用于新开垦的耕地。

② 尽量少占耕地。在充分征求沿线地方政府有关部门意见的基础上，尽可能与当地水利、生态建设等规划结合起来进行取土场的布设和复垦，为发展地方经济、解决地方实际困难提供方便。

③ 依靠沿线各级政府做好征地工作。按照有关政策和补偿标准，及时支付各种补偿费用。要维护群众的正当利益，使被征用土地和需拆迁安置居民户的损失控制在最低限度，保证他们的生活水平至少不低于工程建设前。

④ 开工前应对施工运输车辆使用道路进行技术勘察、加固，并注意养护。施工运输车辆应避开道路交通高峰期，防止交通堵塞和安全事故。施工结束时，将施工过程中损坏的乡村道路、沟渠等予以修复，或支付地方政府一定的补偿费用进行修复，以维护地方政府和百姓的正当利益。

⑤ 施工时，在交叉道口、人口集中区及学校路段和运输车辆经过的村庄处设安全值勤岗，维护安全。

⑥ 对施工单位进行文物保护宣传，并严格界定施工范围，如在施工中发现地下文物，应立即停止施工并及时向当地文物部门报告，采取适当的措施保护。

⑦ 施工驻地和沥青拌和站、预制厂等施工场点选点时，应注意周边山体的稳定性，避免将其选在滑坡或滑塌体的下方向。

⑧ 严格贯彻落实好移民安置的各项政策措施，最大限度地保护拆迁户原有的生活环境，改善拆迁户的生活条件。拆迁将给沿线拆迁户造成不利影响，应采取下列措施将影响降到最低限度：a.对拆迁房屋的民众情况及建筑物，分地区、类别、数量认真统计，落实赔偿政策，赔偿款项直接发放到民众手中，不得截留或挪用；b.拆迁安置工作应统一规划进行，并尽可能就近安置，安置地点应不受交通噪声影响，保证生活环境良好；c.补偿、安置应做到拆迁户的居住条件不低于原有水平或略有提高，安置补偿方案确定后由地方人民政府公告，并积极听取拆迁户意见。

任务二 化工类建设项目环境监理

一、化工类建设项目概况

（一）化工类工程项目的基本内容

1. 焦炭生产项目

焦炭生产通常采用配煤捣固现代化焦炉，相应配套备煤系统、干熄焦系统、地面除尘站、筛储焦系统、冷凝鼓风系统、化产回收装置、污水生化处理系统、干熄焦副产蒸汽发电系统、剩余煤气综合利用设施，以及相应的辅助设施、公用工程设施。

年产 8×10^5 t 冶金焦的生产项目工程组成见表9-3。

表9-3 年产 8×10^5 t 冶金焦的生产项目工程组成

序号	项目名称	主要建设内容
	I 生产装置及产品	
1	TH4550D型捣固焦炉配套焦炉机械	8×10^5 t/a
2	脱硫系统回收硫黄	2320t/a
3	脱氨系统回收硫铵	11053t/a
4	冷鼓系统回收焦油	38688t/a
5	终冷系统回收粗苯	9175t/a
6	剩余煤气（标）	$1.9442 \times 10^8 \mathrm{m}^3$/a
7	熄焦工艺	干熄焦及热能回收利用系统
	II 公用工程及生产辅助设施	
8	供排水系统（新鲜水）	供水由原有自备水井供给，清污分流，雨水系统
9	循环水系统	HBLG3-1000型1台、HBLG3-1500型3台、HBLG3-2000型2台，总循环水量8151m³/h
10	复用水系统	包括清净下水复用水系统和生化处理水回用水系统
11	余热锅炉	TG-35/3.82-Q自然循环汽包炉
12	供电	新建总电源变电所和焦炉变电所，总耗电量33.8×10⁶kW·h/a
13	化学水处理系统	70t/h，反渗透工艺
14	低温水循环水系统	ZX-233（23/16）（32/40）型直燃溴化锂吸收式冷水机组2台
15	安全消防设施	自动报警系统等，主要依靠社会消防
16	控制室	
17	维修车间	
18	化验室	

序号	项目名称	主要建设内容
19	化学品仓库	
20	办公楼、值班宿舍	
21	食堂	
		Ⅲ 储运工程
22	洗精煤堆场	储量60472t
23	冶金焦堆场	储量23622t
24	酸、碱、油品储罐区	包括焦油储罐、粗苯储罐、硫酸储罐、焦油洗油储罐
25	电子汽车衡	1台80t
		Ⅳ 环保工程
26	废气处理系统	装煤过程中的消烟除尘车
		拦焦机的大型集尘罩、出焦过程的地面除尘站
		脉冲式袋式除尘系统
		干熄焦一次、二次除尘系统，地面除尘站等
		硫铵工序旋风除尘和雾膜水浴除尘器
27	煤气净化	脱硫系统回收硫黄（脱硫塔、再生塔）
		硫铵回收（干燥塔）
28	废水	污水生化处理系统
29	固体废弃物	粉尘、焦油渣、粗苯残渣、沥青渣等全部回用，不外排
30	绿化、噪声	全厂进行绿化达到25%，噪声控制系统

2. 兰炭生产项目

兰炭生产通常采用现代化焦炉，相应配套备煤系统，化电联产回收提取煤焦油、硫铵、硫黄系统，利用剩余煤气发电装置，污水生化处理系统，以及相应的辅助设施、公用工程设施。年产$6×10^5$t兰炭的生产项目工程组成见表9-4。

表9-4　年产$6×10^5$t兰炭的生产项目工程组成

序号	项目名称	规模
	Ⅰ 主要生产项目	
1	备煤、筛煤楼、回转干燥窑	
2	振动干馏炉	干馏煤$6×10^5$t/a
3	兰炭干出焦系统	
4	筛储焦（栈桥、转运站、筛焦楼）	
5	冷鼓电捕回收焦油（初冷器、终冷器、澄清槽、电捕油器）	$8.7×10^4$t/a
6	脱硫系统回收硫黄（脱硫塔、再生塔）	772.5t/a

序号	项目名称	规模
7	硫铵回收（干燥塔）	1150t/a
8	剩余煤气发电（燃气锅炉、汽轮机发电机及烟囱）	$1.56 \times 10^8 kW \cdot h/a$
Ⅱ 辅助生产项目及公用工程		
9	供排水系统	新鲜水由水务公司供给
10	化产循环水系统	直冷器4座，无阀滤池2组，泵房中离心泵4台，水池4个
11	复用水系统	包括净下水复用水系统（水池、泵房）
12	电站给水及循环水系统	脱盐水站，冷却塔4座及泵房
13	变电所	10kV/0.4kV 车间变电所3座
14	配电所	
15	安全消防设施	自动报警系统等，主要依靠社会消防
16	化产回收控制室	
17	维修车间	
18	综合库	
19	设备库	
20	耐火材料库	
21	空压站	
Ⅲ 储运工程		
22	不黏结煤场	4座筒仓、1个卸车圆棚
23	干馏煤产品堆场	4座筒仓
24	酸、碱、油品储罐区	包括焦油储罐、硫酸储罐
25	电子汽车衡	100t，2台
Ⅳ 环保工程		
26	卸车场、装炭场喷洒抑尘	
27	生活污水中水处理及利用系统	
28	除尘系统（筛煤、干燥窑、筛焦、硫铵烘干）	
29	剩余氨水烟道气处理系统	
Ⅴ 其他项目		
30	食堂	
31	倒班宿舍	
32	办公楼	
33	车库	

3. 合成氨、尿素生产项目

以煤为原料，将煤磨成水煤浆，加入添加剂、助溶剂等形成黏度达800～1000cP、煤浆浓度为60%～70%的浆状物，加压后将其喷入气化炉，与纯氧进行燃烧和部分氧化反应，生产出的粗合成气（粗煤气）经洗涤后送到变换工段耐硫变换，变换气中的酸性气体在低温甲醇洗工段被脱除，得到的净化气送到液氮洗工段精制，将杂质（包括CO、Ar、CH_4等）全部脱除后，进入合成塔生产合成氨。合成氨进入尿素生产装置，与二氧化碳在170～185℃及13.5～14.5MPa条件下，反应生成尿素。

年产30万吨合成氨、年产52万吨尿素生产项目工程组成见表9-5～表9-8。

表9-5　主体工程组成

序号	工程名称	建设内容
1	合成氨车间	年产30万吨合成氨生产线一条，车间建筑厂房包括压缩厂房、磨煤厂房、气化厂房、过滤机厂房及硫回收厂房，建筑面积共5427m²
2	尿素车间	年产52万吨尿素生产线一条，车间建筑厂房包括尿素厂房、泵房、造粒塔［ϕ22m×95m（高）］，建筑面积共764m²
3	煤运系统	建筑厂房包括煤运综合楼、破碎楼、栈桥、备煤筒仓（共3座），建筑面积共762m²
4	尿素储运系统	尿素综合楼、转运站及破碎楼、栈桥（长约330m）、散装仓库、袋装仓库，建筑面积共12313m²

表9-6　辅助工程组成

序号	工程名称	结构形式	建筑面积/m²
1	净水厂（含加氯、加药间）	网架结构、混凝土框架结构	4265
2	加压水泵房	混凝土框架结构	640
3	循环水泵房（含过滤器间）	混凝土框架结构	2042
4	循环水变电所	混凝土框架结构	
5	泡沫站泵房	砖混	128
6	喷淋循环水泵房	砖混	128
7	总变电站	混凝土框架结构	
8	自备热电站（含脱盐水站）	25MW抽汽冷凝汽轮机、2台170t/h循环流化床锅炉	12375
9	热交换站	砖混结构	144
10	电仪维修厂房	混凝土框架结构	1404
11	机修金工厂房	混凝土框排架结构	1584
12	机修铆焊厂房	混凝土框排架结构	1584
13	机修综合楼	混凝土框架结构	1236

表9-7　公用工程组成

序号	工程名称	结构形式	建筑面积/m²
1	综合办公楼	混凝土框架结构	5400
2	中央化验室	混凝土框架结构	1620
3	液氨贮罐	混凝土基础	
4	甲醇贮罐	混凝土基础	
5	硫黄库	混凝土框架结构	240
6	化学品库	混凝土框架结构	360
7	油品库	轻钢结构	600
8	综合仓库	混凝土框架结构	1260
9	备品备件库	混凝土框架结构	2970

表9-8　环保工程组成

序号	工程名称	建设内容	投资/万元
1	锅炉除尘系统	布袋除尘器	400
2	硫回收系统		750
3	灰水处理系统		1500
4	灰渣池		170
5	污水处理站	处理规模230m³/h	1885
6	回用水处理站（包含在污水处理站中）	处理规模130m³/h	1040
7	消防水池	有效容积6000m³	240
8	排水管网	包括给水管网	918
9	输煤系统除尘装置	布袋除尘器	37
10	噪声控制装置	隔声罩、消声器等装置	50
11	环境监测站	建筑面积259.2m²	130
12	火炬	钢结构塔架	
13	绿化		205

（二）临时设施

1. 临时设施的布置原则

① 合理布局，协调紧凑，充分利用地形，节约用地，减少能源的输送路线损失。

② 尽量利用建设单位在施工现场或附近提供的现有房屋和设施。

③ 临时房屋应本着厉行节约、减少浪费的要求充分利用当地材料，尽量采用活动式或容易拆装的房屋。

④ 临时房屋布置应方便生产和生活，水资源的利用路线应合理，如洗浴的废水可以用

于冲洗厕所，考虑洗浴间与厕所相邻等。

⑤ 临时房屋的布置应符合安全、消防和环境卫生的要求。

2. 施工生活营地

化工类项目施工生活营地的建设内容包括办公室、工人休息室、宿舍、食堂、浴室、厕所等。

3. 临时道路

① 施工现场的临时道路应畅通，有循环干道，满足运输、消防要求。

② 主干道应当硬化平整且有排水设施，次要道路硬化材料可以采用混凝土、预制块或用石屑、焦渣、砂石等压实整平，保证不沉陷、不扬尘，防止将泥土带入市政道路。

③ 道路两侧应设排水设施，如条件限制，应当采取其他可行措施。

④ 施工现场主要道路应尽可能利用原有道路；当条件不能满足时，再考虑修建其他路段（优先考虑修建永久性道路）。

⑤ 启用临时道路时，应采取相应的措施保护周边环境的植被，进行水土保持。

4. 封闭设施

施工现场的作业条件差，各种环境因素和不安全因素多，在作业过程中既有对场区内的施工环境的影响，又有对场区外的相关方产生的环境影响，因此，施工现场必须实施封闭式管理，将施工现场与外界隔离，防止"扰民"和"民扰"问题，保护环境。

（1）围挡

① 施工现场围挡材料应符合有关法规、标准要求，并根据地质、气候等条件进行计算和设计，围挡要坚固、稳定、整洁、美观，围挡沿工地周围连续设置，不得留有缺口。

② 围挡尽量避免红砖的使用，宜采用钢板等可重复利用的设施；不能使用彩布条、竹笆或安全网等。

③ 施工现场的围挡，在市区主要路段工地要高于2.0m，在一般路段工地要高于1.8m。

④ 禁止在围挡两侧堆放泥土、砂石等散状材料以及架管、模板等，严禁将围挡作挡土墙使用，以免引起围挡的坍塌，造成材料浪费和环境污染。

⑤ 应安排专人对围挡的完好性进行检查和维护，特别是雨后、大风后以及春融季节应重点检查围挡的稳定性，发现问题及时处理。

（2）大门

① 施工现场应在适宜的位置设置大门，并且应考虑消防的需要，在主要道路两端同时设置大门。

② 施工现场大门的门柱不得妨碍运输和紧急车辆的进入，避免一旦发生安全或环境事故时，无法及时控制。一般情况下，无门楼式大门的宽度应不小于6m，有门楼式大门的宽度应不小于8m，同时，大门应有侧门供现场人员进出。

③ 在进出口大门内旁应设置门卫室，固定专职保安人员，负责大门的开关、出入车辆

和人员的管理、治安保卫等工作，以及对车辆卸载、冲洗、鸣笛等进行提示或检查。

5. 料场、渣场、施工场地

① 施工现场的材料存放区、大模板存放区等场地必须平整夯实。

② 施工现场必须设置渣场，渣场的大小应与建筑物的规模相适应，应至少能够容纳建筑施工高峰期一周的废渣量且不得小于 $6m^2$。现场至少应有普通建筑垃圾站、可回收利用垃圾站、有毒有害废弃物回收站，分类进行回收。

二、施工期环境监理内容

对项目施工期进行环境监理，是减少施工期对周围环境产生负面影响的重要工作，也是判断施工期决策的环境基础。一般地，在施工期实施环境监理的内容有以下几点（表9-9）：

① 对施工单位提出要求，明确责任，督促施工单位采取有效措施减少施工过程中施工扬尘、施工噪声和废水排放对环境的污染。

② 督促施工单位按要求处理处置建筑垃圾，收集和处理施工废渣与生活垃圾。

③ 加强环保设施的管理，定期检查环保设施的运行情况，排除故障，保证环保设施正常运转。

④ 加强厂区的绿化管理，保证厂区绿化面积达到设计提出的绿化指标。

⑤ 项目建成后，全面检查施工现场的环境恢复情况。

表9-9 施工期环境监理的一般内容

序号	工程	监理内容	监理要求
1	平整场地	配备洒水车，洒水降尘；尽量将植被、树木移植到施工区外	遇4级以上风力天气，禁止施工；减少原有地表植被破坏，减少扬尘污染
2	基础开挖	开挖产生的砂土应用于厂区填方；施工时要定时洒水降尘	砂土在厂区内或指定地方合理处置；强化环境管理，减少施工扬尘
3	扬尘作业点	施工现场和建筑体采取设置围栏、设置围棚、覆盖遮蔽等措施	减少扬尘污染
4	建筑砂石材料运输	水泥、石灰等袋装或罐车运输；运输建筑沙石料的车辆加盖篷布	减少运输扬尘；无篷布车辆不得运输砂土、粉料
5	建筑物料堆放	沙、渣土、灰土等易产生扬尘的物料，设置专门的堆场，堆场四周有围挡结构	扬尘物料露天堆放要有防扬尘措施；扬尘控制不力，追究领导责任
6	厂区临时渣场	场地周边设置排水沟；临时渣场周围设1.2m高的防风墙	采取防扬尘、防流失措施
7	厂区临时运输道路	道路两旁设防渗排水沟；硬化临时道路地面	废水不得随意排放；定时洒水抑尘
8	施工噪声	定期监测施工场界噪声；选用噪声低、效率高的机械设备	施工场界噪声符合GB 12523—2011标准；夜间22:00～6:00严禁施工
9	施工固废	设置生活垃圾箱；建筑垃圾运往指定场所	合理处置，不得乱堆乱放

序号	工程	监理内容	监理要求
10	排水设施	清污分流，应布设生产、生活污水和清净生产废水、雨水两个排水系统；生产废水的所有贮运管线必须采取防渗措施	确保排水设施按工程设计和报告书要求同时施工建设
11	施工废水	设经过防渗处理的旱厕；设临时沉淀池	施工废水合理处置，不得随意排放
12	环保设施和投资落实情况	环保设施在施工阶段的工程进展情况和环保投资落实情况	严格执行"三同时"制度

（一）土石方工程

1. 土石方施工对环境的影响因素

对于化工类工程项目来说，土石方施工对周围环境造成影响的因素有以下几方面。

① 对大气环境的主要影响因素：挖土、堆土、弃土工程扬尘，汽车尾气，废气。

② 对水环境的主要影响因素：挖土、打桩引起水环境质量下降；施工机械的含油污水及油料泄漏造成油污染；清洗废水、生活污水和固体废物直接排入水体。

③ 对声环境的主要影响因素：施工机械噪声、交通噪声。

④ 对土地的主要影响因素：建筑垃圾和生活垃圾的临时堆放，施工作业对周边农田的影响。

⑤ 对生态环境的主要影响因素：植被破坏、水土流失。

2. 环境监理内容

① 土石方施工所产生的废弃土方、石渣等建筑垃圾不得随意堆置。弃土堆应少占耕地，提出的弃土施工方案报有关单位批准后实施。当方案改变时，应报批准单位复查。建筑垃圾和施工人员的生活垃圾应分类回收、综合处置。

② 施工过程应对施工机械噪声进行控制。推土机、挖掘机、装载机等噪声应控制在75 ~ 55dB；夜间禁止施工。根据《建筑施工场界噪声标准》日夜施工要求的不同，应合理协调安排分项施工的作业时间，施工应安排在6:00 ~ 22:00进行，以减少夜间作业时间；由于工期紧必须夜间施工的，必须按规定申请夜间施工许可证，要会同建设单位一起向工程所在地区、县的建设、环保行政主管部门提出申请，经批准后方可进行夜间施工。建设单位应当会同施工单位做好周边居民工作，并公布施工期限；对施工机械进行定期保养，减少磨损，降低噪声；禁止乱鸣喇叭等高噪声设备。

③ 施工前选择施工机械时，必须选择尾气排放达标的施工机械。对于场地土壤干燥问题和主要通道，应采取覆盖表面浮土或浮灰的措施，防止因风吹、车带扬尘，造成环境污染。四级风力以上停止土方作业。在土方外运时，应采用封闭的运输工具。在下雨期间，一般停止土方外运，如果必须外运，外运车辆应遮雨，大雨时停止作业。雨天后，场界内

硬化的道路要进行冲洗。

④ 土方工程施工期间应修建临时水处理设施。规划临时水处理设施时应注意将其与永久性水处理设施相结合，经过处理的水不得排入农田、耕地，防止污染自然水源。清洗施工机械、设备及工具的废水、废油等有害物质以及生活污水，不得直接排放于河流、湖泊或其他水域中，以防污染水质和土壤。施工现场应根据废水排放量的多少设立相应体积的沉淀池，经过沉淀后的污水可直接由污水管网排出，沉淀池内的泥沙定期清理干净，并妥善处理。

⑤ 为防止水土流失，保护生态平衡，应根据工程具体条件，对土石方施工过程形成的坡面应因地制宜地采用经济合理、耐久实用的防护措施。防护措施包括植物防护、工程防护和坡岸防护，施工必须适时、稳定，防止水、气温、风沙作用破坏边坡的坡面。

（二）设备安装工程

1. 概述

（1）工艺流程

施工准备—设备运输—设备开箱检查—设备安装—设备基础灌浆—设备管线碰头—单台设备调试—空运转—系统调试—系统空运转。

（2）环境污染因素

1）设备安装涉及土建施工中的环境因素

① 设备混凝土基础和设备灌浆与无收缩混凝土浇筑、环氧树脂砂浆锚固中模板支拆导致的扬尘、噪声排放，脱模剂遗撒，废脱模剂遗弃污染土地、地下水；混凝土拌制、浇筑中的噪声排放、扬尘，水电消耗，混凝土遗撒，清洗搅拌机水排放污染土地、地下水；水泥、砂子运输与储存扬尘，遗撒污染土地、地下水；混凝土运输遗撒、清洗运输车水排放，污染土地、地下水；失效混凝土、环氧树脂砂浆遗弃，污染土地、地下水。

② 设备支撑架安装中噪声排放、有害气体排放、弧光污染；油遗撒污染土地、地下水；废油、废螺栓、废油漆、油刷、废电焊条、焊条头、焊渣遗弃污染水体。

2）设备安装中涉及的环境因素

① 设备运输吊装中噪声排放，油遗洒污染土地、地下水；垫铁、地脚螺栓加工中产生噪声、一氧化碳与二氧化碳排放，设备漏油污染环境。

② 设备开箱检查中废包装材料、报废零部件遗弃污染土地、地下水。

③ 设备及零部件表面酸洗中有毒有害气体排放，氢氧化钠、碳酸钠、磷酸三钠、磷酸钠、磷酸二氢钠、硅酸钠、烷基苯磺酸钠、煤油、松节油、月桂酸、三乙醇胺、丁基溶纤剂遗撒污染土地、地下水；废液排放，废碱性清洗液、除油液、废渣、棉纱、布头、油纸等遗弃污染现场环境。

④ 设备清洗中溶剂油、航空洗涤汽油、轻柴油、乙醇挥发浪费资源，有害气体排放，废液排放，遗撒污染土地、地下水；金属清洗剂（FCX-52固态粉末或颗粒、32-1棕黄色黏稠液、TM-1淡黄色透明液体、SS-2）遗撒污染土地、地下水；废溶剂油、航空洗涤汽油、

轻柴油、乙醇挥发、遗撒，废金属清洗剂、废渣、废油刷、废砂纸、石蜡、棉纱、钢丝刷、铁锈遗弃污染土地、地下水。

⑤ 设备零部件及管件脱脂清洗中工业用四氯化碳、工业用三氯化碳、稳定剂、工业酒精、浓硝酸、碱性脱脂液、金属清洗剂挥发浪费资源及污染大气；废液排放、清洗液遗洒，污染土地、地下水；废碱性脱脂液、废金属清洗剂、铁锈遗弃污染周边环境。

⑥ 设备安装中噪声排放、有害气体排放；润滑脂、防咬合剂（二硫化钼粉、二硫化钨粉、石墨磷片）遗撒污染土地、地下水；废铁垫、废螺栓、废环氧树脂、废防咬合剂、废润滑脂、地脚螺栓油污、铁锈和氧化铁等遗弃污染土地、地下水。

⑦ 设备管线碰头中弧光污染、有害气体排放、热辐射，废电焊条、电焊头、焊渣遗弃污染施工现场。

⑧ 设备试运中水、电、气、油消耗，油、试车投料遗撒污染土地、地下水，噪声排放，废试车投料遗弃污染土地、地下水。

⑨ 保温施工中噪声排放、扬尘，设备涂料遗洒污染土地、地下水，洗拌和装置废水排放污染土地、地下水，废油漆、废保温材料、废拌和材料遗弃污染现场。

2. 设备安装过程的环境监理内容

（1）对设备和设施的监理要求

① 每周应对运输设备、吊装设备、加热设备、焊接设备、调试设备、搅拌设备的保养状况等检查1次。当发现异常情况时，及时安排保养、检修，降低消耗，防止油遗撒污染土地、地下水。每批作业中应对设备噪声排放（75dB）、热辐射监测1次，当发现超标时，及时更换噪声低的设备，或增加隔声、隔热材料厚度，或更换其他隔声、隔热材料，减少噪声、热辐射对环境的污染。

② 每班作业前应对接油盘目测1次，当接油盘存油达到距槽帮10mm时或项目完成相关活动时应进行清理，防止盘内存油溢出，污染土地、地下水。

（2）对酸洗、清洗、脱脂设备的监理要求

① 每批作业前应对酸洗、清洗、脱脂方式、操作程序，酸洗、清洗、脱脂用料比例，设备状况、周边环境、废弃物处置等是否符合施工方案检查1次。

② 每批作业时应对噪声、热辐射、空气中有害气体浓度等监测1次；对酸洗、清洗、脱脂作业过程遗撒监测1次；废酸碱液按危废处理处置；对噪声排放（75dB）每天监听1次，每月监测1次。

③ 监测中如发现不适应或超标，应停止相关作业或更换设备，或增加隔声材料厚度，或更换材料，或改变作业方法，或采取纠正措施，避免或减少噪声排放、有害气体排放、热辐射、废液排放、油遗撒、废物遗弃对环境的污染。

（3）对油漆、保温施工的监理要求

① 每批油漆、保温施工前，应对保温材料拌和装置、沉淀池、保温材料储存、废油漆、

保温材料遗弃等是否符合施工方案及管理程序方案检查1次。

② 每批油漆、保温施工时，应对油漆、保温施工方式，操作程序，油遗洒，废油漆、保温材料回收、处置等是否符合管理方案及施工程序检查1次；对扬尘目测1次（扬尘高度不超过0.5m）。

③ 每批油漆、保温施工时，应对废水沉淀时间、废水排放速度等监测1次；对噪声排放（75dB）每天监听1次，每月检测1次；在风景区或饮用水区施工时，废水排放必须达到国家规定的一级或二级排放标准，并经当地环保部门监测确认达标后才允许排放。

④ 监测中如发现不适应或超标，应停止油漆、保温施工或改变施工方式，或更换设备，或增加隔声材料厚度，或更换材料，采取纠正措施，避免或减少废水和噪声排放、扬尘、油遗撒、废物遗弃对环境的污染。

（三）固体废物处理与处置

1. 固体废物处理与处置措施

化工类项目在工程施工期间产生的固体废物主要包括建筑垃圾和施工人员生活垃圾。其中建筑垃圾主要为弃土、废材料、锅炉灰渣等，这些固体废物多用于施工营地和临时用地的场地平整；而施工人员日常生活产生的垃圾一般是集中收集后，送往所在地环卫部门指定的垃圾填埋场进行处置。

① 设置生活垃圾箱（桶），固定地点堆放，分类收集，定期运往当地环卫部门指定的垃圾堆放点。

② 地基处理、开挖产生的土石方及其他建筑类垃圾，要尽可能回填于工业场地内部地基中，多余部分应按照工业区管委会及当地城建、市容环卫部门要求运往指定建筑垃圾场填埋处理。

③ 施工期建筑垃圾与生活垃圾应分类堆放、分别处置，严禁乱堆乱倒。

2. 环境监理的内容

① 做好施工的规划设计，并严格按设计进行施工，避免工程建设的重复性。尽量减少原料、燃料的使用量，以降低固体废物的产生量。

② 及时处理施工现场产生的固体废物，避免其阻碍工程的施工进度及施工质量。

③ 在处理固体废物时，应将施工建筑垃圾和生活垃圾分类存放，并注意综合利用。

④ 固体废物的运输应采取密闭、覆盖等方式，避免泄漏、遗撒，并在有关部门指定的地点倾卸，防止固体废物污染环境。

（四）危险废物贮存、处理与处置

厂区内的危险废物贮存，应严格按照《危险废物贮存污染控制标准》（GB 18597—2023）的要求执行，包括：危险废物贮存容器、危险废物贮存设施的运行与管理，危险废物贮存设施的安全防护与监测等。要求化学贮存地点基础必须防渗，防渗层为至少1m厚的黏土层（渗透系数≤10^{-7}cm/s），或2mm厚的高密度聚乙烯，或至少2mm厚的其他人工材料，渗透系数$\leqslant 10^{-10}$ cm/s。同时要求危险废物堆内设计雨水收集池，并能收集25年一遇24h降水量。危险废物堆要防风、防雨、防晒。

危险废物的处理与处置设施应符合《危险废物贮存污染控制标准》（GB 18597—2023）的规定，采取防渗、防散失措施；同时危险废物临时贮存区应设置危险废物贮存标志，并按照国家有关危险废物申报登记、转移联单等管理制度的要求，向当地环境保护部门进行危险废物的申报、转移等。

（五）污水处理

① 工程施工期间，施工单位应严格执行《建设工程施工场地文明施工及环境管理暂行规定》，对地面水的排放进行组织设计，严禁乱排、乱流污染道路、环境。

② 施工管理区生活污水应采用化粪池处理，禁止未处理随意排放。

③ 施工时产生的泥浆水以及混凝土搅拌机和输送系统的冲洗废水应设置临时沉沙池，含泥沙雨水、泥浆水经沉沙池沉淀后回用到搅拌砂浆等施工环节。

④ 在生产装置区、贮罐区、管廊区的地表应建设防渗设施，并设置液体导流和收集系统，以收集泄漏的液体和初期雨水，避免其对所在地的地下水造成影响。

⑤ 道路、停车场、生产区建筑物屋面的初期雨水收集后应导入工程自建的污水处理设施。

（六）施工扬尘控制

① 土方开挖、施工过程中，应洒水使作业面保持一定的湿度；对施工场地内松散、干涸的表土，也应经常洒水防止粉尘飞扬；回填土方时，在表层土质干燥时应适当洒水。

② 散装水泥、砂子和石灰等易生扬尘的建筑材料不得随意露天堆放，应设置专门的堆场，而且堆场四周有围挡结构。

③ 对施工现场和建筑体分别采取设置围栏、设置工棚、覆盖遮蔽等措施，阻隔施工扬尘污染；遇4级以上风力应停止土方等扬尘类施工，并采取有效的防尘措施。

④ 运输建筑材料和设备的车辆不得超载，运输砂土、水泥、土方的车辆必须采取加盖篷布等防尘措施，防止物料沿途抛撒导致二次扬尘。

⑤ 施工场地出入口，配备专门的清洗设备和人员，负责对出入工地的运输车辆及时冲洗，不得携带泥土驶出施工工地；同时，对施工点周围应采取绿化及地面临时硬化等防尘措施。

（七）施工噪声控制

① 合理安排施工作业时间，尽量避免高噪声设备同时施工，并且严禁在夜间进行高噪声施工作业。

② 降低设备声级，尽量选用低噪声机械设备或带隔声、消声的设备，同时做好施工机械的维护和保养，有效减少机械设备运转的噪声源。

③ 对运行噪声较大的设备，尽量将其安放在封闭厂房或室内，采取有效的隔声降噪措施。

④ 锅炉房内的碎煤机设置减振底座，尽量避免碎煤机运行噪声向外辐射。各种泵的进、出口均采用减振软接头，以减少泵的振动和噪声经管道传播。

⑤ 合理安排强噪声施工机械的工作频次，合理调配车辆来往及行车密度。

（八）生态环境保护与恢复设施

1. 植被保护与绿化

① 强化生态环境保护意识，对施工人员进行环境保护知识教育。

② 施工时尽量减少场地外的施工临时占地，在满足施工要求的前提下，施工场地要尽量小，以减轻对施工场地周围土壤、植被和道路的影响。

③ 施工必须限制在施工范围内，不得随意扩大范围，尽量减少对附近植被和道路的破坏。

④ 在施工过程中，对物料、堆土、弃渣等应就近选择平坦地段集中堆放，并设置土工布围栏，以免造成水土流失。

⑤ 将临时占地的开挖土方分层堆放，全部表土都应分开堆放并标注清楚，至少地表0.3m厚的土层应被视作表土。填埋时，也应分层回填，尽可能保持原有地表植被的生长环境、土壤肥力，以便于今后开展环境绿化。

⑥ 对完工的裸露地面要尽早平整，及时绿化场地。绿化植被的选择应符合就近取材、因地制宜的原则，以避免外来物种对当地植被的破坏。

2. 临时占地恢复

① 对施工期间占用荒地的渣场、搅拌场，工程结束后立即平整、绿化，以防水土流失。

② 对施工期间占用农田的渣场、搅拌场，工程结束后上覆熟土复耕。

③ 对其他施工场地、施工便道、施工人员居住区等临时占地，工程结束后应立即平整，依据原有土地使用功能进行恢复。

④ 在使用耕地时应将表层土壤收集保存，待到工程施工结束后再覆土还耕。

（九）社会环境保护

① 工程规划与总体规划相符。坚持少占耕地的原则，在充分征求当地方政府有关部门意见的基础上，工程规划尽可能与当地总体规划结合，为发展地方经济、解决地方实际困难提供一定方便。

② 按照有关政策和补偿标准，及时支付各种补偿费用。要维护群众的正当利益，使被征用土地和需拆迁安置居民户的损失控制在最低限度，保证他们的生活至少不低于工程建设前的水平。

③ 对施工单位进行文物保护宣传，并严格界定施工范围，如在施工中发现地下文物，应立即停工并及时向当地文物部门汇报，并采取适当的保护措施。

④ 施工结束时，将施工过程中损坏的乡村道路、沟渠等予以修复，或支付地方政府一定的补偿费用进行修复，以维护地方政府和百姓的正当利益。

三、环保设施建设的环境监理

（一）焦炭生产项目

1. 大气污染防治措施

（1）备煤

在粉碎机室设置布袋除尘器，其除尘效率为99.5%，煤转运站、粉碎机室及运煤通廊等贮煤运煤建构筑物均为封闭式，避免煤尘外逸造成污染。

在主要扬尘场所设计抑尘设施，防止煤尘逸散造成二次扬尘。

（2）筛焦

在筛焦楼、转运站等处设置袋式除尘系统控制扬尘，除尘器除尘效率达99%；设封闭式运焦通廊，防止焦尘外逸。

在主要扬尘部分设置冲洗地坪等洒水抑尘设施，防止二次扬尘。

（3）炼焦

焦炉装煤过程推煤烟气通过炉顶消烟除尘车导入地面除尘站，出焦烟尘通过拦焦车罩导入地面除尘站集中除尘，由于烟气温度较高，部分H_2S转化为SO_2，有效减少烟尘及其他污染物的排放。

焦炉炉顶逸散烟气采用水封式上升管，可有效地减少烟气逸散造成的污染，污染物排放减少75%。

炉门逸散尾气采用弹性刀边炉门，通过增大其密闭性可显著减少炉门的无组织排放，使污染物排放减少75%。

回炉煤气燃用脱硫后的煤气，焦炉烟气由125m烟囱高空排放，脱硫后的煤气中硫化氢含量可降到200mg/m³以下。

（4）化产回收

对煤气净化系统产生的污染主要采取先进的工艺流程及设备，从根本上加以控制和治理，并对产生的各类废气采取相应的治理措施：

① 煤气净化工艺流程采用PDS+栲胶等技术，减少煤气作为燃料燃烧时SO_2等污染物的排放量。

② 对煤气净化系统的各类设备、管道在设计上考虑其密闭性，防止其放散及泄漏。

③ 将冷凝鼓风系统各贮槽的放散气体经蒸氨废水洗涤后排放。

④ 硫铵干燥尾气经两级湿式除尘器除尘后达标排放。

⑤ 粗苯管式炉燃用净化后的焦炉煤气，以减少废气中污染物的排放量，废气经高25m的烟囱排放。

（5）制冷机组

制冷机组燃用净化后的焦炉煤气，以减少废气中污染物的排放量，废气经30m高的烟囱排放。

（6）干熄焦余热发电

余热锅炉惰性气体循环使用，炉前炉后设置除尘装置，收集的焦尘用于炼焦生产。

（7）锅炉烟气

蒸汽锅炉燃用净化后的焦炉煤气，以减少废气中污染物的排放量，废气经30m高的烟囱排放。

（8）汽轮机组

汽轮机组燃用净化后的焦炉煤气，以减少废气中污染物的排放量，废气经30m高的烟囱排放。

2. 废水污染防治措施

① 冷凝鼓风系统产生的剩余氨水，经蒸氨后除去水中部分氰化物、氨和H_2S后，送生化装置处理，不外排。

② 洗脱苯废水、炼焦洗封水、栈桥冲洗水、气柜水封水、软水站排水等均送生化系统处理。

③ 生活污水、化验污水送生化处理装置处理。

④ 工程设有生化处理装置，采用A^2/O工艺处理生产污水、生活污水，污水经处理后用于厂内绿化、原料等堆场喷洒水抑尘，多余的送往洗煤厂。

⑤ 循环水排污水复用于洗煤及备配煤、炼焦工序。

3. 固体废物防治措施

为了防止废渣造成污染，对废渣进行综合利用，化废为宝，以减少对环境的污染，采取的处理办法如下：

① 各除尘器回收的粉尘回到工艺系统中再次利用或外售，既减少污染又节约能源。

② 冷凝鼓风系统中焦油和氨水分离槽产生的焦油渣，集中送备煤车间掺入炼焦原料煤中炼焦。

③ 粗苯蒸馏工序再生器残渣集中送冷凝鼓风系统焦油槽中。

④ 蒸氨塔排出的少量沥青渣送备煤车间配入炼焦煤中，不外排。

⑤ 脱硫残渣送煤场混配到炼焦原料煤中。

⑥ 污水处理站产生的剩余污泥经脱水后送备煤车间配入炼焦煤中，不外排。

⑦ 生活垃圾先倒至指定垃圾箱，然后定期送城市垃圾场统一处理。

4. 噪声污染防治措施

（1）声源治理

在满足工艺设计的前提下，选用低噪声的设备，如通风机、各类泵。在气动性噪声设备上设置相应的消声装置，如空压机、鼓风机等。

（2）隔声

各种高噪声设备均设置于室内等专门的建筑厂房中，并采取吸声或隔声的建筑材料，可防止噪声的扩散与传播。

（3）减振与隔振

机械设备产生的噪声不仅能以空气为媒介向外传播，还能直接激发固体构件振动以弹性波的形式在基础、地板、墙壁、管道中传播，并在传播过程中向外辐射噪声。为了防止振动产生的噪声污染，煤气净化系统、煤气鼓风机、煤粉碎机采取相应的减振独立基础措施；振动较大的设备与管道连接采取柔性连接方式。

（4）其他

在厂内总平面设计中，充分考虑地形、声源方向性及车间噪声强弱，利用建（构）筑物、绿化植物等对噪声的屏蔽、吸纳作用，进行合理布局，以起到降低噪声影响的作用。

5. 绿化设计

绿化可以起到净化空气、吸附有害气体、减尘抑尘、削弱噪声等环境保护作用，并能美化环境，改善小气候。

焦化工程污染物排放种类多、污染严重，做好绿化工作，对厂区及周围环境会产生有利影响。工程在绿化设计中，结合工程排放特点进行绿化。

对全厂厂区绿化进行了规划，道路两旁、车间之间等均有绿化场地，绿化系数应达到30%以上。

绿化种植树种如下：

① 在散发有害气体的装置附近种植具有抗污染、有净化作用的乔、灌木，间种花卉及灵敏指示植物。

② 在散发烟尘、粉尘的装置附近，乔灌木、草坪间种，组成立体屏障，并且栽种吸尘、滞尘植物。

③ 在厂前区绿化以美化为主，种植以观赏为主的乔木及灌木。

④ 厂区及厂界四周种植杨树、柳树等，以减缓烟尘、SO_2、CO、BaP（苯并芘）及噪声对厂界外的污染等。邻国道可建防护林带。

6. 环境监理内容

① 与工程有关的各项环保设施，包括为防治污染和保护环境所建成或配套建成的治理工程、设备、装置和监测手段，以及各项生态保护设施等；

② 本项目环评文件和有关设计文件规定应采取的各项环保措施。

年产80万t冶金焦的生产项目的环境保护设施监理内容见表9-10。

表9-10 环保设施监理内容

序号	类别	环保设施	数量	单位	要求
1	除尘	粉碎机室用布袋除尘器	1	套	除尘效率 $\eta > 99.8\%$
2	除尘	炉顶消烟除尘车导入地面除尘站，配设地面除尘站	1	套	装煤、出焦烟尘捕集率达90%，烟尘排放浓度 $< 250mg/m^3$

序号	类别	环保设施	数量	单位	要求
3	除尘	熄焦罐除尘系统，设地面除尘站	1	套	出口烟尘浓度＜250mg/m³
4	除尘	筛焦楼、转运站等除尘系统	2	套	出口烟尘浓度＜120mg/m³
5	储煤场	喷洒水扬尘控制系统	1	套	当煤堆表面含水率＜8%时即喷水抑尘
6	储焦场	喷洒水扬尘控制系统	1	套	当焦堆表面含水率＜8%时即喷水抑尘
7	煤气净化	焦炉煤气回收净化系统（除尘、脱硫、除焦油等，煤焦油、硫黄、硫铵和苯回收）	1	套	煤气含尘量＜20mg/m³，H₂S含量＜200mg/m³
8	除尘	硫铵尾气除尘系统（旋风+雾膜水浴）	1	套	出口粉尘浓度＜120mg/m³
9	废水处理	废水生化处理系统	1	套	处理后的水回用
10	噪声治理	离心鼓风机：进出风口柔性连接，基础做减振处理，采用隔声型门窗	2	套	＜75dB（A）
		空压机：房间做隔声处理，门、窗为隔声型，基础做减振处理	5	套	＜75dB（A）
		振动筛	2	套	＜75dB（A）
		破碎机	2		
		捣固机：设隔声间，基础做减振处理	2	套	＜75dB（A）
		各类泵及泵房：出液管端加设SD型挠性接管，必要时管道做阻尼包扎，基础做减振处理，泵房做吸声处理	10	套	＜75dB（A）
11	固体废物	分类储存、包装	6	套	符合有关规定
12	绿化	厂区绿化美化	19200	m²	绿化率＞22%

（二）兰炭生产项目

1．环境污染防治措施

（1）大气污染防治措施

1）备煤

原煤贮存采用筒仓，转运站及运煤皮带等贮煤运煤建构筑物均为封闭式，减少煤尘外逸造成污染。原料煤不需在厂内进行破碎，减少废气无组织排放。对备煤单元产生的废气采用以下防治措施：

① 原煤筛分在密闭的筛煤楼进行，筛分过程产生的含尘气体经布袋除尘器除尘后排放，除尘效率为99%。

② 在煤场受煤坑等扬尘场所设计喷洒水抑尘设施，减少低煤尘无组织排放。

③ 干燥窑尾气经布袋除尘器除尘后排放，除尘效率为99%。

④ 干燥窑窑头、窑尾采用密封措施。

2）煤干馏

干馏炉炉顶加料口采用新工艺，将符合生产所用的原料煤由皮带运输机均匀加入料仓。料仓采用双料钟结构，双料钟均配备有由液位自动控制的电动阀门，根据生产工艺要求，定期打开阀门向干馏炉加煤。装煤废气排放较少。干馏炉煤气出口采用干馏槽中心筒引出，外部用水封闭，避免了煤气的无组织排放。针对干馏单元产生废气采用以下防治措施：

① 对干馏炉炉顶废气排放，在炉顶设置布袋除尘器，炉顶装煤废气经除尘器除尘后排放，除尘效率为99%。

② 筛焦在密闭的筛焦楼进行，设置布袋除尘器处理含尘气体，除尘效率为99%。

③ 筛焦场等扬尘场所设置喷洒抑尘设施，减少煤尘无组织排放。

3）煤气净化

对煤气净化系统产生的污染主要采取先进的工艺流程及设备，从根本上加以控制和治理，并对产生的各类废气采取相应的治理措施。对煤气净化系统的各类设备、管道在设计上考虑其密闭性，防止放散及泄漏。煤气净化单元产生的废气采取以下防治措施：

① 氨水池、焦油池产生的废气无组织排放，对氨水池、焦油池加盖板，变无组织排放为有组织排放，收集废气进入排气洗净塔，经蒸氨废水洗涤后排放。

② 脱硫再生塔尾气，经冷凝回收装置处理后排放，液体返回母液再循环利用。

③ 硫铵干燥尾气，设置旋风除尘器和湿式除尘器两级除尘，除尘效率为90%。

4）煤气发电

本工程发电机组燃用净化后的净干煤气，产生的燃烧废气中主要污染物为NO_x及少量SO_2、烟尘，通过80m排气筒排放。

（2）废水污染防治措施

① 冷凝鼓风系统产生的剩余氨水，经加碱蒸氨后，作为排气洗净塔洗涤水。洗涤水最终进入烟道气氨水处理系统进行无害化处理，不外排。

② 脱硫残液与煤粉渣、焦油渣、除尘系统回收的粉尘等固体废物一同进入备煤单元进行粉煤成球，再进入干馏炉作为原料利用，不外排。

③ 生活污水及化验污水经生化处理装置处理后，用于绿化和煤场、焦场喷洒抑尘，不外排。

④ 循环水排污水（清净下水）进入复用水系统，用于干出焦循环冷却、煤气冷却循环、循环补充水等，不外排。

（3）固体废物防治措施

为了防止废渣造成污染，对废渣进行综合利用，以减少对环境的污染，采取的处置措施如下：

① 备煤产生的煤粉渣、各除尘器回收的粉尘（煤尘、焦尘）及冷鼓回收工序产生的焦油渣，回收利用于备煤工段，进行粉煤成球，进入干馏炉内重新利用，既减少污染又节约能源。

② 脱硫再生塔产生的废催化剂由生产厂家回收。

③ 污水处理站产生的少量剩余污泥经脱水后送备煤车间配入原料煤中，不外排。

④ 生活垃圾先倒至指定垃圾站，然后定期送市政部门统一处理。

（4）噪声污染防治措施

① 声源治理。在满足工艺设计的前提下，选用低噪声的设备，如通风机、各类泵等。在气动性噪声设备上设置相应的消声装置，如空压机、鼓风机、锅炉及汽机排气口等。

② 隔声。各种高噪声设备均设置于专门的建筑厂房中，并采用吸声或隔声的建筑材料，可防止噪声的扩散与传播。

③ 减振与隔振。机械设备产生的噪声不仅能以空气为媒介向外传播，还能直接激发固体构件振动以弹性波的形式在基础、地板、墙壁、管道中传播，并在传播过程中向外辐射噪声。为了防止振动产生的噪声污染，煤气净化系统、煤气鼓风机等采取相应的减振独立基础措施；振动较大的设备与管道连接采取柔性连接方式。

④ 其他。在厂区总平面设计中，充分考虑地形、声源方向性及车间噪声强弱，利用建（构）筑物、绿化植物等对噪声的屏蔽、吸纳作用，进行合理布局，以起到降低噪声影响的作用。

⑤ 绿化设计。绿化可以起到净化空气、吸附有害气体、减尘治尘、削弱噪声等环境保护作用，并能美化环境，改善小气候。

在绿化设计中，要结合工程排放特点进行绿化。对厂区绿化进行规划，道路两旁、车间之间等均应有绿化场地。

2. 环境监理内容

① 与工程有关的各项环保设施，包括为防治污染和保护环境所建成或配套建成的治理工程、设备、装置和监测手段，以及各项生态保护设施等；

② 项目环评文件和有关设计文件规定应采取的其他各项环保措施。

年产80万吨兰炭的生产项目的环境保护设施监理内容见表9-11。

表9-11 环保设施监理内容

监理清单						验收标准
类别	环保设施名称	污染物名称	处理规模	去除效率	备注	
废气	筛煤楼、筛焦楼、袋式除尘器	TSP	4200m³/h	99%	排气筒 20m	执行《大气污染物综合排放标准》（GB 16297—1996）中的二级标准
	干燥窑袋式除尘器	TSP、SO_2 和 NO_x	72000m³/h	99%	排气筒 60m	执行《工业炉窑大气污染物排放标准》表2干燥炉窑二级标准
	干馏炉加煤口袋式除尘器	TSP	—	99%	排气筒 36m	执行《炼焦炉大气污染物排放标准》二级标准

监理清单						验收标准
类别	环保设施名称	污染物名称	处理规模	去除效率	备注	
废气	硫铵干燥尾气旋风湿法除尘器	TSP	6400m³/h	90%	排气筒15m	执行《大气污染物综合排放标准》二级标准
	排气洗净塔	H_2S、NH_3		90%	排气筒15m	执行《大气污染物综合排放标准》二级标准
	煤场、筛焦场抑尘装置	TSP				执行《炼焦炉大气污染物排放标准》二级标准
	脱硫再生塔尾气冷凝回收装置	NH_3	1800m³/h	50%	排气筒40m	执行《大气污染物综合排放标准》二级标准
废水	生活废水处理站和中水处理系统	BOD、COD、氨氮	1.3m³/h	BOD：95%；COD：87.5%	处理站的排口	执行《城市污水再生利用城市杂用水水质》（GB/T 18920—2020）
固废	废催化剂临时贮存场所	废催化剂	5t/a			执行 GB 18597—2023
噪声	隔声降噪措施	LAeq（等效连续A声级）		达标		执行《工业企业厂界环境噪声排放标准》（GB 12348—2008）中Ⅱ类标准

（三）合成氨、尿素生产项目

1. 环境污染防治措施

（1）大气污染防治措施

① 气化炉及水洗塔产生的废气含有大量的 CO_2、H_2S，直接送往火炬系统进行燃烧处理，高空排放。

② 煤运系统设置高效脉冲袋式除尘器，处理后废气粉尘含量<120mg/m³；石灰石粉料仓仓顶设置集尘器和脉冲喷吹式布袋除尘器各1套，经处理后的废气粉尘含量<50mg/m³。排放的废气要符合《大气污染物综合排放标准》（GB 16297—1996）的要求。

③ 灰水处理系统除氧器排放的含微量 H_2S 的蒸汽，硫化氢含量低于《恶臭污染物排放标准》（GB 14554—1993），高空排放。

④ 低温甲醇洗工段 H_2S 浓缩塔顶部排放的尾气，经无硫甲醇洗涤脱硫后含微量的 CH_3OH、H_2S，高空排放。废气中的 CH_3OH 排放浓度及排放量符合《大气污染物综合排放标准》（GB 16297—1996）表2中二级排放标准，H_2S 符合《恶臭污染物排放标准》（GB 14554—1993）。

⑤ 硫回收工段，克劳斯硫回收工艺硫回收率达92%；冷凝器产生的酸性气，采用 Na_2CO_3 稀溶液处理，处理效率为70%，经过吸收塔吸收后含 H_2S、SO_2，送火炬燃烧后高空排放。

⑥ 液氮洗工段产生的废气及氨合成工段产生的弛放气送全厂燃料气管网。

⑦ 尿素装置低压吸收塔排放气、尿素装置4bar（1bar=10⁵Pa）吸收塔排放气、尿素装置造粒塔排放气，均高空排放。

⑧ 尿素贮运包装系统设置覆膜式高效脉冲袋式除尘器，处理后废气粉尘含量小于120mg/m³。

⑨ 锅炉烟气采用循环流化床炉内脱硫工艺，SO_2 的排放浓度（标）为134mg/m³；经袋式除尘器除尘后，烟尘排放浓度（标）为38.4mg/m³，由150m高烟囱排放。SO_2 和烟尘的排放浓度均满足《火电厂大气污染物排放标准》（GB 13223—2011）第Ⅲ时段最高允许排放标准。

（2）废水污染防治措施

项目排水实行清污分流制。排水系统包括生产污水排水系统、生活污水排水系统、初期雨水排水系统、雨水-清净生产废水排水系统。

① 初期雨水收集及处理：一次降水最大初期雨水量为1800m³，在污水处理站内设容积 $V=1800m^3$ 的初期雨水池一座，设初期雨水提升泵两台，将初期雨水定量提升经管道送到污水处理站处理。

② 事故消防污水收集及处理：为防止发生火灾时消防污水对地表水的污染，在排水总管末端设消防污水收集池1座，有效容积 $V=6000m^3$。定量提升，经管道送到污水处理站处理。

③ 气化过程气化炉和碳洗塔排放的高温废水，主要污染物为固体悬浮物和氨氮，进入灰水处理系统，大部分洗涤水循环使用，排放的少量废水送往污水处理站，处理达标后排放。

④ 两级降温塔产生的气体经冷凝后返回洗涤塔重复利用，未冷凝的气体经碳洗塔洗涤后送往变换工段。

⑤ 灰水澄清槽上部的清水流入灰水池，一部分送往煤浆制备、渣锁闪蒸罐、灰渣池以及开车等部位进行重复利用，另一部分废水排放至污水处理站进行处理。

⑥ 尿素装置 CO_2 压缩机级间分离器凝器液，排放量为0.8m³/h，与冲洗废水一同送污水处理站处理。

⑦ 从循环水系统排出的废水其污染程度较低，水质变化较小，经混凝沉淀、过滤、膜法脱盐等处理过程后作为循环水系统部分补充水。

⑧ 生活污水经化粪池处理后，排至污水处理站处理后达标排放。

⑨ 新建污水处理站，采用混凝沉淀和SBR法处理工艺处理后排至工业区集中处理厂进一步处理，达到相应水质指标后大部分回用，少量排放。

⑩ 低温甲醇洗工段，甲醇蒸馏塔排出的含微量甲醇的水应送磨煤工段作为制煤浆用水，以节约磨煤用水量。

（3）固体废物防治措施

① 气化炉排放的炉渣、灰水处理排放的细灰渣以及氨氮污水处理排放的滤渣中不含有

毒有害物质，直接送往厂外渣场堆放，细灰渣可掺入锅炉用煤中使用。

② 液氮洗工段定期排放的废分子筛、氨合成塔定期排放的含铁的废催化剂以及硫回收工段定期排放的废催化剂均由生产厂家进行回收，综合利用。

③ 锅炉灰渣不含有毒有害物质，全部综合利用。

④ 生活垃圾主要由办公室、食堂、单身公寓、机修车间等部门排放，由当地环卫部门统一清运。

（4）噪声污染防治措施

生产过程中的噪声主要来自泵、压缩机、空分装置、锅炉排气等设备，其声级值约 85～105dB（A）。在设备的选取上尽量采用低噪声设备，对振动噪声较大的设备，采取必要的减振措施，如配备减振垫等。另外，将强噪声源如压缩机等均布置在封闭的厂房内，以降低对环境的影响，对分散的其他噪声较大的压缩机、泵等设备设置隔声罩、消声器等。

（5）生态影响防治措施

① 强化生态环境保护意识，对施工人员进行环境保护知识教育。

② 施工时尽量减少场地外施工临时占地，在满足施工要求的前提下，施工场地要尽量小，以减轻对施工场地周围土壤、植被和道路的影响。

③ 施工时，必须限制施工范围，不得随意扩大范围，尽量减少对附近植被和道路的破坏。

④ 在施工过程中，对物料、堆土、弃渣等应就近选择平坦地段集中堆放，并设置土工布围栏，以免造成水土流失。

⑤ 将临时占地的开挖土方分层堆放，全部表土都应分开堆放并标注清楚，至少地表 0.3m 厚的土层应被视作表土。填埋时，也应分层回填，尽可能保持原有地表植被的生长环境、土壤肥力，以便于今后开展环境绿化。

⑥ 对完工的裸露地面要尽早平整，及时绿化场地。

（6）环境风险控制措施

项目在生产过程中涉及 NH_3、CH_3OH、H_2S、H_2、CO 等易燃易爆和有毒有害物质。生产装置区和物料储存区存在的主要环境风险为火灾、爆炸、有毒物料泄漏。

项目针对合成氨装置各单元、尿素装置及甲醇罐区、液氨罐区存在的火灾风险，提出消防防范措施。自建一座一级普通消防站，设置4辆消防车，其中一辆水罐消防车，一辆泵辅消防车，一辆干粉消防车，一辆泡沫消防车，定员约30人，消防站占地约 $3500m^2$。

2. 环境监理内容

① 与工程有关的各项环保设施，包括为防治污染和保护环境所建成或配套建成的治理工程、设备、装置和监测手段，以及各项生态保护设施等；

② 本项目环评文件和有关设计文件规定应采取的其他各项环保措施。

30万吨/年合成氨、52万吨/年尿素生产项目环境保护设施监理内容见表9-12。

表9-12 环保设施监理内容

项目	类别		环保工程	数量	单位	要求
废气治理	锅炉排烟		高烟囱（150m）	1	座	GB 13223—2011 Ⅲ时段
			袋式除尘器	1	套	
			烟气在线连续监测系统	1	套	
	合成氨	气化炉	事故烟囱（60m）	1	座	GB 16297—1996二级标准
		煤运系统	脉冲袋式除尘器	1	套	
		灰水处理除氧器	烟囱（30m）	1	座	GB 14554—1993二级标准
		石灰、石粉料仓	烟囱（30m）	1	座	GB 16297—1996二级标准
			集尘器	1	套	
			脉冲袋式除尘器	1	套	
		气提装置	烟囱（60m）	1	座	GB 16297—1996、GB 14554—1993二级标准
		H_2S浓缩塔	烟囱（60m）	1	座	
		硫回收	烟囱（60m）	1	座	GB 16297—1996二级标准
	尿素车间	低压吸收塔	烟囱（48m）	1	座	GB 14554—1993、GB 16297—1996二级标准
		4bar吸收塔	烟囱（50m）	1	座	
		造粒塔		1	座	
		尿素储运	覆膜式高效脉冲袋式除尘器	1	套	
	公用工程		火炬	1	座	GB 16297—1996二级标准
废水处理	灰水处理系统		高温热水塔	1	座	GB 8978—1996 一级标准
			低温热水塔	1	座	
			灰水澄清槽	1	个	
			泵	2	台	
			压滤机	1	台	
	污水处理站		初期雨水池	1	座	
			初期雨水提升泵	2	台	
			调节池	1	座	
			混凝沉淀池	1	座	
			SBR工艺装置	1	套	
	回用水处理站		混凝、脱盐装置	1	套	
噪声治理	振动噪声较大设备		减振垫		个	GB/T 50087—2013
	压缩机、泵等分散的噪声较大的设备		隔声罩		个	
			消声器		个	
其他	消防		消防水收集池（6000m³）	1	座	

参考文献

［1］环境保护部环境工程评估中心.建设项目环境监理.北京：中国环境出版社，2012.

［2］中国环境科学学会.全国环境监理工程师培训教材（基础篇）.2012.

［3］郑惠虹，任国亮.建设工程监理.北京：清华大学出版社，2013.

［4］高耀庭，顾国维，周琪.水污染控制工程.北京：高等教育出版社，2014.

［5］巩天真，张泽平.建设工程监理概论.4版.北京：北京大学出版社，2018.

［6］方婧，朱京海.环境监理.杭州：浙江大学出版社，2019.

［7］王家德，成卓韦.大气污染控制工程.北京：化学工业出版社，2019.

［8］赵由才，牛冬杰，柴晓利.固体废物处理与资源化.3版.北京：化学工业出版社，2019.

［9］包苏日古格，锡林哈斯.我国工程建设项目环境监理发展存在问题及未来发展趋势.环境与发展，2019：251，253.

［10］柏承志.试析工程环境监理在环境保护管理中的作用及前景展望.清洗世界，2021：157-158.

［11］金楚峰.绿色监理评价体系及可持续发展研究.工程技术研究，2022：160-162.

［12］张中文，王爱喜，马迎波.浅析新时期环境监理的标准化发展方向.中国标准化，2023（14）：110-112.